U0228781

二氧化碳

新型储集材料及资源化利用

张建斌　魏雄辉　著

化学工业出版社

·北京·

内 容 简 介

本书重点介绍了新型 CO_2 醇-胺捕集体系的构建、二氧化碳储集材料（CO_2SM）的创建及应用。以 CO_2 的产生及危害、捕集与转化利用开篇，分析了其捕集与转化利用的前景；介绍了醇-胺类离子液体储集体系的构建，以及醇-胺体系常见基础理化性质的测定及 CO_2SM 的构建、表征及合成机制；探讨了其用于原料、碳源等在合成纳米碳酸盐方面的应用，如 CO_2SM 激活植物生长研究、CO_2SM 用于多孔硅材料的制备、CO_2SM 基聚氨酯的制备等，最后对 CO_2 捕集与转化利用未来的发展进行了展望。

本书不仅适用于化学、化工、冶金等领域从事二氧化碳捕集的工程技术人员、从事二氧化碳利用的研发人员，也可作为企业、政府等从事碳减排管理的工作人员及相关专业的硕士、博士等的学习参考资料。

图书在版编目（CIP）数据

二氧化碳新型储集材料及资源化利用/张建斌，魏雄辉著.—北京：化学工业出版社，2023.3
ISBN 978-7-122-42743-4

Ⅰ.①二… Ⅱ.①张…②魏… Ⅲ.①二氧化碳-收集-研究-中国②二氧化碳-利用-研究-中国 Ⅳ.①X701.7

中国国家版本馆 CIP 数据核字（2023）第 012334 号

责任编辑：高 宁 仇志刚　　　　　文字编辑：陈小滔 公金文
责任校对：赵懿桐　　　　　　　　　装帧设计：韩 飞

出版发行：化学工业出版社（北京市东城区青年湖南街 13 号 邮政编码 100011）
印　　装：北京建宏印刷有限公司
710mm×1000mm 1/16 印张 20¾ 字数 382 千字 2024 年 2 月北京第 1 版第 1 次印刷

购书咨询：010-64518888　　　　　　售后服务：010-64518899
网　　址：http://www.cip.com.cn
凡购买本书，如有缺损质量问题，本社销售中心负责调换。

定　　价：138.00 元

前　言

大气 CO_2 浓度逐年升高，已达 $400mL/m^3$ 以上，远超自然调节范围（$180 \sim 280mL/m^3$），由此带来的温室效应及全球气候变暖已成国际热点问题。2020 年 9 月 22 日，习近平总书记代表中国政府对外宣布"二氧化碳排放力争于 2030 年前达到峰值，努力争取 2060 年前实现碳中和"[❶]，使得我国 CO_2 减排任务尤为紧迫。

CO_2 减排、捕集及资源化途径主要涉及碳捕集与封存（carbon capture and storage，CCS）和碳捕集与利用（carbon capture and utilization，CCU）。从碳循环经济和绿色化学角度出发，将 CO_2 作为一种 C_1 资源固定并转化为高附加值化学品的 CCU 途径是降低大气中 CO_2 浓度的重要途径，较以 CO_2 为废弃物进行封存的 CCS 途径更具意义，而发展 CO_2 高效捕集和转化技术是实现 CCU 途径的重点与难点，也是解决"温室效应"和实现碳循环经济可持续发展的开发热点。

不论是 CCS 还是 CCU，均需首先捕集 CO_2。CO_2 捕集方法众多，涉及吸收法、吸附法、膜分离法等，其中以胺（氨）化学吸收法捕碳应用最广。传统醇-胺捕集法应用于工业时，每小时处理 $14900m^3$ 含 CO_2 废气，胺的使用成本约为 400 万元人民币（内蒙古某企业现场数据），这显然造成了企业的成本增加。

自 2009 年，笔者的研究组分别以乙二醇类多元醇（EGs）-乙二胺类多元胺（EDAs）组成类离子液体体系，以此对 CO_2 进行捕集研究发现，通过醇和胺之间的分子间氢键及离子化作用，可对乙二胺类进行有效固定。形成的溶液可以实现烟气 CO_2 回收率高于 99%，胺再生率高于 90%，胺损失率降低 80%。研究过程机理发现，"EGs-EDAs 体

---

❶　参考人民网 2020 年 9 月 22 日人民日报《习近平在第七十五届联合国大会一般性辩论上的讲话》，编者注。

系"在 CO_2 捕集过程中形成的一种新物质，即烷基碳酸铵盐，我们将其命名为"二氧化碳储集材料（CO_2SM）"。为了扩展"EGs-EDAs 体系"的使用范围，本专著论述了对 20 多个类似体系的密度、黏度、表面张力等基础理化性质的研究，这些体系对 CO_2 进行吸收，均可合成 CO_2SM，普适性强。继而，我们还以 CO_2SM 为 CO_2 原料探讨了其用于原料、碳源等在合成纳米碳酸钙、碳酸钡、碳酸锶、碳酸铈、碳酸锰、吸附材料等方面的性能，还考察其用作植物生长促进剂的性能，以及用作原料合成聚氨酯的可行性。

本书主要总结了笔者研究团队在 CO_2 捕集与转化方面近十年的主要研究工作。重点介绍了新型 CO_2 醇-胺捕集体系的构建、CO_2SM 的创建及应用。第 1 章以 CO_2 的产生及危害、捕集与转化利用开篇，分析了其捕集与转化利用的前景。第 2 章介绍了醇-胺类离子液体储集体系的构建，以及醇-胺体系常见基础理化性质的测定。第 3 章为 CO_2SM 的构建、表征及合成机制。第 4 章以 CO_2SM 为 CO_2 原料探讨了其作为原料、碳源等在合成纳米碳酸盐方面的应用。第 5 章介绍了 CO_2SM 激活植物生长的研究。第 6 章讨论了 CO_2SM 用于多孔硅材料的制备。第 7 章研究了 CO_2SM 基聚氨酯的制备。最后，对 CO_2 捕集与转化利用未来的发展进行了展望。

本书由河北工业大学张建斌和北京大学魏雄辉共同撰写。参与资料收集、数据整理的人员包括唐文静、高雅君、郭波、赵天翔、沙峰、赵静、刘肖瑶、杨新雨、马良、赵博生、刘畅、赵龙、岳晓晴、吴宇、张帅、杨廷玉等。另外，刘宣、艾佳佳、吴佳霖、秦星等同志参加了本书的核对工作。

本书涉及的研究内容得到了国家自然科学基金、教育部新世纪优秀人才项目、内蒙古草原英才项目、内蒙古科技攻关项目等的经费支持；同时，本书还得到了河北工业大学"元光学者"特聘教授专项经费的大力支持，在此一并感谢。

本书是首次探索性撰写，由于著者知识水平和能力有限，经验还存在一些不足，书中难免有遗漏、偏颇乃至不妥之处，著者在此恳请广大读者批评指正并多提宝贵意见，以便再版时加以改正和完善。

张建斌　魏雄辉

2023 年 2 月

目　录

第8章 二氧化碳捕集与资源化利用技术展望 ——316

第1章

概　述

1.1　二氧化碳的产生及危害

二氧化碳（CO_2）作为主要的温室气体，主要来源于以下几方面[1]：

① 化石燃料发电厂；

② 工业生产过程；

③ 飞机、火车、船舶等现代交通工具的使用；

④ 人类、动植物等呼吸或腐烂；

⑤ 火山、地震等地球活动。

其中，化石燃料和生物质燃烧排放的 CO_2 占碳排放总量的 95％ 以上[2]。自工业革命以来，全球经济高速增长，化石能源的消耗随之增加，导致全球 CO_2 的排放量大幅上升，并呈现持续增长的态势。据统计，每年排放到大气中的 CO_2 高达 300 亿吨，其中生态系统吸收量仅约 9％，人工利用量不足 4％，CO_2 排放量已远超出大自然的平衡极限[3]。特别是在近 150 年间，大气中 CO_2 的平均浓度已从 $280mL/m^3$ 上升到 $397mL/m^3$，并预计到 2100 年将达到 $570mL/m^3$[4]。

一般情况下，CO_2 不是有毒物质，但当空气中 CO_2 浓度超过一定限度时却会使机体产生中毒现象。研究表明[5]，空气中 CO_2 浓度低于 2％ 时，对人没有明显的危害，超过此浓度则可能导致机体缺氧而引起各器官损坏。动物实验证明，在含氧量正常（20％）的空气中，CO_2 的浓度越高，动物的死亡率越高。同时，CO_2 也是导致全球温室效应的重要温室气体，其排放量已远超出自然生态系统的自我调节能力范围，从而对人类的健康、社会的繁荣和发展、生态系统的稳定构成了严重威胁[6,7]。就温室效应而言，大气中的 CO_2 等温室气体在强烈吸收地面长波辐射后会发射出更长波长的辐射波，对地面起到保温作用，使地表和大气下层温度升高，进而会引发厄尔尼诺现象、极地冰川融化等不可逆转的气候变化，对生态环境造成严重影响。国际气候变化经济学报告显示[8]，如果人类一直维持如今的 CO_2 排放增长量，预计到 2100 年，全球平均气温将上升 4℃。这将造成地球南北极的冰川融化，海平面上升，全世界 40 多个岛屿、国家和人口集中的沿海城市将面临被淹没的危险，全球数千万人将会面临危机，甚至造成全球性的生态平衡紊乱，最终导致全球大规模的迁移和冲突。不仅如此，温度升高也会导致一些病毒的滋生，势必危害到人体健康和生物圈平衡[9]。

1.2 二氧化碳的捕集

目前，控制和减缓 CO_2 排放、捕集及资源化利用的途径主要包括：碳捕集与封存（carbon capture and storage，CCS）和碳捕集与利用（carbon capture and utilize，CCU）[10,11]。

从碳循环经济和绿色化学的角度出发，将 CO_2 固定并转化为高附加值化学品的 CCU 途径较 CCS 途径更具意义，必将成为 CO_2 的主流控制途径[12,13]。根据利用方式的差异，CO_2 的利用可分为物理利用和化学利用。其中，CO_2 的化学利用是降低大气中 CO_2 浓度的根本途径之一，而发展高效的 CO_2 化学转化途径是实现 CO_2 减量化和资源化利用的重点与难点，也是解决"温室效应"和实现碳循环经济可持续发展的重要途径。近年来，将 CO_2 作为 C_1 资源转化为高附加值的化学品成为 CO_2 化学利用研究的热点之一，尤其是开发新的 CO_2 转化途径是当前绿色化学和可持续化学领域的重大课题，也是最具挑战性的课题。

无论是 CCS 还是 CCU，CO_2 捕集和分离是实现 CO_2 减排技术发展的关键，主要涉及吸收法、吸附法、膜分离法、微生物法、气体水合物法、化学循环燃烧法、离子液体法等[14-21]，具体如表 1-1 所示。

表 1-1 各种 CO_2 捕集与分离技术比较

捕集与分离技术	优点	缺点
吸收法	分离效率高、技术成熟、适用范围广、可再生、自动化程度高、成本低	再生能耗高、腐蚀性强、溶剂易挥发和退化、易造成二次污染
吸附法	设备腐蚀性小、可修饰性和选择性高、可脱附出高纯度的 CO_2、操作简单、可再生	自动化程度低、吸附剂价格昂贵、对高温低压下 CO_2 分离效率低、存在沟流及气体压降问题、能耗高
膜分离法	选择性高、可修饰性强、能耗低、设备简单、对高浓度下 CO_2 分离效果好	分离效率低、工艺复杂、膜材料成本较高、耐受能力低

续表

捕集与分离技术	优点	缺点
微生物法	二次污染小、可将 CO_2 转化为附加值产品、选择性好	效率低、微生物在复杂烟气环境下难以适应、成本高
气体水合物法	可获得高纯 CO_2、无原料损失、工艺简单	需要高温高压、反应速率慢、技术不完善、能耗高
化学循环燃烧法	可获得高纯 CO_2、能耗低	载氧剂易失活、反应性能不稳定
离子液体法	蒸气压低、腐蚀性低、CO_2 负载性能强、性质可调、选择性好、可再生	成本高、黏度高、规模化制备困难、二次污染大

1.2.1 吸收法

吸收法是利用吸收剂对混合气体进行洗涤，分离 CO_2 的方法。根据吸收机制的差别，可分为物理吸收法和化学吸收法。

（1）物理吸收法

是利用对 CO_2 溶解度大、选择性好且性能稳定的溶剂，在特定条件下吸收并解吸 CO_2 的方法。CO_2 物理吸收剂须具有对 CO_2 溶解度高和选择性强、价格低廉、性能稳定和无毒无腐蚀性等特点。目前，工业上主要以甲醇、环丁砜、聚乙二醇二甲醚、N-甲基吡咯烷酮、碳酸丙烯酯以及 N-甲酰吗啉等作为吸收剂，利用 CO_2 溶解度随温度和压力变化性质实现 CO_2 分离[22-24]。例如，低温甲醇洗技术[25] 以冷甲醇为吸收剂，利用甲醇在低温（-50℃）下对酸性气体（CO_2、SO_2、H_2S、COS 等）溶解度大的优良特性，用于脱除原料气中的酸性气体，是一种典型的物理吸收法。然而，该法对于低浓度的 CO_2 分离效果较差，且溶剂在使用上存在安全隐患。

（2）化学吸收法

是利用 CO_2 与吸收剂之间的化学作用，生成化学性质不稳定的中间体，在改变温度和压力下，从富液中解吸 CO_2，再生吸收剂的方法。主流的化学吸收剂有热碱溶液、醇胺（图 1-1）和氨水溶液等。

目前，典型的化学吸收法多采用氨或胺类的水溶液吸收 CO_2，通过改变温度等条件，使 CO_2 从吸收液中解吸，再生吸收剂。采用氨或胺类的水溶液捕集 CO_2，主要涉及醇胺法、氨水溶液法、高效混合胺法等[26-29]。

① 醇胺法　因具有对 CO_2 吸收速率快、效率高等优点，得到广泛研究与应用。其中以乙醇胺法捕集 CO_2 的工艺最为成熟，生成热稳定性差的氨基甲酸盐

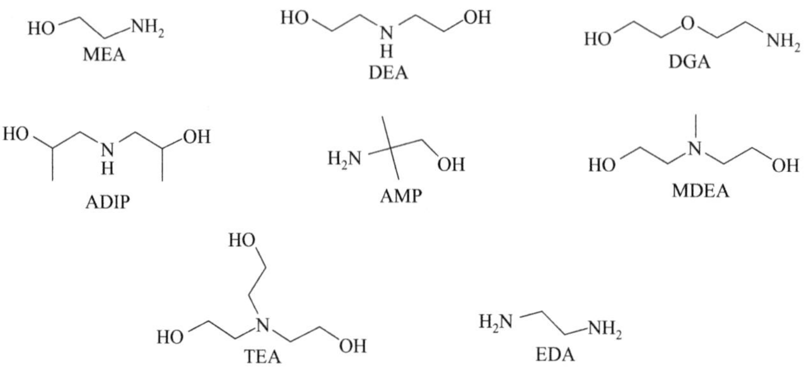

图 1-1　常见有机胺类 CO_2 吸收剂结构式及英文缩写

或碳酸氢盐，过程机理如式（1-1）～式（1-4）所示，但过程存在胺易挥发、易氧化、易腐蚀设备和溶剂再生能耗大等缺点。据 Raphael 等[30] 估算，吸收剂再生能耗约占 CO_2 捕集成本的 70%。此外，烟气中的 SO_x、NO_x、HCl、HF 和 O_2 等也会影响吸收剂的性能，因此该过程需要及时补充吸收剂。

用 MEA 作吸收剂：

$$CO_2 + HOCH_2CH_2NH_2 \longrightarrow HOCH_2CH_2NHCOO^- + H^+ \tag{1-1}$$

$$HOCH_2CH_2NH_2 + H^+ \longrightarrow HOCH_2CH_2NH_3^+ \tag{1-2}$$

用 DEA 作吸收剂：

$$CO_2 + 2(HOCH_2CH_2)_2NH \longrightarrow (HOCH_2CH_2)_2NH_2^+ + (HOCH_2CH_2)_2NCOO^- \tag{1-3}$$

用 TEA 作吸收剂：

$$(HOCH_2CH_2)_3N + CO_2 + H_2O \longrightarrow (HOCH_2CH_2)_3NH^+ + HCO_3^- \tag{1-4}$$

② 氨水溶液法　多以氨化学吸收 CO_2，生成的碳酸铵和（或）碳酸氢铵可用作化学肥料，也可加热解吸出 CO_2 再生吸收剂，过程如式（1-5）～式（1-9）所示。该方法对 CO_2 具有较强的负载能力，在捕集 CO_2 之后，解吸的 CO_2 在加压下浓缩，可制得纯度大于 99% 的 CO_2，同时再生的氨可循环用于吸收 CO_2 过程。研究表明[31]，采用氨水喷淋吸收烟气中的 CO_2，质量分数为 10% 的氨水可以吸收 80% 的 CO_2，而 28% 的氨水可以吸收高达 98% 的 CO_2。Yeh 等[32] 利用氨水溶液分离 CO_2，较 MEA 法节能 60%，但吸收和解吸操作单元中存在的氨高挥发性问题难以解决。

氨水溶液法：

$$2NH_3(g) + CO_2(g) \Longleftrightarrow NH_2COONH_4(s) \tag{1-5}$$

$$NH_2COONH_4(s) + H_2O(l) \Longleftrightarrow NH_4HCO_3(s) + NH_3(g) \tag{1-6}$$

$$NH_3(g) + H_2O(l) \Longrightarrow NH_4OH(l) \tag{1-7}$$

$$NH_4HCO_3(s) + NH_4OH(aq) \Longrightarrow (NH_4)_2CO_3(s) + H_2O(l) \tag{1-8}$$

$$(NH_4)_2CO_3(s) + H_2O(l) + CO_2(g) \Longrightarrow 2NH_4HCO_3(s) \tag{1-9}$$

③ 高效混合胺法　混合吸收剂往往可以实现单组分吸收剂难以达到的吸收效果。例如一、二级醇胺对 CO_2 具有较好的吸收性能，反应通过两性离子机制形成氨基甲酸酯，如式(1-10) 所示。三级醇胺对 CO_2 具有较高的负载能力，反应可形成碳酸盐，过程再生能耗低，如式(1-11) 所示。因此，将一、二、三级醇胺的混合体系作为吸收剂，集三类醇胺的优点于一体，可用于 CO_2 的捕集。

$$ \tag{1-10}$$

$$ \tag{1-11}$$

降低吸收剂再生能耗一直是科技工作者的努力方向。目前，工业上以 MEA（乙醇胺）或 DEA（二乙醇胺）作为 CO_2 吸收剂，溶剂再生温度一般为 $100 \sim 140℃$，能耗较高[33]。Raphael 等[30] 开展了 MEA、摩尔比 1：1 的 MEA 和 MDEA（N-甲基二乙醇胺）混合体系分别作为吸收剂捕集 CO_2 的中试研究。结果表明，混合溶剂可以显著降低吸收剂的再生能耗。Mani 等[34] 在无水 AMP（2-氨基-2-甲基-1-丙醇）中加入 DEA、MDEA、MEA 和 ADIP（二异丙醇胺），脱碳率可达 $71.3\% \sim 95.9\%$，且解吸温度均低于 $100℃$，有效降低了再生能耗。然而，是以提高对 CO_2 的吸收性能为主、降低溶剂再生能耗为辅，还是以降低溶剂再生能耗为主、提高对 CO_2 的吸收性能为辅，常需做出选择。目前，对高效混合醇胺体系吸收 CO_2 的性能、溶剂再生性能以及体系对设备的腐蚀等问题仍有待进一步的研究。

综上所述，胺（氨）化学吸收法捕集 CO_2 具有高效、成本低和工艺成熟等优点，在未来的一段时间里仍将是捕集 CO_2 的主流方法。但由于实际运用中存在胺（氨）易挥发、易分解退化、易腐蚀设备，富含 CO_2 的吸收液解吸再生以及压缩 CO_2 时所需的能耗较高等问题，显著地增加了操作成本。

1.2.2　吸附法

吸附法是利用固体吸附剂可逆吸附混合气体中的 CO_2，通过改变温度或压

力脱附出 CO_2，再生吸附剂的方法。根据 CO_2 与吸附剂之间作用机制不同，可分为物理吸附法和化学吸附法。

物理吸附法是在低温高压下利用吸附剂吸附 CO_2，高温低压下脱附出 CO_2，再生吸附剂循环使用的方法。物理吸附剂主要涉及分子筛[35-37]、活性炭[38-40]、硅胶[41-43] 和活性氧化铝[44,45] 等多孔材料，或者采用几种吸附剂不同形式的组合。活性炭是一种常见大比表面积的廉价碳基吸附剂，广泛用于 CO_2 的高压吸附过程，基于大的微孔体积、较低的操作费用，在 CO_2 的吸附和脱附方面表现出较强的性能[46]，但因存在易燃、强吸湿性、弱选择性等不足，应用受限。分子筛是一类具有立方晶格的硅铝酸盐化合物，在相同条件下吸附量强于活性炭，用于 CO_2 的分离过程成本较低，但由于烟气的高温环境和 CO_2 分压低等特点，此类吸附剂并不适用。目前的研究热点是通过化学法修饰分子筛的方式提升其对 CO_2 的吸附性能。Wahby 等[47] 在 $p = 0.1MPa$ 和 $T = 273.15K$ 下，采用碳分子筛（$3100m^2/g$）捕集 CO_2，以 KOH 作为活化剂，二氧化碳吸附容量可达 $0.38g$ CO_2/g 吸附剂，优于活性炭和分子筛，表现出较好的选择性。介孔硅材料，如 SBA-15[48]、MCM-41[49]、MCM-48[50] 等，具有大的孔体积、高的比表面积和相对稳定的脱附性能，但其孔结构和表面化学性质会显著影响 CO_2 的吸附性能，用于工业过程费用过高。此外，略带碱性的金属氧化物对 CO_2 亦有较好的吸附性能。如氧化铝[44,45]，加入碱金属或其碳酸盐（如 Li_2CO_3、K_2CO_3、Na_2CO_3）后，在高温下的吸附性能较物理吸附剂明显提高；但脱附温度也会随之升高，造成运行成本的升高。金属有机骨架（MOF）材料具有化学组成和结构的多样性，可系统地调节自身孔径和表面结构性能，与其他微孔材料（如活性炭或沸石）相比，吸附选择性更优，有利于 CO_2 的分离。Keskin[51] 和 Doonan[52] 等以沸石咪唑骨架（ZIF）结构系列材料，在 $p = 0.1MPa$ 和 $T = 273.15K$ 下吸附 CO_2，吸附容量可达常规吸附材料的 5 倍。与众多的 MOF 相比，ZIF 在水中或有机介质中表现出较高的化学稳定性和热稳定性，有利于复杂烟气中 CO_2 的分离[53]。然而，这些吸附剂多存在分离效率低、选择性不高、价格昂贵等问题，尚未广泛工业应用。

化学吸附法则是利用吸附介质与 CO_2 发生化学反应分离 CO_2 的方法[54]，具有吸附量大、体积膨胀小、便于运输与储存、可加热再生和脱附获得高纯度 CO_2 等优势[55]，呈现出较好的发展前景。常见的化学吸附剂多是在物理吸附剂上加以改性，最具代表性的为碳质、多孔材料[56] 和金属氧化物的固体吸附剂。

碳质吸附材料的吸附性能主要由制备过程中碳化温度和时间决定的，同时对碳质吸附材料的前体进行改性，也会显著影响其吸附性能，如碳质吸附材料的表面负载聚醚酰亚胺（PEI）后对 CO_2 的吸附容量会显著提高。Zhou 等[57] 通过浸渍涂覆法以氧化铝为主体，制备了 NaA 沸石-纳米碳复合物膜，NaA 晶体的加入提升了氧化铝对 CO_2 的负载性能。Tin 等[58] 在聚酰亚胺进行碳化前分别用 CH_3OH、CH_3CH_2OH、$CH_3(CH_2)_2OH$ 和 $CH_3(CH_2)_3OH$ 等醇处理，制成的碳质吸附材料表现出良好的选择性，且孔径分布均一。例如，用 CH_3CH_2OH 处理后制备的吸附材料吸附效率较高，这表明醇类溶剂处理后的前体可以改进碳质吸附材料的吸附性能。

立方晶格的硅铝酸盐是一种常见的多孔硅材料，主要由硅铝通过氧桥连接组成空旷的骨架结构，具有丰富的整齐排布、孔径均匀分布的孔道及高的内比表面积，能够通过浸渍或插入烷基醇胺等活性基团调节材料表面的性质。胺类物质是很好的 CO_2 捕获剂，多孔硅材料对气体具有良好的吸附性能。研究发现，活性炭负载胺后的吸附材料对 CO_2 表现出优良的吸附性能。Drese 等[59,60] 以有机胺对多孔硅材料改性，醇胺以共价键的形式存在于介孔载体的表面，既可以提高胺的稳定性，又可以增加 CO_2 的负载性能。Song 和 Wang 等[61,62] 报道了一种结构似篮子状的新型"分子篮"吸附剂，该吸附剂通过负载作用把聚醚酰亚胺（PEI）引入 SBA-15 分子筛上制得。傅里叶变换红外光谱（FTIR）表明，通过氨基基团与硅烷基、醇基团之间的相互作用，可将 PEI 固定于 SBA-15 的表面，捕集的 CO_2 与 SBA-15 多功能层上的 PEI 发生化学反应，生成烷基氨基甲酸盐类。当 PEI 的质量分数为 50% 时，CO_2 的吸附量最高可达 0.25g CO_2/g 吸附剂。Fauth 等[63] 研究了 $LiZrO_3$ 对 CO_2 的吸附性能，反应如式(1-12) 所示，反应方向随温度的变化而转变。以上吸附剂多具有优良的吸附性能、吸收速率及稳定性，但同样存在用于工业过程运行费用过高的问题。

$$Li_2ZrO_3(s)+CO_2(g) \Longrightarrow Li_2CO_3(s)+ZrO_2(s) \tag{1-12}$$

同胺一样，氨基是碱性基团，与 CO_2 的作用属于化学作用，因此将其功能化是分离 CO_2 的一种重要手段。Hicks 等[64] 证明了氨基改性后的 SBA-HA 材料对 CO_2 具有较好的吸附性能和良好的可逆性，这表明通过氨基改性后的吸附材料，吸附性能和可逆性能显著提升。

近年来，金属氧化物固体吸附剂用于 CO_2 的捕获越来越受到学者的关注，其中 CeO_2 具有特殊酸碱性质，这成为其在较低的温度下捕获 CO_2 的重要依据[65,66]。Yoshikawa 等[67] 制得单金属 CO_2 吸附剂（SiO_2、Al_2O_3、ZrO_2 和 CeO_2），并使用脉冲注射法测定 CO_2 的吸附量。在 CO_2 吸附测量中，CeO_2 基吸附剂表现出较高的 CO_2 吸附性能，在 CeO_2 表面上生成的碳酸氢盐物质具有较低的分解温度，可以降低捕获 CO_2 所需的能耗。因此，预计 CeO_2 可作为热

电厂尾气处理 CO_2 的吸附剂且具有较好的吸附性能。Kamimura 等[68] 通过简单和廉价的无模板方式合成介孔 CeO_2，其表面积可达 $200m^2/g$ 且在介孔 CeO_2 表面发现大量的 CO_2 吸附位点，表明介孔 CeO_2 具有较强的 CO_2 吸附能力且可以广泛适用于各种工业气排放 CO_2 的高效分离。Li 等[69] 制备出 CeO_2-GST 材料对 CO_2 的吸附量可达 $149\mu mol/g$。Slostowski 等[70] 提出 CeO_2 材料的吸附效率主要取决于其比表面积的大小，几乎呈线性关系。CeO_2 粉末在 N_2 气流下于 $540℃$ 热处理后显示出 $200m^2/g$ 的比表面积，在 $25℃$ 和 $0.1MPa$ 下显示最大吸附容量约 $50mg\ CO_2/g\ CeO_2$。Wang 等[71] 将含氮物质掺杂在 CeO_2 中具有规则的介孔结构、高比表面积和均匀的孔隙率，增加了 CeO_2 表面氧空位含量，进一步提高了 CO_2 与 CeO_2 间的相互作用。同时，也证明了掺杂氮的介孔 CeO_2 吸附 CO_2 的性能优于未掺杂的介孔 CeO_2。

综上所述，吸附法操作简单，设备腐蚀性低，对 CO_2 的固定效率高，通过对吸附材料改性可以提升吸附性能。但无论是物理吸附还是化学吸附，吸附剂本身的性质是实现高效率、高选择性、低能耗 CO_2 分离的关键，其性能与分子性质、介观结构以及作用方式有着密切关系。此外，吸附过程自动化程度低、吸附材料昂贵，也面临着再生能耗高、工作周期长等不足，规模化使用尚具有一定的局限性，考虑到烟气复杂且温度较高，如何提高吸附剂对 CO_2 的吸附效率和选择性、降低吸附剂的价格及再生成本仍是实际应用的瓶颈问题。因此，研发价廉性优的吸附材料是当前发展的必然趋势。

1.2.3 膜分离法

膜分离法是在一定条件下使 CO_2 快速穿过分离膜，并在膜的一侧富集，依靠膜材料选择性分离混合气体中 CO_2 的方法。膜分离法的核心问题是膜材料的选择。

当前，用于分离 CO_2 的膜大多由高分子材料制成。典型的聚二甲基硅氧烷（PDMS）膜具有半有机、半无机的结构，表现出较高的 CO_2 透过系数[72]，较低的选择系数，但对 PDMS 进行修饰后可以提高选择系数。Powell 等[73,74] 发现聚酰亚胺（PI）具有良好的化学稳定性和热稳定性，对 CO_2 分离性能优异，但透过系数较低。通过对合成 PI 进行化学修饰或改性，可优化 PI 的链结构，减弱分子内部的相互作用，增大 CO_2 的透过系数。此外，为了提升膜的分离性能，可在膜的表面加以修饰，制得促进传递膜。目前，发现对 CO_2 气体传递起促进作用的载体有 EDA、MEA、DEA、TEA、F^-、CO_3^{2-}、有机酸根离子和氨等。Leblanc 等[75] 以单质化的 EDA 为载体，靠静电作用负载于交换膜内，制得的

膜对 CO_2 表现出较高选择性。Matsuyama 等[76] 将丙烯酸负载于聚乙烯多孔膜上，得到高度溶胀的亲水性弱酸离子交换膜，对 CO_2 表现出极高的透过系数和分离系数。Joros 等[77] 提出将聚合膜和多孔材料结合起来，所得复合膜集聚合膜和多孔材料的优良性能于一体。然而，这些复合膜用于烟气中 CO_2 的分离未见报道，这主要是因为膜材料存在热稳定性差、不耐化学腐蚀、易老化、易被污染、不易清洗和价格高昂等缺点，使其难以广泛地运用于工业。

1.2.4　微生物法

微生物法是通过模拟自然微生物固定 CO_2 的过程，依靠微生物代谢作用将 CO_2 转换为高附加值产品，如甲烷、乙醇等生物质燃料的方法。目前，具有工业化应用价值的固定 CO_2 的微生物主要有氢细菌和藻类[77]。

氢细菌可以在较宽的 pH、温度和盐度范围内生长，生长速率快、固定效率高，可在 CO_2 体积分数为 $10\%\sim20\%$ 的环境下生长[78]。但是，由于氢细菌培养的过程中需要通入 H_2，运用于工业化脱碳经济性较差。

藻类固定 CO_2 的技术多采用光自养的培养方式，由于藻类光合作用速率快、繁殖快和易与其他工程技术集成等优点，可运用于烟气 CO_2 的脱除[79]。但由于烟气中 CO_2 气体的排放温度高、浓度大和气体成分复杂等问题，藻类很难在该条件下生长。此外，微生物法固定 CO_2 还存在可用菌种单一、过程机理复杂、催化固定 CO_2 过程需要还原性辅酶等问题亟待解决。由此可见，生物固碳法多处于研究阶段，在其发展上，需构建高效固定 CO_2 的基因工程菌株，开发新型的光生物反应器，以实现复杂条件下 CO_2 的固定。

1.2.5　气体水合物法

气体水合物法是通过调节压力使平衡压力较低的气体形成水合物，利用水分子结成的晶体网络将 CO_2 分子包裹，达到分离的目的[80]。Ohmura 等[81] 通过水合物法分离 CH_4 和 CO_2，由于 CO_2 形成气体水合物时比 CH_4 所需的压力低，故 CO_2 更易形成气体水合物。Linga 等[82] 开展了模拟烟气中 CO_2 的分离研究，混合气体中 CO_2 分压为 17%，N_2 分压为 83%，通过连续三级分离得到体积分数为 98% 的 CO_2 气体，以四氢呋喃（THF）作为相变促进剂，可有效降低增压所需的成本。在分离整体煤气化联合循环（IGCC）合成气中的 CO_2 时，以丙烷为促进剂，通过两级连续水合物的生成，CO_2 的浓度可由 39.2% 提升到

98%[82]。因此，以水合物法分离和浓缩烟气中的 CO_2 和 IGCC 合成气中的 CO_2 具有广阔的应用前景，但该方法多处于实验室研究阶段，存在反应过程需高温高压、反应速率慢等问题。

1.2.6 化学循环燃烧法

化学循环燃烧（CLC）法是指燃料在载氧剂的促进下燃烧，过程不产生 NO_x，燃料反应器排放的气体主要为 CO_2，只需冷凝即可分离得到高纯 CO_2。由于 CLC 技术改变了传统的燃料和 O_2 直接反应，产生的 CO_2 因在反应器中未被 N_2 稀释，降低了后续脱碳时的能耗，但应用到工业中还需面临载氧剂活性低、反应器优化等问题。CLC 主流的载氧剂有 Fe_2O_3、CuO、CoO 和 NiO 等。

CLC 技术的难点在于载氧剂的制备、反应性能的研究和燃烧反应器的设计等。Ishida 等[83] 报道的 NiO-YSZ 载氧剂具有较高的反应活性，对燃料气体具有较高的转化效率，但在反应过程中需要加入适量的水蒸气以减少碳的堆积。Jin 等[84] 设计出的 $NiO-NiAl_2O_4$ 载氧剂，再生速率和对燃料的转化率较 NiO-YSZ 强，可避免 NiO-YSZ 中存在的碳堆积问题。Kronberger 等[85] 通过研究燃料和载氧剂的进量流速、载氧剂的载氧能力以及该反应过程的动力学，设计的 CLC 反应器表现出优良的 CO_2 分离性能，但工艺仍然面临载氧剂活性低的问题。

1.2.7 离子液体法

离子液体具有良好的气体溶解性能、热稳定性和化学稳定性等特点，广泛用于 CO_2 的吸收研究[86-88]。根据离子液体的结构特征和吸收 CO_2 的机理，可分为常规离子液体和功能化离子液体（TSIL）。常规离子液体与 CO_2 的作用方式为物理作用，对 CO_2 的溶解能力较弱；TSIL 一般具备碱性基团，与 CO_2 的作用方式以化学作用为主，表现出较强的 CO_2 溶解性能。

用于吸收 CO_2 的常规离子液体主要集中于咪唑类离子液体[89]。例如：1-乙基-3-甲基咪唑熔融盐 $[C_2min]^+[X]^-$ 离子液体，其中 $[X]^-$ 代表三氟甲磺酸根 $[OTf]^-$、四氟硼酸根 $[BF_4]^-$、双三氟甲磺酰亚胺根 $[Tf_2N]^-$ 等。阴离子 $[X]^-$ 对 CO_2 的溶解度影响较大。特别是当阳离子的取代基较小时，阴离子的性质是影响 CO_2 在 $[C_2min]^+[X]^-$ 中溶解性的主要因素。Cadena 等[90] 通过实验和模拟计算的方法证实阴离子是决定 CO_2 在离子液体中溶解度大小的原因。Dong 等[91] 发现离子液体内部存在氢键，且阴离子与 CO_2 分子之间存在弱的 Lewis 酸碱相互作用，有利于提高 CO_2 在离子液体中的溶解；其次，阳离子上存在的活泼氢，可与 CO_2 形成分子间氢键，有利于 CO_2 在一定条件下从离子液体中解吸出来；此外，阴阳离子的高度不对称性使其内部存在较大的空隙，进一步提升了 CO_2 在离子液体中的溶解度。

鉴于常规离子液体对 CO_2 的吸收能力相对较低，加之离子液体结构可调，针对 CO_2 的物理化学特性，科技工作者设计并合成了—NH_2 功能化的离子液体。Tang 等[92] 用 FTIR 光谱与 ^{13}C NMR 证实了 1-氨丙基-3-丁基咪唑四氟硼酸盐 $[APBIm]^+[BF_4]^-$ 与 CO_2 之间发生化学作用，形成氨基甲酸酯铵盐，反应机制如式(1-13) 所示。

$$2\ \text{C}_4\text{H}_9\text{-N}\bigcirc\text{N}^+\text{-C}_3\text{H}_6\text{-NH}_2\cdot\text{BF}_4^- + \text{CO}_2 \xrightleftharpoons{\triangle} \text{C}_4\text{H}_9\text{-N}\bigcirc\text{N}^+\text{-C}_3\text{H}_6\text{-NH}\cdot\text{BF}_4^- + \text{H}_3\text{N}^+\text{-C}_3\text{H}_6\text{-N}\bigcirc\text{N}^+\text{-C}_4\text{H}_9\cdot\text{BF}_4^-$$

$$(1\text{-}13)$$

离子液体使用的不足之处在于黏度较大，吸收 CO_2 之后液体黏度会继续增大，导致 CO_2 的传质和吸收速率大幅降低[93]。最近，基于脒或胍烷基碳酸酯体系吸收 CO_2 的过程，由于其良好的反应性能和高的 CO_2 负载能力而备受青睐。此类物质由醇（或胺）与脒（或胍）类的超强碱（DBU）组成[94,95]，释放 CO_2 的再生过程能耗低，避免了功能化离子液体吸收 CO_2 后黏度增大的问题。

然而，离子液体作为一种绿色的 CO_2 吸收剂运用于工业，仍需进一步对吸收作用机理及工艺过程进行研究，同时还须克服价格昂贵以及离子液体难以规模化合成等难题。

1.3　二氧化碳的资源化利用

实现 CO_2 资源化利用是推动 CCU 技术发展的核心动力，将 CO_2 转化为具有高附加值的化学品必将是人类未来为之攻关的焦点与难点，同时也是解决环境"温室效应"问题、实现碳循环经济持续发展的关键所在。

CO_2 是大气污染控制的主要对象之一，也是一种无毒、廉价易得、环境友好、可再生的 C_1 资源，可用于多种化学品的合成，主要的活化及转化如图 1-2 所示[96]。例如，CO_2 可以通过催化加氢获得甲醇、乙醇、烷烃等还原产物，也可通过偶联反应或缩合反应得到相应的目标产物，如氨基甲酸酯、有机碳酸酯、羧化产物等。但是，由于 CO_2 处于碳的最高价态，$C\!=\!O$ 键具有一定程度三键的性质，不易活化，需要克服动力学的惰性和热力学的能垒，通常 CO_2 参与的化学反应多在高温、高压以及催化剂辅助下完成。因此，如何实现 CO_2 高效地活化是 CO_2 资源化利用的关键。

$$CO_2\ 的活化与利用 \begin{cases} 化学活化，产物：烷烃、甲醇、乙醇、碳酸酯、氨基甲酸酯 \\ 光化学活化，产物：CO、HCOOH、CH_4 \\ 电化学活化，产物：MeOH、CO、HCOOH \\ 生物活化，产物：EtOH、糖类 \\ 重整，产物：CO+H_2 \\ 无机转化，产物：碳酸盐类，例如 CaCO_3 \end{cases}$$

图 1-2 　CO_2 的活化及转化

实现 CO_2 资源化利用是推动 CO_2 捕集技术发展的核心动力。在图 1-2 所示的六类 CO_2 的活化及转化方式中，将 CO_2 固定并转化为无机碳酸盐是实现 CO_2 资源化利用行之有效的方式之一。

1.3.1 　CO_2 矿化为无机碳酸盐材料

目前，CO_2 矿化为 $CaCO_3$ 最具代表性。

$CaCO_3$ 矿物有五种不同的晶相：方解石（calcite）、文石（aragonite）、球霰石（vaterite）、水合 $CaCO_3$ 和非晶型 $CaCO_3$（amorphous calcium carbonate，ACC），其中以方解石最稳定，球霰石最不稳定[97]。由于 $CaCO_3$ 的多用途及优良的物理化学性质，$CaCO_3$ 广泛用于造纸、塑料、涂料、化学建材、橡胶、日化、医药、食品等行业。图 1-3 为微纳米级 $CaCO_3$ 的性质和用途，基于 $CaCO_3$ 的无毒性和具有与有机体优异的兼容性，亦可用于药物载体[98]。

将 CO_2 固定为 $CaCO_3$ 是实现 CO_2 资源化利用行之有效的方式。工业上多用碳化法制备 $CaCO_3$ 粉体材料，制备的 $CaCO_3$ 形貌杂乱，粒径大小多不均一[99-101]。最近，Mari[102,103] 以 MDEA 和 AMP 的水溶液捕集 CO_2，在体系中加入可溶性钙盐，与捕集的 CO_2 反应可制得 $CaCO_3$ 粉体。该过程集 CO_2 的捕集及资源化利用于一体，有效地利用 CO_2 并生成附加值较高的 $CaCO_3$ 粉体。然而，得到的 $CaCO_3$ 易于团聚、形貌杂乱，且粒径较大。因此，制备具有特定形貌、单分散、粒径小、单一晶相的 $CaCO_3$ 成为 CO_2 矿化研究的热点。

$CaCO_3$ 常见制备的方法涉及搅拌法、静置扩散法和碳化法等。按晶体生长

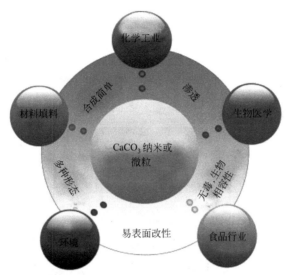

图 1-3　微纳米级 CaCO₃ 的性质和用途[98]

机制的不同可分为胶束或反胶束法、嵌段共聚物法、水凝胶法、Langmuir 层及单分子自组装等[104-111]，所制备的 CaCO₃ 具有形貌多样、晶型多、可获得纳米尺度等优点，如图 1-4 所示。然而，此类方法多使用模板剂，而且特殊功能及形貌的 CaCO₃ 制备需要较长的时间。

近年来，仿生矿化作为 CaCO₃ 的研究热点之一，科技工作者多以双亲水嵌段共聚物作为 CaCO₃ 晶体生长调节剂，在多种无机材料和生物矿化模拟合成中表现出对晶体结构与形貌、晶粒大小以及晶型等方面优异的调控性能[112-114]。Boyjoo 等[108] 以双亲水嵌段共聚物 PEG-b-PEIPA-C17 作为模板剂，以 CaCl₂ 和 NH₄CO₃（CO₂ 来源）为无机源，在 pH＝4 的条件下得到均匀的球霰石微环，这些 CaCO₃ 微环的形成归根于模板剂的聚集体在稳定的纳米颗粒内形成一个由里向外的聚合物浓度分布，矿化反应使得周围的环境发生改变，促使含有多重配位功能团的聚合物从环的中心发生溶解。Guo 等[110] 以双亲水嵌段共聚物 PEG（110）-b-pGlu（6）和 DMF 作为 CaCO₃ 晶体生长调节剂，通过静置法，制得高度单分散的球霰石微球。该法将生物矿化由水溶液转移至有机溶液混合体系，为构筑高质量和形态复杂的矿物材料提供了有效途径。

众多的 CaCO₃ 矿化过程多依靠外来添加剂调控 CaCO₃ 晶体成核、生长、晶型、形貌及取向，制备过程往往需要较长的时间，并且一些添加剂价格昂贵、不能多次利用，甚至还存在高毒性的不足。因此，发展高效、无模板的 CaCO₃ 矿化途径和定向制备多晶型、多形貌的 CaCO₃ 晶体的方法具有重要意义。

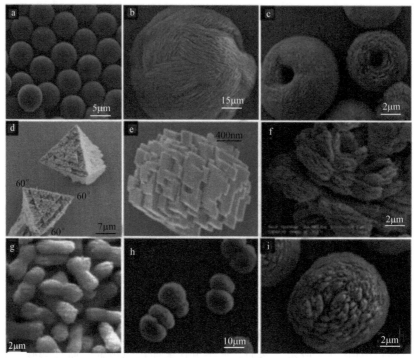

图 1-4　多种形貌的 $CaCO_3$ 微纳米粒子[108]

1.3.2　CO_2 用作植物生长促进剂

我国是传统的人口和农业大国，为满足众多人口对粮食的需求，高效增产的农作物肥料市场十分可观[115,116]。面对目前全球大气 CO_2 浓度过高的严峻形势，响应节能减排号召，将工业烟气中的 CO_2 捕集后用于生物领域，提高农作物产量是碳捕获、储存和利用技术路线中很有前景的选择[117]。目前，将捕集后的 CO_2 以肥料的形式用于农业生产过程中主要有气态 CO_2 施肥技术和脲基衍生物固体施肥技术两种形式。

2014 年，《中国二氧化碳利用技术评估报告》将温室大棚蔬菜作物的气态 CO_2 施肥技术列为 CO_2 利用的重要技术[118]。早在 20 世纪 70 年代末，中国首次将温室大棚应用于蔬菜作物的生产。农业农村部的数据表明到 2025 年，中国温室大棚作物的种植面积将从 1982 年的 7.2khm^2 稳定在 2000khm^2 以上[119,120]。

随着温室大棚农业技术的快速发展，气态 CO_2 施肥技术的应用范围迅速扩大。

研究表明蔬菜的生长需要特定浓度的 CO_2。蔬菜生长的适宜浓度通常为 $800 \sim 1500mL/m^3$，补偿点和饱和点分别为 $50 \sim 100mL/m^3$ 和 $600 \sim 2000mL/m^3$。在补偿点和饱和点之间，随着 CO_2 浓度的增加，蔬菜的光合作用和水分利用效率提高[121]。然而，较高的 CO_2 浓度并不总是有利于作物的光合作用和生长。在温室大棚中使用气态 CO_2 施肥技术人工提升 CO_2 浓度，需要根据作物的种类和品种的不同而进行相应的调整。在适当的温度、光照和湿度下，多叶作物和水果作物适宜的人工添加 CO_2 浓度分别为 $600 \sim 1000mL/m^3$ 和 $1000 \sim 1500mL/m^3$；蔬菜作物理想的施肥期在最初的生长阶段，但在整个生长期内均可以施加 CO_2 气肥[122]。水果在雌蕊晚花附着生长期、开花期和初果期对 CO_2 的吸收效率相对较高，果实的产量也会得到显著提高[123,124]。

截止到 2021 年 12 月，中国研究人员发表了 201 篇关于气态 CO_2 施肥技术应用于黄瓜、番茄、辣椒、西葫芦、茄子和草莓等 6 种代表性蔬菜水果的文章（基于对中国学术期刊网络出版数据库 CAJD1 的检索），如表 1-2 所示。

表 1-2　中国温室条件下气态 CO_2 肥料应用的文献分析

项目		黄瓜	番茄	辣椒	西葫芦	茄子	草莓	总量
总论文数		62	49	31	16	21	22	201
产量增加	数量	62	44	26	16	20	22	190
	占比/%	100	89.80	83.87	100	95.24	100	94.53
提前成熟期	数量	32	19	12	16	10	10	99
	占比/%	51.61	38.78	38.71	100	47.62	45.45	49.25
抗病虫害	数量	31	25	16	10	11	14	107
	占比/%	50.00	56.82	61.54	62.50	55.00	63.64	56.32

上述文献中报道了气态 CO_2 施肥技术应用于水果和蔬菜作物领域具有如下优势：

① 提高作物产量/价值；

② 水果作物中维生素和总糖含量更高；

③ 作物质量和外观得到改善；

④ 作物对病虫害的抵抗能力增强；

⑤ 提前作物成熟期；

⑥ 延长收割期。

其中报道黄瓜、番茄、辣椒、西葫芦、茄子和草莓等作物产量增加、抗病虫害增强和提前成熟期的论文数分别占总论文量的 94.53%、49.25% 和 56.32%[122]。

《中国二氧化碳利用技术评估报告》中同样列举了利用 CO_2 作为温室肥料促

进农作物生长的情况。结果表明，气态 CO_2 施肥技术对黄瓜、番茄、辣椒、南瓜、茄子和草莓等代表性果蔬的产量可提高 33.31%[125]。黄瓜和辣椒产量的增加与 CO_2 气体肥料的浓度呈现较好的线性关系，其他四种作物均呈现正相关关系[122]。

此外，气态 CO_2 施肥技术对于藻类的生长也显示出巨大的应用潜力。气态 CO_2 施肥技术使得藻类可以成功地种植在广阔的海洋表面，CO_2 是藻类光合作用的唯一外源碳源。因此，增加 CO_2 气体浓度可以提高藻类产量[126]。

《中国二氧化碳利用技术评估报告》对气态 CO_2 施肥技术在减少 CO_2 排放方面的重要性进行评估，充分考虑技术的成熟度、经济可行性以及环境和社会的影响。报告认为这项技术在未来可能会有很好的发展前景，并积极鼓励增加对这一领域的投资，以逐步实施该技术的深度研发和试点示范。

1.3.3　CO_2 合成聚氨酯技术

随着不可再生碳资源的减少和地球大气中 CO_2 浓度的增加，全球气候环境正发生着巨大变化。由于捕集固定 CO_2 后可以直接利用，又可以转化为高附加值的化学品，因此充分利用碳资源进一步创造经济效益成为一种减少 CO_2 排放的重要举措和战略选择[127,128]。

聚氨酯是一类高分子主链上含有氨基甲酸酯（$-N-C-O-$，其中 N 上有 H，C 上有 O）基团的聚合物，又称聚氨基甲酸酯、聚脲烷等，统称为聚氨酯。聚氨酯有"第五大塑料"的美誉，是 20 世纪应用最为广泛的合成材料之一。聚氨酯作为一种新兴的有机高分子材料，随着聚氨酯优越的特性不断拓展，已经逐步从轻工、电子、化工、建材、医疗、国防、航天等行业，发展到人们日常生活所必需的衣、食、住、行等各个领域[127]。我国市场对聚氨酯的需求量巨大，占全球需求量的五分之二左右[129]。

20 世纪 50 年代，聚氨酯工业化生产中三项技术的重大变革，使聚氨酯的工业生产获得突破性发展。在 1952 年，德国拜耳公司成功开发出聚酯型聚氨酯软质泡沫塑料的技术路线，研制出相应的工业连续化生产装备，获得了质量小、比强度大的新型聚氨酯材料，为聚氨酯材料广泛应用奠定了技术基础；美国杜邦公司在 1954 年成功开发出以多元醇为基础原料生产聚醚型聚氨酯泡沫塑料的技术路线，创造了由煤化工转向以石油化工为基础的聚酯多元醇原料体系，具有工业化生产规模大、产量高、工艺简单、价格低廉等优点，使聚氨酯产品的价格大幅度下降，为聚氨酯材料的大规模推广应用奠定了成本基础；随后许多公司相继研制出各种聚氨酯专用的催化剂、泡沫稳定剂等特种化学品，对聚氨酯材料工业化飞速发展起到了"催化剂"作用[129]。

近年来，以 CO_2 和胺类物质为原料合成脲衍生物后，制得氨基甲酸酯和异氰酸酯，进而制备聚氨酯的研究逐渐受到重视[130,131]。氨基甲酸酯和异氰酸酯是目前工业化合成聚氨酯的必要原料。基于此，已实现了以 CO_2 和胺为原料直接合成脲衍生物，以单胺和乙二胺为原料合成 1，3-二取代脲和环脲并获得了较高的产率，进一步提升了科技工作者对 CO_2 化学固定产物直接合成聚氨酯的研究兴趣[132]。

参考文献

[1] Song C. CO_2 conversion and utilization: an overview [J]. ACS Symposium Series, 2002, 809 (2): 2-30.

[2] Zanganeh K E, Shafeen A. A novel process integration, optimization and design approach for large-scale implementation of oxy-fired coal power plants with CO_2 capture [J]. International Journal of Greenhouse Gas Control, 2007, 1 (1): 47-54.

[3] 陈庆修. 借助科学技术进行二氧化碳的资源化利用-看二氧化碳的再生路 [N]. 经济日报, 2016-1-23.

[4] Monastersky R. Global carbon dioxide levels near worrisome milestone [J]. Nature, 2013, 497 (7447): 13-4.

[5] 张美华. 二氧化碳生产及应用 [M]. 西安: 西北大学出版社, 1988.

[6] Heede R, Oreskes N. Potential emissions of CO_2 and methane from proved reserves of fossil fuels: An alternative analysis [J]. Global Environmental Change, 2016, 36: 12-20.

[7] Jacob T, Wahr J, Pfeffer W T, et al. Recent contributions of glaciers and ice caps to sea level rise [J]. Nature, 2012, 482 (7386): 514-518.

[8] 中国科学院. http://www.cas.cn/kxcb/kpwz/201408/t20140825_4191468.shtml.

[9] Chen Q, Lv M, Tang Z, et al. Opportunities of integrated systems with CO_2 utilization technologies for green fuel & chemicals production in a carbon-constrained society [J]. Journal of CO_2 Utilization, 2016, 14: 1-9.

[10] Haszeldine R S. Carbon capture and storage: how green can black be? [J]. Science, 2009, 325 (5948): 1647-1652.

[11] Herzog, Howard J. Peer Reviewed: What future for carbon capture and sequestration? [J]. Environmental Science & Technology, 2001, 35 (7): 148-153.

[12] Nielsen D U, Hu X M, Daasbjerg K, et al. Chemically and electrochemically catalysed conversion of CO_2 to CO with follow-up utilization to value-added chemicals [J]. Nature Catalysis, 2018, 1 (4): 244-254.

[13] Liu Q, Wu L, Jackstell R, et al. Using carbon dioxide as a building block in organic synthesis [J].

Nature Communications，2015，6（1）：1-15.

[14] Mu D M，Portugal A F，Lozano A E，et al. New liquid absorbents for the removal of CO_2 from gas mixtures [J]. Energy & Environmental Science，2009，2（8）：883-891.

[15] Sculley J P，Zhou H C. Enhancing amine-supported materials for ambient air capture [J]. Angewandte Chemie International Edition，2012，51（51）：12660-12661.

[16] Luis P，Gerven T V，Bruggen B. Recent developments in membrane-based technologies for CO_2 capture [J]. Progress in Energy & Combustion Science，2012，38（3）：419-448.

[17] Zhang X，Song Y，Tyagi R D，et al. Energy balance and greenhouse gas emissions of biodiesel production from oil derived from wastewater and wastewater sludge [J]. Renewable Energy，2013，55（jul.）：392-403.

[18] Linga P，Kumar R，Englezos P. The clathrate hydrate process for post and pre-combustion capture of carbon dioxide [J]. Journal of Hazardous Materials，2007，149（3）：625-629.

[19] Brandvoll O，Bolland O. Inherent CO_2 capture using chemical looping combustion in a natural gas fired power cycle [J]. Journal of Engineering for Gas Turbines and Power，2004，126（2）：316-321.

[20] Ding F，He X，Luo X，et al. Highly efficient CO_2 capture by carbonyl-containing ionic liquids through Lewis acid-base and cooperative C-H···O hydrogen bonding interaction strengthened by the anion [J]. Chemical Communications，2014，50（95）：15041-15044.

[21] Wang C，Luo X，Zhu X，et al. The strategies for improving carbon dioxide chemisorption by functionalized ionic liquids [J]. RSC ADVANCES，2013，3（36）：15518-15527.

[22] Isral T P，Chang K C，Yong T K. CO_2 gas absorption by CH_3OH based nanofluids in an annular contactor at low rotational speeds [J]. International Journal of Greenhouse Gas Control，2014，23：105-112.

[23] 上官炬，常丽萍，苗茂谦. 气体净化分离技术 [M]. 北京：化学工业出版社，2012.

[24] Chen W H，Chen S M，Hung C I. Carbon dioxide capture by single droplet using selexol，rectisol and water as absorbents：A theoretical approach [J]. Applied Energy，2013，111（4）：731-741.

[25] Isral T P，Chang K C，Yong T K. CO_2 gas absorption by CH_3OH based nanofluids in an annular contactor at low rotational speeds [J]. International Journal of Greenhouse Gas Control，2014，23：105-112.

[26] Soosaiprakasam I R，Veawab A. Corrosion and polarization behavior of carbon steel in MEA-based CO_2 capture process [J]. International Journal of Greenhouse Gas Control，2008，2（4）：553-562.

[27] 夏明珠，严莲荷，雷武，等. 二氧化碳的分离回收技术与综合利用 [J]. 现代化工，1999，19（5）：46-48.

[28] Bandyopadhyay A. Amine versus ammonia absorption of CO_2 as a measure of reducing GHG emission：a critical analysis [J]. Clean Technologies and Environmental Policy，2011，13（2）：269-294.

[29] 齐国杰. 氨水溶液联合脱除二氧化碳和二氧化硫的研究 [D]. 北京：清华大学，2013.

[30] Idem R，Wilson M，Tontiwachwuthikul P，et al. Pilot plant studies of the CO_2 capture performance of aqueous MEA and mixed MEA/MDEA solvents at the University of Regina CO_2 capture technology development plant and the boundary dam CO_2 capture demonstration plant [J]. Industrial & Engineering Chemistry Research，2006，45（8）：2414-2420.

[31] 王献红，王佛松. 二氧化碳的固定和利用 [M]. 北京：化学工业出版社，2011.

[32] Yeh J T，Resnik K P，Rygle K，et al. Semi-batch absorption and regeneration studies for CO_2 capture by aqueous ammonia [J]. Fuel Processing Technology，2005，86（14-15）：1533-1546.

[33] Metz B，Davidson O，De Coninck H C，et al. IPCC special report on carbon dioxide capture and storage [M]. Cambridge：Cambridge University Press，2005.

[34] Barzagli F，Mani F，Peruzzini M. Efficient CO_2 absorption and low temperature desorption with nonaqueous solvents based on 2-amino-2-methyl-1-propanol（AMP）[J]. International Journal of Greenhouse Gas Control，2013，16：217.

[35] Jensen N K，Rufford T E，Watson G，et al. Screening zeolites for gas separation applications involving methane，nitrogen，and carbon dioxide [J]. Journal of Chemical and Engineering Data，2012，57：106-113.

[36] Wang Y，MD Levan. Adsorption equilibrium of binary mixtures of carbon dioxide and water vapor on zeolites 5a and 13x [J]. Journal of Chemical & Engineering Data，2010，55（9）：3189-3195.

[37] Sirjoosingh A，Alavi S，Woo T K. Grand-canonical monte carlo and molecular-dynamics simulations of carbon-dioxide and carbon-monoxide adsorption in zeolitic imidazolate framework materials [J]. Journal of Physical Chemistry C，2010，114（5）：2171-2178.

[38] Saha B B，Jribi S，Koyama S，et al. Carbon dioxide adsorption isotherms on activated carbons [J]. Journal of Chemical and Engineering Data，2011，56，1974-1981.

[39] Lozano-CastellóD，Cazorla-Amorós D，Linares-Solano A，et al. Micropore size distributions of activated carbons and carbon molecular sieves assessed by high-pressure methane and carbon dioxide adsorption isotherms [J]. Journal of Physical Chemistry B，2002，106（36）：9372-9379.

[40] Milewska-Duda J，Duda J，Nodzeski A，et al. Absorption and adsorption of methane and carbon dioxide in hard coal and active carbon [J]. Langmuir，2000，16（12）：5458-5466.

[41] Mo L ，Zheng X，Jing Q，et al. Combined carbon dioxide reforming and partial oxidation of methane to syngas over Ni-La_2O_3/SiO_2 catalysts in a fluidized-bed reactor [J]. Energy & Fuels An American Chemical Society Journal，2005，19（1）：49-53.

[42] Roque-Malherbe R，Polanco-Estrella R，Marquez-Linares F. Study of the interaction between silica surfaces and the carbon dioxide molecule [J]. Journal of Physical Chemistry C，2010，114（41）：17773.

[43] Park H K，Bae M W，Yoon O S，et al. CO_2 sorption by dry sorbent prepared from CaO-SiO_2 resources [J]. Chemical Engineering Journal，2012，195：158-164.

[44] Kumar V，Labhsetwar N，Meshram S，et al. Functionalized fly ash based alumino-silicates for capture of carbon dioxide [J]. Energy & Fuels，2011，25（10）：4854-4861.

[45] Yong Z，Mata V，Rodrigues A E. Adsorption of carbon dioxide on basic alumina at high temperatures [J]. Journal of Chemical & Engineering Data，2010，45（6）：1093-1095.

[46] Plaza M G，Pevida C，Arias B，et al. Development of low-cost biomass-based adsorbents for postcombustion CO_2 capture [J]. Fuel，2009，88：2442-2447.

[47] Wahby A，Ramos F J M，Martinez E E，et al. High-surface-area carbon molecular sieves for selective CO_2 adsorption [J]. Chemsuschem，2010，3（8）：974-981.

[48] Imperor-Clerc M，Davidson P，Davidson A. Existence of a microporous corona around the mesopores

of silica-based SBA-15 materials templated by triblock copolymers [J]. Journal of the American Chemical Society，2000，122（48）：11925-11933.

[49] Lin W，Cai Q，Pang W，et al. New mineralization agents for the synthesis of MCM-41 [J]. Microporous and Mesoporous Materials，1999，33（1-3）：187-196.

[50] Huang H Y，Yang R T，Chinn D，et al. Amine-grafted MCM-48 and silica xerogel as superior sorbents for acidic gas removal from natural gas [J]. Industrial & Engineering Chemistry Research，2003，42（12）：2427-2433.

[51] Keskin A，Van H M，Sholl D S，et al. Can metal-organic framework materials play a useful role in large-scale carbon dioxide separations? [J]. ChemSusChem，2010，3（8）：879-891.

[52] Phan A，Doonan C J，Uribe-Romo F J，et al. OM [J]. Accounts of Chemical Research，2010，43（1）：58-67.

[53] Banerjee R，Phan A，Wang B，et al. High-throughput synthesis of zeolitic imidazolate frameworks and application to CO_2 capture [J]. Science，2008，319：939-943.

[54] 王银杰，其鲁，江卫军. 高温下硅酸锂吸收 CO_2 的研究 [J]. 无机化学学报，2006，22（2）：5.

[55] 朱路钊. 二氧化碳的减排与资源化利用 [M]. 北京：化学工业出版社.2011.

[56] 马晓玉. 多孔碳材料的设计制备与吸附性能 [D]. 北京：北京理工大学，2014.

[57] Zhou A，Yang J，Zhang Y，et al. NaA zeolite/carbon nanocomposite thin films with high permeance for CO_2/N_2 separation [J]. Separation And Purification Technology，2007，55：392-395.

[58] Tin P S，Chung T S，Hill A J，et al. Advanced fabrication of carbon molecular sieve membranes by nonsolvent pretreatment of precursor polymers [J]. Industrial & Engineering Chemistry Research，2004，43（20）：6476-6483.

[59] Choi S，Drese J H，Jones C W，et al. Adsorbent materials for carbon dioxide capture from large anthropogenic point sources [J]. ChemSusChem：Chemistry & Sustainability Energy & Materials，2009，2（9）：796-854.

[60] Hicks J C，Drese J H，Fauth D J，et al. Designing adsorbents for CO_2 capture from flue gas-hyperbranched aminosilicas capable of capturing CO_2 reversibly [J]. Journal of the American Chemical Society，2008，130（10）：2902-2903.

[61] Song C. Global challenges and strategies for control，conversion and utilization of CO_2 for sustainable development involving energy，catalysis adsorption and chemical processing [J]. Catalysis Today，2006，115：2-32.

[62] Wang X，Schwartz V，Clark J C，et al. Infrared study of CO_2 sorption over "molecular basket" sorbent consisting of polyethylenimine-modified mesoporous molecular sieve [J]. The Journal of Physical Chemistry C，2009.113：7260-7268.

[63] Fauth D T，Frommell E A，Hoffman J S，et al. Fuel Processing Technology. Eutectic salt promoted lithium zirconate：Novel high temperature sorbent for CO_2 capture [J]. 2005，86：1503-1521.

[64] Hicks J C，Drese J H，Fauth D J，et al. Designing Adsorbents for CO_2 Capture from Flue Gas-Hyperbranched Aminosilicas Capable of Capturing CO_2 Reversibly [J]. Journal of the American Chemical Society，2008，130（10）：2902-2903.

[65] Yoshikawa K，Kaneeda M，Nakamura H. Development of Novel CeO_2-based CO_2 adsorbent and analysis on its CO_2 adsorption and desorption mechanism [J]. Energy Procedia，2017，114：

2481-2487.

[66] Slostowski C，Marre S，Bassat J，et al. Synthesis of cerium oxide-based nanostructures in near and supercritical fluids [J]．Journal of Supercritical Fluids，2013，84（84）：89-97.

[67] Yoshikawa K，Sato H，Kaneeda M，et al. Synthesis and analysis of CO_2 adsorbents based on cerium oxide [J]．Journal of CO_2 Utilization，2014，8：34-38.

[68] Kamimura Y，Shimomura M，Endo A. Simple template-free synthesis of high surface area mesoporous ceria and its new use as a potential adsorbent for carbon dioxide capture [J]．Journal of Colloid & Interface Science，2014，436：52-62.

[69] Li C C，Liu X H，Lu G G，et al. Redox properties and CO_2 capture ability of CeO_2 prepared by a glycol solvothermal method [J]．Chinese Journal of Catalysis，2014，35：1364-1375.

[70] Slostowski C，Marre S，Dagault P，et al. CeO_2 nanopowders as solid sorbents for efficient CO_2 capture/release processes [J]．Journal of CO_2 Utilization，2017，20：52-58.

[71] Wang Y G，Yin C C，Qin H F，et al. A urea-assisted template method to synthesize mesoporous N-doped CeO_2 for CO_2 capture [J]．Dalton Transactions，2015，44：18718-18722.

[72] Hara N，Yoshimune M，Negishi H，et al. Diffusive separation of propylene/propane with ZIF-8 membranes [J]．Journal of Membrane Science，2013，450：215-223.

[73] Shao L，Low B T，Chung T S，et al. Polymeric membranes for the hydrogen economy：Contemporary approaches and prospects for the future [J]．Journal of Membrane Science，2009，327：18-31.

[74] Powell C E，Duthie X J，Hentish S E，et al. Diffusive separation of propylene/propane with ZIF-8 membranes [J]．Journal of Membrane Science，2007，291：199-209.

[75] Leblanc O H，Ward W J，Matson S L，et al. Facilitated transport in ion-exchange membranes [J]．Journal of Membrane Science，1980，6：339-343.

[76] Matsuyama H，Teranoto M，Iwai K. Development of a new functional cation-exchange membrane and its application to facilitated transport of CO_2 [J]．Journal of Membrane Science，1994，93：237-244.

[77] Vu D V，Joros W J，Miller S. Mixed matrix membranes using carbon molecular sieves II. Modeling permeation behavior [J]．Journal of Membrane Science，2003，211：335-348.

[78] 许思维，韩彩芸，张六一，等．二氧化碳捕集分离的研究进展 [J]．天然气化工：C1 化学与化工，2011,36：72-78.

[79] Mandalm R K，Palsson B O. Elemental balancing of biomass and medium composition enhances growth capacity in high density Chlorella vulgaris Cultures [J]．Biotechnology and Bioengineering，1998，59：605-611.

[80] 李士凤．基于水合物技术的模拟电厂烟气中二氧化碳捕获研究 [D]．大连：大连理工大学，2010.

[81] Hatakeyama T，Aida E，Yokomori T，et al. Fire extinction using carbon dioxide hydrate [J]．Industrial & Engineering Chemistry Research，2009，48：4083-4087.

[82] Linga P，Kumar R，Englezos P. The clathrate hydrate process for post and pre-combustion capture of carbon dioxide [J]．Journal of Hazardous Materials，2007，149：625-629.

[83] Ishida M，Jin H，Okamoto T. Kinetic behavior of solid particle in chemical-looping combustion：suppressing carbon deposition in reduction [J]．Energy & Fuels，1998，12：223-229.

[84] Jin H，Okamoto T，Ishida M. Development of a novel chemical-looping combustion：synthesis of a

solid looping material of NiO/NiAl₂O₄ [J]. Industrial & Engineering Chemistry Research，1999，38：126-132.

[85] Kronberger B，Lyngfelt A，Loffler G，et al. Design and fluid dynamic analysis of a bench-scale combustion system with CO₂ separation chemical-looping combustion [J]. Industrial & Engineering Chemistry Research，2005，44 (3)：546-556.

[86] Parvulescu V I，Hardacer C C. Catalysis in ionic liquids [J]. Chemical Reviews，2007，107 (6)：2615-2665.

[87] Sheldon R. Catalytic reactions in ionic liquids [J]. Chemical Communications，2001，(23)，2399-2407.

[88] Greaves T L，Drummond C J. Protic ionic liquids：properties and applications [J]. Chemical Reviews，2008，108 (1)：206-237.

[89] Kazarian S G，Briscoe B J，Welton T. Combining ionic liquids and supercritical fluids：in situ ATR-IR study of CO₂ dissolved in two ionic liquids at high pressures [J]. Chemical Communications，2000 (20)：2047-2048.

[90] Cadena C，Anthony J L，Shah J K，et al. Why is CO₂ so soluble in imidazolium-based ionic liquids? [J]. Journal of the American Chemical Society，2004，126 (16)：5300-5308.

[91] Dong K，Zhang S J，Wang D X，et al. Hydrogen bonds in imidazolium ionic liquids [J]. Journal Of Physical Chemistry A，2006，110：9775-9782.

[92] Tang J，Tang H，Sun W，et al. Poly (ionic liquid) s as new materials for CO₂ absorption [J]. Journal of Polymer Science Part A：Polymer Chemistry，2005，43 (22)：5477-5489.

[93] Yu G，Zhang S，Zhou G，et al. Structure，interaction and property of amino-functionalized imidazolium ILs by molecular dynamics simulation and Ab initio calculation [J]. AICHE journal，2007，53 (12)：3210-3221.

[94] Heldebrant D J，Jessop P G，Thomas C A，et al. The reaction of 1，8-diazabicyclo [5.4.0] undec-7-ene (DBU) with carbon dioxide [J]. The Journal of organic chemistry，2005，70 (13)：5335-5338.

[95] Liu Y，Jessop P G，Cunningham M，et al. Switchable surfactants [J]. Science，2006，313 (5789)：958-960.

[96] Sakakura T，Choi J C，Yasuda H. Transformation of carbon dioxide [J]. Chemical Reviews，2007，107，2365-2387.

[97] 徐如人. 无机合成与制备化学 (下册) [M]. 北京：高等教育出版社，2009.

[98] Rieger J，Kellermeier M，Nicoleau L. Formation of nanoparticles and nanostructures-An industrial perspective on CaCO₃，cement，and polymers [J]. Angewandte Chemie International Edition，2014，53 (46)：12380-12396.

[99] Huber M，Stark W J，Loher S，et al. Flame synthesis of calcium carbonate nanoparticles [J]. Chemical Communications，2005：648-650.

[100] Hu L，Dong P，Zhen G. Preparation of active CaCO₃ nanoparticles and mechanical properties of the composite materials [J]. Materials Letters，2009，63 (3-4)：373-375.

[101] 陈先勇. 纳米碳酸钙合成的研究 [D]. 成都：四川大学，2004.

[102] Mari V，Margandan B，Andrews N G，et al. CO₂ absorption and sequestration as various polymorphs of CaCO₃ using sterically hindered amine [J]. Langmuir，2013，29 (50)：15655-15663.

[103]　Mari V，Margandan B，Song Y C，et al. Harvesting CaCO₃ Polymorphs from In Situ CO₂ Capture Process [J]．Journal of Physical Chemistry C，2014，118：17556-17566．

[104]　Sarkar A，Dutta K，Mahapatra S. Polymorph control of calcium carbonate using insoluble layered double hydroxide [J]．Crystal Growth & Design，2013，13（1）：204-211．

[105]　Asenath-Smith E，Li H，Keene E C，et al. Crystal growth of calcium carbonate in hydrogels as a model of biomineralization [J]．Advanced Functional Materials，2012，22（14）：2891-2914．

[106]　Liang X，Xiang J，Zhang F，et al. Fabrication of hierarchical CaCO₃ mesoporous spheres：particle-mediated self-organization induced by biphase interfaces and SAMs [J]．Langmuir，2010，26（8）：5882-5888．

[107]　郭晓辉．有机分子模板及溶剂效应控制下的碳酸盐的矿化结晶及机理研究 [D]．北京：中国科学技术大学，2007．

[108]　Boyjoo Y，Pareek V K，Liu J. Synthesis of micro and nano-sized calcium carbonate particles and their applications [J]．Journal of Materials Chemistry A，2014，2（35）：14270-14288．

[109]　Chen S F，Zhu J H，Jiang J，et al. Polymer-controlled crystallization of unique mineral superstructures [J]．Advanced Materials，2010，22（4）：540-545．

[110]　Guo X H，Yu S H，Cai G B. Crystallization in a mixture of solvents by using a crystal modifier：Morphology control in the synthesis of highly monodisperse CaCO₃ microspheres [J]．Angewandte Chemie International Edition，2006，45（24）：3977-3981．

[111]　王成毓．功能性纳米碳酸钙的仿生合成及表征 [D]．长春：吉林大学，2007．

[112]　Colfen H A，Hamilton A D. At the interface of organic and inorganic chemistry：bioinspired synthesis of composite materials [J]．Chemistry of Materials，2001，13：3227-3235．

[113]　Yu S H，Colfen H. Bio-inspired crystal morphogenesis by hydrophilic polymers [J]．Journal of Materials Chemistry，2004，14（14）：2124-2147．

[114]　Colfen H. Double-hydrophilic block copolymers：synthesis and application as novel surfactants and crystal growth modifiers [J]．Macromolecular Rapid Communications，2001，22（4）：219-252．

[115]　Olah G A，Goeppert A，Prakash G K S. Chemical recycling of carbon dioxide to methanol and dimethyl ether：from greenhouse gas to renewable，environmentally carbon neutral fuels and synthetic hydrocarbons [J]．The Journal of Organic Chemistry，2009，74（2）：487-498．

[116]　Gifford R M. The CO₂ Fertilising Effect：Does it occur in the real world？[J]．New Phytologist，2004：221-225．

[117]　Liang F，Xu L，Ji L，et al. A new approach for biogas slurry disposal by adopting CO₂-rich biogas slurry as the flower fertilizer of Spathiphyllum：Feasibility，cost and environmental pollution potential [J]．Science of The Total Environment. 2021，770：145333．

[118]　Administrative Center for China's Agenda 21，Third National Assessment Report on Climate Change（Special Report）：Technical Assessment Report of Carbon Dioxide Utilization in China. Beijing：Science Press，2014．

[119]　《农业农村部关于加快推进设施种植机械化发展的意见》（农机发〔2020〕3 号）．

[120]　《2022-2028 年中国温室大棚行业发展现状调查及市场分析预测报告》，出品单位：智研咨询，报告编号：R978651．

[121]　Liu H. X. Estimation of The Economic Value of Marine Tourism Resource：Case of The Fujiazhuang

Beach in Dalian, China [J]. Agriculture Science Technology Equipment, 2008, 2: 77-78.

[122] Xin M, Shuang L, Yue L, et al. Effectiveness of gaseous CO_2 fertilizer application in China's greenhouses between 1982 and 2010 [J]. Journal of CO_2 Utilization, 2015, 11: 63-66.

[123] 马玉华. 不同间作物对苹果果实品质的影响 [D]. 马鞍山: 安徽农业大学, 2015.

[124] 原永波. 日光温室大棚 CO_2 气肥的施用技术 [J]. 黑龙江农业科学, 2010 (12): 178-179.

[125] 时亚斌. 谈二氧化碳对植物生长的影响 [J]. 林业勘查设计, 2016 (2): 71-72.

[126] Huot B, Yao J, Montgomery B L, et al. Growth-defense tradeoffs in plants: a balancing act to optimize fitness [J]. Molecular plant, 2014, 7 (8): 1267-1287.

[127] Monassier A, Delia V, Cokoja M, et al. Synthesis of cyclic carbonates from epoxides and CO_2 under mild conditions using a simple, highly efficient niobium-based catalyst [J]. ChemCatChem, 2013, 5 (6): 1321-1324.

[128] Larachi F, Gravel J, Grandjean B, et al. Role of steam, hydrogen and pretreatment in chrysotile gas-solid carbonation: Opportunities for pre-combustion CO_2 capture [J]. International Journal of Greenhouse Gas Control, 2012, 6 (1): 69-76.

[129] 徐培林. 聚氨酯弹性手册 [M]. 2 版. 北京: 化学工业出版社, 2011.

[130] Saini P, Romain C. Dinuclear metal catalysts: Improved performance of heterodinuclear mixed catalysts for CO_2-epoxide copolymerization [J]. Chemical Communications, 2014, 50 (32): 4164-4167.

[131] Vogt H, Balej J, Bennett J E, et al. Chlorine oxides and chlorine oxygen acids [M]. Hoboken: Ullmann's Encyclopedia of Industrial Chemistry, 2000.

[132] Appel A, Bercaw J, Bocarsly A. Frontiers, opportunities, and challenges in biochemical and chemical catalysis of CO_2 fixation. [J]. Chemical Reviews, 2013, 113 (8): 6621-58.

第 2 章

醇-胺类离子液体储集体系的构建

CCS 和 CCU 技术是控制和减缓 CO_2 排放及资源化利用的有效手段，二者已成为世界各国科技工作者的战略性研究方向。无论是 CCS 还是 CCU，都要首先对 CO_2 进行捕集，在各种 CO_2 捕集方法中，醇胺吸收法最为重要。然而，在捕集过程中，醇胺易氧化和受热分解，需要不断补充，增加了运行成本，且不利于吸收过程的稳定进行。以内蒙古某企业 $14900m^3/h$ CO_2 捕集工艺为例，吸收温度为 55℃，解吸温度为 105℃，仅胺挥发带来的损失达 400 万～500 万元/年。因此，如何实现胺的有效固定及醇胺体系稳定的捕碳性能，是该技术改造和新体系研发的主要方向。

2.1 类离子液体储集体系的构建依据

胺对 CO_2 表现出较强的键合性能，活性基团为—NH_2，如能增加分子中—NH_2 基团的数量，利用—NH_2 基团和 CO_2 的作用来减少胺的挥发，这将有利于强化胺在碳捕获过程中的应用。为此，张建斌等[1] 以乙二胺（EDA）及其衍生物（EDAs）为主体系，对其吸收 CO_2 的性能进行了深入的研究，结果表明 1mol 胺对 CO_2 的最大吸收量可达 0.48mol，与乙醇胺相近，但加热再生过程中同样存在着显著的胺挥发问题。为解决此问题，张建斌等[2,3] 在 EDAs 中引入了具有良好的低蒸气压、低毒性、低熔融温度等性能的乙二醇（EG）类多元醇（EGs），该体系具有天然的氢键位点和对酸性气体潜在的吸收性能和洗涤作用。在引入 EGs 后，EDAs 与

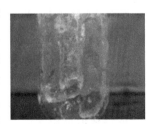

图 2-1　EDAs-EGs 溶液
吸收 CO_2 后的照片

EGs 形成分子间氢键及发生类离子化作用，显著提升了 EDAs 的稳定性，同时 EGs 还可作为胺的固定剂和 CO_2 的活化剂，提升胺的利用率及改善溶剂的脱碳性能，实现了 CO_2 在温和条件下的活化及转化（如图 2-1）。但是，如何获取高吸附容量、高选择性、低再生成本和高连续吸附-解吸循环稳定性的溶液体系、如何确定体系的组成，成为摆在科技工作者面前的主要问题。

2.2 类离子液体储集体系基础理化性质数据库的建立

在实际应用中，液体混合物的性质在技术和理论应用等方面引起了广泛关注，特别是在化工领域的过程开发、工艺设计、系统仿真和运行控制中[4]，混合物的密度、黏度和表面张力等均为重要的基础热力学性质，此类数据的报道十分有限，EGs＋EDAs 体系的基础热力学数据更是十分缺乏。为了优化 EGs＋EDAs 体系的组成，探明 EGs 与 EDAs 间存在的关系，本章特别研究了此类体系密度（ρ）、超额摩尔体积（V_m^E）、黏度（η）和表面张力（γ）等性质，建立了相应的基础理化性质数据库。本章内容呈现了大量 EGs＋EDAs 体系的密度、黏度和表面张力等基础热力学数据，并与文献值比较，以此为基础计算出该体系的过量性质。通过 NMR、FTIR、Raman、UV-vis 和荧光光谱技术手段，讨论了 EDAs 和 EGs 分子间的相互作用，确定了体系组成，明确了分子间的作用机制和分子的存在形式。

2.2.1 密度及超额摩尔体积

在工业应用上，不仅要考察 EDAs＋EGs 体系对 CO_2 的吸收性能，还要研究 EDAs 与 EGs 间的作用机理，这些都离不开混合体系的热力学性质。同时，EDAs＋EGs 体系的理化数据也为此类体系吸收 CO_2 的过程提供重要的依据。故此，研究测得不同浓度组成的 EDAs（1）＋EGs（2）混合体系在 293.15K、298.15K、303.15K、308.15K、313.15K 和 318.15K 温度下的密度和黏度。为了确保获得精确的热力学数据，研究首先测定纯 EDA 和纯 EGs 在不同温度下的密度、黏度数据，并与文献值进行比对，结果表明测定的纯 EDAs、纯 EGs 的密度黏度数值与文献提供的数值基本一致，表明测定数据真实可靠、测定方法可行，所得数据可用作后续相关计算和数据参考。

利用 4Å 分子筛对 EDAs、EGs 等试剂进行脱水、脱气处理。通过称重法配制不同浓度的 EDAs＋EGs 混合溶液，误差为±0.0005g，以比重瓶测定二元混合溶液的密度[5-25]。比重瓶容积校正及密度测定过程如下：

① 25mL 比重瓶容积校正：称量空瓶质量记为 m_0；在 293.15K、298.15K、303.15K、308.15K、313.15K、318.15K 温度下，将装满二次蒸馏水的比重瓶恒温 25min，称量空瓶和液体总质量，记为 m_1；根据密度、质量与体积的关系，计算得到液体体积，即比重瓶的容积。

② 按照以上校正步骤，测定各二元混合溶液的密度，根据相同温度下体积（比重瓶容积）相等原则，利用式(2-1) 计算密度：

$$\rho_m^T = \frac{(m_2 - m_0)\rho^T}{m_1 - m_0} \tag{2-1}$$

式中，ρ_m^T 为二元混合溶液密度（T 为测量温度），g/cm^3；ρ^T 为二次蒸馏水的密度，g/cm^3；m_0 为校正后空比重瓶的质量，g；m_1 为（二次蒸馏水＋比重瓶）的总质量，g；m_2 为混合溶液与比重瓶的总质量，g。

基于所测的密度数据，超额摩尔体积（V_m^E，cm^3/mol）可通过式(2-2) 计算[5-25]。

$$V_m^E = \frac{x_1 M_1 + x_2 M_2}{\rho_m} - \left(x_1 \frac{M_1}{\rho_1} + x_2 \frac{M_2}{\rho_2} \right) \tag{2-2}$$

式中，x_1、x_2 分别为 EDAs 和 EGs 的摩尔分数；M_1、M_2 分别为 EDAs 和 EGs 的摩尔质量，g/mol；ρ_1、ρ_2 分别为 EDAs 和 EGs 研究温度下 EDAs 和 EGs 的密度，g/cm^3；ρ_m 为研究温度下 EDAs＋EGs 体系混合溶液的密度，g/cm^3。

研究条件下大部分组分的 V_m^E 均为负数，表明 EDAs 与 EGs 混合之后体积收缩，即混合后体系体积小于混合前两种液体体积之和。二元混合体系的超额性质主要与组分的化学性质、分子结构、物理性质以及外界环境等因素有关，因此，可以从以下三个方面探讨 EDAs 与 EGs 之间的相互作用：

① EDAs 与 EGs 混合时有明显的放热现象，可能是 EDAs 与 EGs 之间形成新的分子间氢键所致；

② EDAs 与 EGs 之间发生电荷的转移，使得分子间堆积更为紧密；

③ EDAs 分子与 EGs 分子体积有所差异，使得 EDAs 分子与 EGs 分子可以有效地在空隙中相互穿插，使得混合体系分子间更为紧凑。

当 EDAs 的摩尔分数在 0.5 附近时，即 EDAs 与 EGs 以摩尔比约为 1∶1 时，V_m^E 出现最低值，表明二者之间结合最为紧密；在同一浓度下，随着温度的升高，V_m^E 的绝对值减小。这是由于温度升高后，一方面分子动能增大，分子运动加剧，混合体系体积增大，另一方面可能是分子间氢键相互作用减弱所致。

2.2.2 黏度测定

黏度是对液体流动时其分子间产生内摩擦性质的一种度量。分子量越大、碳氢结合越多，则摩擦力越大，黏度越大。由于黏度作用，流体运动时会受到摩擦阻力和压差阻力，损耗机械能，造成额外能量消耗。因此，工程设计、工业化应用中需考虑黏度这一因素。

黏度测定使用乌氏黏度计，毛细管内径为 0.80~1.1mm。乌氏黏度计经二次蒸馏水和色谱级乙醇校正后，测定二元混合溶液的黏度[5-25]。校正方法及黏度测定过程如下：

（1）校正方法：将装有二次蒸馏水（或色谱级乙醇）的乌氏黏度计，在恒温水浴锅中恒温 25min，控温精度为±0.01K，并以精密秒表记录液体流经乌氏黏度计上下刻度线的时间 t，精度为±0.01s。

（2）按照（1）的方法，每个样品至少重复测定 13~16 次，取平均值，根据式(2-3)和式(2-4)计算混合溶液的运动黏度值和动力黏度值：

$$\nu = At - \frac{B}{t} \tag{2-3}$$

$$\eta = \rho\nu \tag{2-4}$$

式中，ν 为运动黏度，m^2/s；η 为动力黏度，Pa·s；A、B 为黏度计常数；ρ 为混合液体密度，kg/m^3；t 为混合液体流过毛细管的时间，s。

研究采用乌氏黏度计测定了不同温度（$T = 293.15~318.15K$）、不同组成的 EDAs+EGs 体系的运动黏度，由式(2-3)获得 EDAs+EGs 体系的动力黏度。在一定温度下，直链醚醇和 EDA 体系黏度随直链醚醇摩尔分数的增加而逐渐增加。同时，当直链醚醇的摩尔分数固定时，η 值随着温度的升高而下降。这是由于温度升高会加剧分子间的相对运动，使得分子间的间距增大，导致分子间的摩擦力减小，所以黏度会随温度升高而降低。在全部研究温度范围内，黏度值随 EDA 摩尔分数增加呈先缓慢增大后急剧减小的趋势，且当 EDA 摩尔分数在一定值时，黏度值最大。当少量 EDA 加入到直链醚醇溶液时，EDA 打破了直链醚醇分子内的氢键，降低了自缔合作用，在 EDA 和直链醚醇分子间交叉缔合形成新的氢键，此时混合体系中分子间的内摩擦力增大，导致黏度增大。随 EDA 浓度的继续增大，直链醚醇所占比例减小，则体系中分子间的碳氢结合减少，相互作用降低，所以黏度呈降低趋势。因此，黏度的变化也间接说明 EDA 与直链醚醇分子间存在某种相互作用。

2.2.3　表面张力

　　液体表面区的分子由于受力不平衡产生的向内收缩的单位长度的力，即表面张力。在实际生产过程中，表面张力能够反映出传质过程以及吸附、黏附和铺展等过程的有关信息，对于化工过程的设计与研究具有重要意义。本章使用具有Wilhelmy 板的表面张力仪器（BZY-2）测定表面张力值，同时以二次水校准，至少测量三次，取平均值，过程的不确定度计算为±0.100mN/m。

2.2.4　混合溶液的电导性质

　　电导率是物质传递电流的能力，是电阻率的倒数。在液体中，常以电导率值衡量其导电能力。EDAs 和 EGs 在混合过程中的电荷变化通过电导率值进行分析，使用的仪器是上海仪电科学仪器股份有限公司生产的 DDSJ-308A 型号电导率仪，量程范围为 $0.000\mu S/cm \sim 199.9mS/cm$。在常温常压下，EDAs 和 EGs在混合过程中的电荷变化通过电导率值进行分析，部分结果如表 2-1 所示。

表 2-1　EDAs 和 EGs 混合前后电导率值变化[26]

项目	胺/($\mu S/cm$)	醇/($\mu S/cm$)	混合/($\mu S/cm$)
1	EDA(1.12)	EG(0.34)	338
2	EDA(1.12)	DEG(0.12)	100.8
3	EDA(1.12)	T4EG(0.21)	71
4	EDA(1.12)	PEG 300(3.37)	45
5	EDA(1.12)	PEG 400(6.01)	10.9
6	EDA(1.12)	1,3-BDO(0.05)	16.52
7	EDA(1.12)	1,2-PDO(0.21)	16.41
8	1,3-DAP(2.15)	EG(0.34)	16.7
9	1,6-DAH(0.37)	EG(0.34)	4.07

注：1,3-DAP—1,3-丙二胺；1,6-DAH—1,6-己二胺；1,3-BDO—1,3-丁二醇；1,2-PDO—1,2-丙二醇。

　　由表 2-1 可知，EDAs 和 EGs 的最低电导率值分别为 $0.37\mu S/cm$ 和 $0.05\mu S/cm$。当 EDAs 和 EGs 混合后，最大电导率值增加到 $338\mu S/cm$，表明系统中产生了电荷。同时，在醇和胺混合之后，系统释放出大量的热量，温度的升高加速了阴离子和阳离子的运动速度，离子的活动增加，热运动加速，导致电子在液体中转移电荷的能力变强[27]。与此同时，系统的电导率值随着直链醇或胺的碳原子数的增加而降低。碳链的这种伸长导致液体中离子缔合作用的增强，主要是由于烷基链之间的范德华力相互作用[28]。同时,碳链的增长降低了离子的迁移率,导致离子配对的减少[29]。

2.3 醇-胺类离子液体储集体系分子间的相互作用

EDAs 与 EGs 混合时,体系存在明显的放热现象,这是由 EDAs 与 EGs 之间发生氢键作用及溶解放热造成的。同时,EDAs 和 EGs 分子均存在多个氢键位点,二者混合后,同种分子间的自缔合氢键被取缔,EDAs 与 EGs 交叉缔合形成新的氢键,且此氢键有离子化的倾向,归属为类离子液体体系。

由超额摩尔体积数据可以看出,此类离子液体体系多在 EDAs 与 EGs 的摩尔比为 1:1 附近出现最大的超摩尔体积值,此数值最负,即当两种溶液混合时,分子间的作用最为紧密,形成体积差最大,该比例的溶液密度、黏度、表面张力均为重要的化工数据。为此,摩尔比为 1:1 类离子液体溶液体系成为了后续工作开展的依据。

以 EDA+PEG(聚乙二醇)体系为例,EDA+PEG 体系中可能的氢键存在形式如图 2-2 所示,其中 A 为 PEG 分子间自缔合氢键;B 为 EDA 分子间自缔合氢键;C 和 D 为 EDA 与 PEG 分子之间交叉缔合的氢键,类似的氢键在 N-甲基-2-吡咯烷酮与乙醇之间被报道[30]。

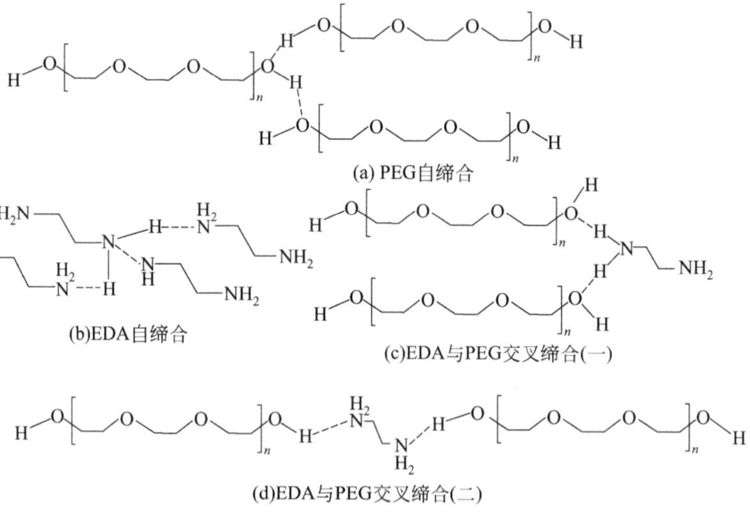

(a) PEG自缔合

(b) EDA自缔合

(c) EDA与PEG交叉缔合(一)

(d) EDA与PEG交叉缔合(二)

图 2-2 EDA+PEG 体系中可能的氢键存在形式

为了明确 EGs 固定 EDAs 的氢键作用机制和分子间的构效关系,以及上述氢键的主导作用。本节以 NMR、FTIR、UV-Vis、Raman 和 FL 等现代光谱技术手段探讨 EDAs 与 EGs 分子之间的相互作用。

　　以 EDA＋PEG 体系为例，EDA、PEG 和 EDA＋PEG 体系的 ^{13}C NMR 光谱如图 2-3 所示。

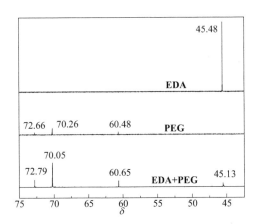

图 2-3　EDA、PEG 和 EDA＋PEG 体系的 ^{13}C NMR 光谱[31]

$x_1 = 0\%$、50% 和 100%

　　由图 2-3 可知混合后的 EDA＋PEG 在 ^{13}C NMR 光谱中发生了显著变化。EDA 中—CH$_2$—碳的化学位移 (δ)[32] 是 45.48，PEG 中—CH$_2$—碳的化学位移[32] 为 60.48。当 EDA＋PEG 等摩尔比混合时，EDA 中—CH$_2$—碳的化学位移从 45.48 移至 45.13。PEG 中—CH$_2$—碳的化学位移从 60.48 移至 60.65，表明 EDA 和 PEG 之间存在着相互作用。

　　EDA、PEG 和 EDA＋PEG 体系的 FTIR 光谱如图 2-4 所示。

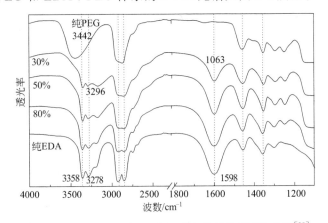

图 2-4　EDA、PEG 和 EDA＋PEG 体系的 FTIR 光谱[33]

$x_1 = 0\%$、30%、50%、80% 和 100%

图 2-4 中，$3700 \sim 3000 cm^{-1}$ 范围内呈现一个宽的氢键缔合峰，随着 EDA 浓度的增大，该峰逐渐变得尖锐，并向低频方向移动。这表明 PEG 中氢键缔合程度被削弱，自缔合氢键被取缔，新的氢键在 PEG 与 EDA 之间形成。同时，$3442 cm^{-1}$ 处 PEG 分子中的 O—H 伸缩振动峰被掩盖，说明 PEG 中的 O—H 参与形成新的氢键[33]。$3358 cm^{-1}$ 和 $3278 cm^{-1}$ 分别归属为 EDA 分子中 $v_{as(N-H)}$ 和 $v_{s(N-H)}$ 振动[32]，随着 EDA 的加入，$v_{s(N-H)}$ 峰由 $3296 cm^{-1}$ 移动到 $3278 cm^{-1}$，表明 EDA 中的氨基与 PEG 中的羟基发生了相互作用。同时，EDA 分子中 δ_{N-H} 峰（$1598 cm^{-1}$）[32] 随 PEG 的加入逐渐地变窄，峰位移动至 $1063 cm^{-1}$，可知 N—H 键的振动随着 PEG 的加入变得困难，这是由于 PEG 与 EDA 交叉缔合形成图 2-2(d) 所示氢键，降低了 N—H 键的极性所致，表现为 EDA 中 N—H 键的红外光谱峰随着 PEG 的加入向高频方向移动。

基于上述讨论，对于 EDA+PEG 混合体系，EDA 与 PEG 分子之间氢键作用的方式可能有两种：(1) EDA 中的氨基 H 原子与 PEG 中的羟基 O 原子形成氢键，即图 2-2(c) 所示氢键；(2) EDA 中氨基 N 原子与 PEG 中羟基 H 原子形成氢键，即图 2-2(d) 所示氢键。

图 2-5 所示为 EDA+H_2O (a)、PEG+H_2O (b) 和 EDA+PEG (c) 体系的 UV-Vis 光谱，以二次蒸馏水作为参比。

图 2-5(a) 中，随着含量的增加，UV-Vis 光谱特征吸收峰由 216.5nm 蓝移至 205.5nm，发生减色效应，原因是 EDA 中氨基 N 原子上 n 电子的 $n \rightarrow \sigma^*$ 跃迁变得困难所致[32]。

图 2-5(b) 中，随着含量的增加，UV-Vis 光谱特征吸收峰由 200nm 蓝移至 196nm，发生减色效应，原因是羟基 O 原子或醚 O 原子上的孤对电子的 $n \rightarrow \sigma^*$ 跃迁变得困难[34]。

图 2-5(c) 中，随着 EDA 浓度的增加，紫外特征吸收峰由 213nm 红移至 225nm，发生增色效应。结合 EDA+H_2O 和 PEG+H_2O 的 UV-Vis 光谱图及电子跃迁的方式，由于 PEG 中孤对电子的跃迁需要更低的能量，故图 2-5(c) 中 $213 \sim 225nm$ 可认为是 EDA 中氨基 N 原子上孤对电子的 $n \rightarrow \sigma^*$ 跃迁。随着 EDA 浓度的增加，N 原子上孤对电子的 $n \rightarrow \sigma^*$ 跃迁变得容易，这是由于 EDA 与 PEG 之间形成图 2-2(d) 所示氢键，使得 N 原子外的孤对电子远离 N 原子，孤对电子的束缚程度被削弱，跃迁变得容易，导致紫外光谱特征吸收峰红移。

以 1,4-BDO（1,4-丁二醇）+1,3-DAP（1,3-丙二胺）体系为例，图 2-6 为不同浓度混合物的拉曼光谱。纯 1,4-BDO 中的羟基之间存在相互作用。加入 1,4-BDO 后峰强度降低，特征峰从 $3300 cm^{-1}$ 移至 $3268 cm^{-1}$。这说明 1,3-DAP 的存在破坏了羟基之间的相互作用，且峰波长逐渐减小。这表明 1,4-BDO 分子

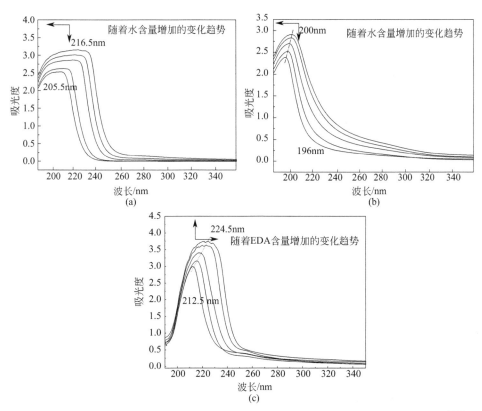

图 2-5　EDA＋H$_2$O（a）、PEG＋H$_2$O（b）和 EDA＋PEG（c）体系的 UV-Vis 光谱[31]

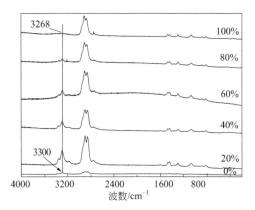

图 2-6　1,4-BDO＋1,3-DAP 体系的 Raman 光谱[31]

之间的相互作用被醇和胺之间的相互作用代替。

　　以 1,3-DAP（1,3-丙二胺）＋1,3-PDO（1,3-丙二醇）体系为例，图 2-7 显示

了随着 DAP 摩尔分数逐渐增加，纯 PDO 和 DAP+PDO 的荧光光谱。根据光谱结果可知，当激发波长为 281nm 时，—OH 的孤对电子发生 n→σ* 电子跃迁。通过在 PDO 中添加 DAP，峰值强度从 118 逐渐减弱到 96。这种变化趋势表明，—OH 转换回基态将释放较少的能量，并且—PDO 分子之间的—OH 相互约束的能力变得更弱，导致 σ*→n 的电子跃迁更容易。

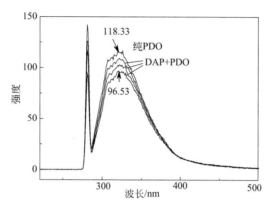

图 2-7 DAP（不同含量）+PDO 体系的 FL 光谱[31]

结合 EDAs+EGs 体系的 NMR、FTIR、UV-Vis、Raman 和 FL 结果，得出 EDAs 与 EGs 之间的氢键作用主要是以图 2-2(d) 所示氢键形式存在，即 EDAs 中氨基 N 原子与 EGs 中羟基 H 原子形成氢键，依靠这种分子间的氢键相互作用固定并减少 EDAs 的挥发。

与此同时，李立华等[7] 发现混合后的二元体系的电导率值发生了显著的变化。以 EDA+DEG 体系为例，室温下 EDA 和 DEG 的电导率值分别为 14.35μs/cm 和 0.351μs/cm，当将其混合后电导率值增加到 107.5μs/cm。电导率的结果表明，DEG 的添加会导致混合物电导率增长，这是由于 DEG 与 EDA 分子发生了更强的电离作用所致。

此外，以 EDA+PEG 混合体系为例，其超额摩尔体积性质表明，二者以等物质的量混合时体积最小，分子间结合最为紧密，故此测定等物质的量的 EDA+PEG 体系和纯的 EDA 的热稳定性，评价 PEG 固定 EDA 的效果，热分析结果如图 2-8 所示。

热分析结果表明等物质的量的 EDA+PEG 体系比单独的 EDA 具有更高热稳定性，也就是说添加的 PEG 有效地抑制了 EDA 的挥发，因此 EGs 可作为胺的固定剂。

综上所述，为了实现胺的有效固定和醇胺体系稳定的捕碳性能，并更好地将其运用于工业生产中，只有获悉体系的基础理化性质分析，才能研究体系对于

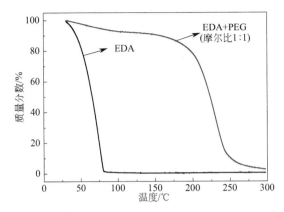

图 2-8　EDA 和等物质的量的 EDA＋PEG 体系在 N_2

环境和升温速率为 5℃/min 下的 TGA 曲线[31]

CO_2 的吸收性能及其之间的相互作用。因此，本章优化了 EGs＋EDAs 体系的组成，探讨了 EGs 与 EDAs 间存在的关系。与此同时，本章特别研究了此类体系密度、过量摩尔体积、黏度和表面张力等性质，并通过 NMR、FTIR、Raman、UV-vis 和荧光光谱技术手段讨论了 EDAs 和 EGs 分子间的相互作用，确定了体系组成，明确了分子间的相互作用机制和分子存在形式。为实际生产中，液体混合物的性质在技术和应用等方面提供了理论依据，特别是为化工领域的过程开发、过程设计、系统仿真和运行控制等，提供了混合物密度、黏度和表面张力等重要的基础热力学性质，填补了此类数据的空白，初步建立了此类混合溶液的基础理化性质数据库。

参考文献

[1]　Zhou S，Chen X，Nguyen T，et al. Aqueous ethylenediamine for CO_2 capture [J]. ChemSusChem，2010，3 (8)：913-918.

[2]　Zhang J B，Han F，Wei X，et al. Spectral studies of hydrogen bonding and interaction in the absorption processes of sulfur dioxide in poly (ethylene glycol) 400＋water binary system [J]. Industrial & Engineering Chemistry Research，2010，49 (5)：2025-2030.

[3]　Zhang J B，Zhang P，Han F，et al. Hydrogen bonding and interaction in the absorption processes of sulfur dioxide in ethylene glycol＋water binary desulfurization system [J]. Industrial & Engineering Chemistry Research，2009，48 (3)：1287-1291.

[4]　Han S，Du C B，Jian X，et al. Density，viscosity，and refractive index of aqueous solutions of sodium lactobionate [J]. Journal of Chemical & Engineering Data，2016，61 (2)：731-739.

[5]　Li C P，Zhang J B，Wei X H，et al. Density，viscosity，and excess properties for 1,2-diaminoethane

+1,2-ethanediol at（298. 15，303. 15，and 308. 15）K［J］. Journal of Chemical & Engineering Data，2010，55（9）：4104-4107.

［6］ Li L H，Zhang J B，Li Q，et al. Density，viscosity，surface tension，and spectroscopic properties for binary system of 1,2-ethanediamine + diethylene glycol［J］. Thermochimica Acta，2014，590：91-99.

［7］ Zhao B S，Liu L，Zhang J B，et al. Liquid density，viscosity and spectroscopic studies of binary mixture of tetraethylene glycol+1,2-ethanediamine for CO_2 capture［J］. Physics and Chemistry of Liquids，2017，55（6）：715-730.

［8］ Li Q，Sha F，Zhang J B，et al. Excess Properties for the Binary System of Poly（ethylene glycol）200 +1,2-Ethanediamine at $T =$（303. 15 to 323. 15）K and the System′s Spectroscopic Studies［J］. Journal of Chemical & Engineering Data，2016，61（5）：1718-1727.

［9］ Zhao T ，Zhang J B，Wei X H，et al. Excess properties and spectroscopic studies for the binary system 1,2-ethanediamine + polyethylene glycol300 at $T =$（293. 15，298. 15，303. 15，308. 15，313. 15，and 318. 15）K［J］. Journal of Molecular Liquids，2014，198：21-29.

［10］ Meng X，Li X，Shi H，et al. Density，viscosity and excess properties for binary system of 1. 2-ethanediamine+polyethylene glycol400 at $T =$（293. 15，298. 15，303. 15，308. 15，313. 15，and 318. 15）K under atmospheric pressure［J］. Journal of Molecular Liquids，2016，219：677-684.

［11］ Ma L，Zhang J B，Sha F，et al. Excess properties and spectroscopic studies for binary system poly-ethylene glycol600+dimethyl sulfoxide at $T =$（298. 15，303. 15，308. 15，313. 15，and 318. 15）K［J］. Chinese Journal of Chemical Engineering，2017，25（9）：1249-1255.

［12］ Zhao L，Li Q，Zhang J B，et al. Liquid density，viscosity，surface tension，and spectroscopic investigation of 1,2-ethanediamine+1,2-propanediol for CO_2 capture［J］. Journal of Molecular Liquids，2017，241：374-385.

［13］ Liu C，Ma L，Zhang J B，et al. Experimental investigation of density，viscosity and intermolecular interaction of binary system 1,3-butanediol+1,2-ethanediamine for CO_2 capture［J］. Journal of Molecular Liquids，2017，232：130-138.

［14］ Sha F，Zhao T X，Zhang J B，et al. Density，viscosity and spectroscopic studies of the binary system 1,2-ethylenediamine+1,4-butanediol at $T =$（293. 15 to 318. 15）K［J］. Journal of Molecular Liquids，2015，208：373-379.

［15］ Zhang F，Liu X，Yang X，et al. Density，viscosity and spectroscopic studies for the binary system of dipropylene glycol + 1,2-ethylenediamine at $T =$（293. 15，298. 15，303. 15，308. 15，313. 15，and 318. 15）K［J］. Journal of Molecular Liquids，2016，223：192-201.

［16］ Zhang Y，Yang J，Li B，et al. Density，viscosity，and spectroscopic and computational analyses for hydrogen bonding interaction of 1,2-propylenediamine and ethylene glycol mixtures［J］. Journal of Molecular Liquids，2020，302：112443.

［17］ Jia X Q，Zhang S，Zhang J B，et al. Density，viscosity，surface tension and intermolecular interaction of triethylene glycol and 1,2-diaminopropane binary solution & its potential downstream usage for bioplastic production［J］. Journal of Molecular Liquids，2020，306：112804.

［18］ Li Y，Dong L，Zhang J B，et al. Excess properties，spectral analyses and computational chemistry of the binary mixture of polyethylene glycol200+1,3-propanediamine［J］. Journal of Molecular Liquids，2021,346：117080.

［19］ Yang C，Zhao L，Zhang J B，et al. Excess properties，spectra，and computational chemistry for binary mixtures of 1,2-propanediol+1,3-diaminopropane [J]. Journal of Molecular Liquids, 2020, 304: 112674.

[20] Liu K, Zhang R, Zhang J B, et al. Density, viscosity, surface tension, spectroscopic properties and computational chemistry of the 1,4-butanediol+1,3-propanediamine-based deep eutectic solvent [J]. Journal of the Iranian Chemical Society, 2022, 19 (4): 1203-1217.

[21] Li F, Li B, Zhang J B, et al. Measurement of density, viscosity and surface tension of tri-ethylene glycol+1,3-propanediamine mixtures & their computational chemistry and spectral analysis [J]. Journal of Molecular Liquids, 2020, 303: 112677.

[22] Yu Y L, Yue X Q, Li B, et al. Density, viscosity, surface tension and excess properties of 1,3-propanediamine and tetraethylene glycol at $T=293.15$ K-318.15 K [J]. Journal of Molecular Liquids, 2020, 301: 112483.

[23] Gao F, Zhang J B, Wei X H, et al. Solubility for dilute sulfur dioxide in binary mixtures of N, N-dimethylformamide+ethylene glycol at $T=308.15$ K and $P=122.66$ kPa [J]. The Journal of Chemical Thermodynamics, 2013, 62: 8-16.

[24] Hao C X, Zhao L, Zhang J B, et al. Density, dynamic viscosity, excess properties and intermolecular interaction of triethylene glycol+N,N dimethylformamide binary mixture [J]. Journal of Molecular Liquids, 2019, 274: 730-739.

[25] Zhang S, Zhao L, Zhang J B, et al. Density, viscosity, surface tension and spectroscopic studies for the liquid mixture of tetraethylene glycol+N,N-dimethylformamide at six temperatures [J]. Journal of Molecular Liquids, 2018, 264: 451-457.

[26] Yue X Q, Li Q, Zhang J B, et al. Novel CS_2 storage materials from ion-like liquids for one-step synthesis of active nano-metal sulfides in the photocatalytic reduction of CO_2 [J]. Journal of cleaner production, 2019, 237: 117710.

[27] Chang B, Wu Y. Synthesis of Bisimidazole Ionic Liquid and Study on Conductivity and Viscosity of Binary System Mixed with Acetonitrile [J]. Chinese Journal of Synthesis Chemisty. 2018, 26: 425-428.

[28] Yoshida Y, Baba O, Saito G. Ionic liquids based on dicyanamide anion: Influence of structural variations in cationic structures on ionic conductivity [J]. The Journal of Physical Chemistry B, 2007, 111 (18): 4742-4749.

[29] Fraser K J, Izgorodina E I, Forsyth M, et al. Liquids intermediate between "molecular" and "ionic" liquids: Liquid ion pairs? [J]. Chemical communications, 2007 (37): 3817-3819.

[30] Yang C, Xu W, Ma P S. Thermodynamic properties of binary mixtures of p-xylene with cyclohexane, heptane, octane, and N-methyl-2-pyrrolidone at several temperatures [J]. Journal of Chemical & Engineering Data, 2004, 49 (6): 1794-1801.

[31] 赵天翔. 二氧化碳的捕集及资源化利用研究 [D]. 内蒙古：内蒙古工业大学, 2016.

[32] 于世林. 波谱分析法 [M]. 重庆：重庆大学出版社, 1991.

[33] He Z Q, Zhang J B, Liu J, et al. Spectroscopic study on the intermolecular interaction of SO_2 absorption in poly-ethylene glycol+H_2O systems [J]. Korean Journal of Chemical Engineering, 2014, 31 (3): 514-521.

[34] 谢晶曦, 常俊标, 王绪明. 红外光谱在有机化学和药物化学中的应用 [M]. 北京：科学出版社, 2001.

第 3 章

二氧化碳储集材料的构建

目前，大多数 CO_2 捕集和资源化利用技术因 CO_2 活化较为困难，致使后续催化转化条件较为苛刻。因此，如何实现 CO_2 捕集后的有效储存、释放，以及合成高附加值化学品和燃料具有重要的科学意义。张建斌等[1-5] 研究发现 EDA 中加入 EG 后可有效地减少胺的挥发，提升了 CO_2 吸收性能。为了进一步研究 EDA-EG 类离子液体体系的 CO_2 吸收性能以及吸收产物的资源化利用，本章研究了具有代表性的（EDA＋EG）水溶液体系吸收 CO_2 的过程，重点监测过程中的增重、温度和电导率变化，并以此绘得不同 CO_2 流量下的吸收曲线。此外，本章还通过 ^{13}C-NMR、FTIR、Raman、XPS、XRD 等现代光谱技术对 EDA-EG 类离子液体吸收 CO_2 的产物进行了表征。

3.1 材料构建吸收过程的控制

3.1.1 EDA+EG 体系吸收 CO_2 的性能

基于第 2 章研究确定的溶液组成信息，分别以 150mL/min、200mL/min、250mL/min 的流速，向摩尔比为 1∶1 的 EDA＋EG 溶液通入高纯 CO_2（体积分数 99.999%）气体，每隔 1min 称重一次，并监测体系的温度及电导值变化。以时间为横坐标，单位质量 EDA 增重为纵坐标，绘得溶液吸收 CO_2 的增重变化曲线，如图 3-1 所示。

由图 3-1 可知，在同一 CO_2 流速下，前 40min 内，溶液增重快，吸收速率大；40~100min 之间，溶液增重放缓，吸收速率有所降低；100min 之后，溶液重量不再发生改变，反应达到终点。另一方面，在不同 CO_2 流速下，体系吸收

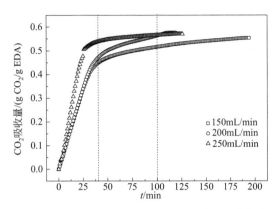

图 3-1　EDA＋EG 溶液吸收 CO_2 的增重变化曲线

CO_2 的量均随时间增加而增加，且在一段时间后不再增加，体系吸收 CO_2 达到饱和。随着 CO_2 流速的增大，吸收达饱和的时间缩短，这源于气体流速越大，体系传质速率越快，达到终点所需时间越短。值得注意的是，不同流速下，最终饱和状态下的 CO_2 吸收量基本一致，说明 CO_2 的流速只影响吸收速率，不影响饱和吸收量。

　　EDA＋EG 溶液吸收 CO_2 温度随时间变化如图 3-2 所示。在同一 CO_2 流速下，体系的温度随时间的增加，呈现先增大后减小最后降至室温的变化趋势。在不同 CO_2 流速下，体系的最高温度值随流速增大而升高。分析可知，EDA＋EG 体系吸收 CO_2 是放热反应。反应初始，体系传质较快，放出热量较多，温度随之升高；随着反应的进行，体系渐变黏稠，气体传质受阻，致使 CO_2 与溶液接触不充分，体系放热量减少；直至体系转变为白色固体，传质停止，体系温度逐渐下降至室温。

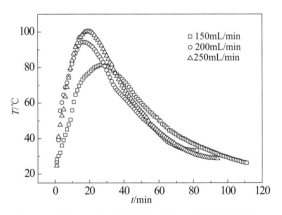

图 3-2　EDA＋EG 溶液吸收 CO_2 温度随时间变化

EDA＋EG 溶液吸收 CO₂ 的电导率随时间变化曲线如图 3-3 所示。在同一
CO₂ 流速下，体系电导率随时间的增加，呈现先增大后减小的趋势。不同 CO₂
流速下，体系最大电导率值随流速增加而增大。分析可知，造成体系电导率大幅
变化的原因是体系吸收 CO₂ 的过程中形成离子化物质。随着反应进行，体系渐
变黏稠，离子运动愈发受阻，电导率逐渐下降。随着反应的进一步深入，体系转
变为白色固体，离子运动进一步受阻，直到反应到达终点，电导率降至最低。

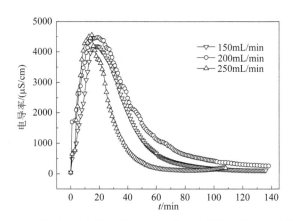

图 3-3　EDA＋EG 溶液吸收 CO₂ 的电导率随时间变化曲线

为了证实 EG 强化 EDA 吸收 CO₂ 的性能，本章分别测定了 EDA、EG 及
EDA＋EG 对 CO₂ 的吸收性能。以 250mL/min CO₂ 流速为例，室温下 EG 的电
导率为 0.34μS/cm，对 CO₂ 的吸收量为 0.0036mol CO₂/mol EG。与 EG 吸收
CO₂ 相比，室温下 EDA 的电导率为 1.12μS/cm，对 CO₂ 的吸收量为 0.4568mol
CO₂/mol EDA。当 EDA 与 EG 以 1∶1 的摩尔比混合后，室温下体系的电导率
为 338μS/cm，电导率明显高于 EDA 和 EG，这是由 EDA 与 EG 在混合后发生
了离子化作用造成的。EDA＋EG 体系对 CO₂ 的吸收量为 0.7790mol CO₂/mol
EDA，明显高于 EG 和 EDA。由此可推断，在 EDA＋EG 吸收 CO₂ 的过程中，
EG、EDA、CO₂ 三者发生了化学作用。

3.1.2 （EDA+EG）水溶液体系吸收 CO₂ 的性能

以摩尔比为 1∶1 的 EDA＋EG 混合物为溶质，分别配制成质量分数为 5％、
8％、10％、12％、15％的水溶液，分别通入流速为 150mL/min、200mL/min、
250mL/min CO₂ 气体，考察溶液浓度和气体流速对体系吸收 CO₂ 性能的影响。

（1）体系质量变化

配制不同质量分数的（EDA＋EG）水溶液，分别以 150mL/min、200mL/

min、250mL/min 的流速向配制好的（EDA＋EG）水溶液通入 CO_2 气体，每隔 1min 称重一次，然后以时间为横坐标，单位质量 EDA 对应的增重量为纵坐标，绘得（EDA＋EG）水溶液吸收 CO_2 的增重随时间变化曲线，如图 3-4 所示。

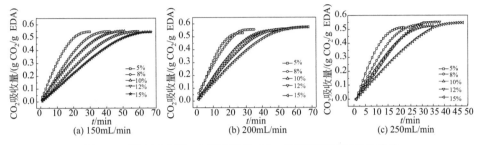

图 3-4　（EDA＋EG）水溶液吸收 CO_2 的增重随时间变化曲线

由图 3-4 可知，在同一 CO_2 流速下，（EDA＋EG）质量分数越小的体系，吸收 CO_2 达到饱和所需的时间越短。尽管（EDA＋EG）质量分数不同，但达到饱和状态的 CO_2 吸收量相同；在不同 CO_2 流速下，体系的 CO_2 吸收量均随时间增加而增加，且在一段时间后不再增加，表明体系吸收 CO_2 达到饱和状态。同时，达到饱和状态的 CO_2 吸收量不随流速变化而变化。这说明 CO_2 的流速只影响吸收速率，对饱和吸收量没有影响。

（2）体系温度变化

在不同 CO_2 流速和不同（EDA＋EG）质量分数下，本节测定了 EDA＋EG 体系吸收 CO_2 过程中的反应温度变化。具体过程如下：配制不同质量分数的 EDA＋EG（摩尔比为 1∶1）水溶液，分别以 150mL/min、200mL/min、250mL/min 的流速，向配制好的（EDA＋EG）水溶液通入 CO_2 气体，每隔 1min 记录一次温度值，以时间为横坐标，体系温度值为纵坐标，绘得（EDA＋EG）水溶液吸收 CO_2 温度随时间变化曲线，如图 3-5 所示。

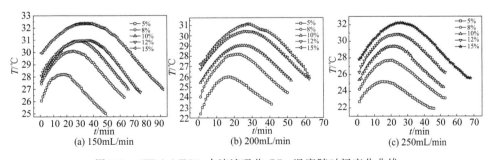

图 3-5　（EDA＋EG）水溶液吸收 CO_2 温度随时间变化曲线

由图 3-5 可知，在同一 CO_2 流速下，体系温度随着时间的增加，呈现先增大后减小的趋势，并最终降至室温。分析可知，（EDA＋EG）水溶液体系吸收 CO_2 为放热反应。反应初始，体系传质较快，放出热量较多，温度逐渐升高；（EDA＋EG）质量分数越大，反应分子越多，放出热量越多，体系最大温度也越高；随着反应进行，体系中 EDA 和 EG 消耗殆尽，体系温度开始下降，直到反应接近终点，温度降至室温。

（3）体系电导率变化

在不同 CO_2 流速和不同（EDA＋EG）质量分数下，测定了（EDA＋EG）水溶液体系吸收 CO_2 过程中电导率变化。过程如下：配制不同质量分数的（EDA＋EG）（摩尔比为 1：1）水溶液，分别以 150mL/min、200mL/min、250mL/min 的流速向配制好的 EDA＋EG 水溶液通入 CO_2 气体，每隔 1min 记录一次电导率值，以时间为横坐标，电导率值为纵坐标，绘得（EDA＋EG）水溶液吸收 CO_2 的电导率随时间变化曲线，如图 3-6 所示。

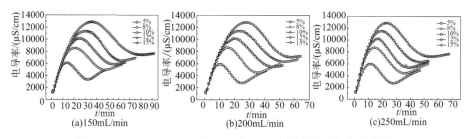

图 3-6 （EDA＋EG）水溶液吸收 CO_2 电导率随时间变化曲线

由图 3-6 可知，在同一 CO_2 流速下，随着体系中（EDA＋EG）质量分数的增加，体系的电导率值随时间增加，呈现先增大后减小的变化趋势，最大电导率值也随（EDA＋EG）质量分数增加而增大。分析可知，造成体系电导率值大幅度变化的原因是体系吸收 CO_2 的过程中形成了离子化合物，使得体系的电导率值增大。

3.1.3 （EDA+EG）水溶液体系循环吸收-解吸 CO_2 的性能

工业上用于 CO_2 捕集的吸收液需具备良好的再生性能和低再生能耗等特点，需要考察吸收液的解吸性能。为此，研究选择（EDA＋EG）水溶液体系吸收 CO_2 气体，并采用回流法解吸再生，考察体系的吸收及解吸性能，装置如图 3-7 所示。使用恒温磁力搅拌器将吸收液加热至沸腾（约 98℃），通过边加热边搅拌的方式释放 CO_2，蒸发的吸收液通过冷凝管冷凝、回流，再生吸收液。

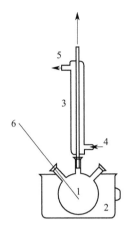

图 3-7 吸收-解吸装置图

1—三口瓶；2—恒温磁力搅拌器；3—回流冷凝管；4—冷凝水进口；5—冷凝水出口；6—温度计

以 CO_2 体积分数为 12% 的气体模拟烟气（实际工业烟气中 CO_2 含量为 8%～15%），质量分数为 15% 的（EDA＋EG）水溶液体系（工业应用中醇胺的质量分数 5%～20%），在 250mL/min 的 CO_2 流速下，考察（EDA＋EG）水溶液体系 5 次 CO_2 吸收（20℃）-解吸（98℃）循环性能，结果如图 3-8 所示。

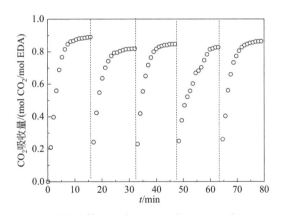

图 3-8 （EDA＋EG）水溶液体系 5 次 CO_2 吸收（20℃）-解吸（98℃）循环性能

由图 3-8 可知，（EDA＋EG）水溶液体系吸收 CO_2 在 16min 内即可达到吸收平衡，且在 98℃ 和 500r/min 搅拌及回流下实现溶液的解吸再生。经 5 次吸收-解吸循环，体系对 CO_2 的捕集性能未受到显著影响，且最大吸收量可达 1.2602mol CO_2/mol EDA，显著优于传统工业上的 CO_2 吸收剂 MEA（0.4628mol CO_2/mol 胺）、DEA（0.2360mol CO_2/mol 胺）、TEA（0.1944mol CO_2/mol 胺）和 MAE（甲基乙醇胺，0.6510mol CO_2/mol 胺）[6]。此外，相较

传统醇胺水溶液再生温度，（EDA＋EG）水溶液体系具有较低的再生能耗（98℃相比于 100～140℃）[6]。

由上述结果可知，（EDA＋EG）水溶液体系对 CO_2 的吸收性能较好，水的加入可显著降低体系的黏度，EG 可有效减少胺的挥发，提升 CO_2 捕集性能的同时也有效降低再生能耗。

3.1.4 类离子液体水溶液吸收 CO_2 技术

全球变暖已成为当今国际热点问题，而大量的 CO_2 排放是其重要原因。因此，有效地减少 CO_2 排放、降低大气中 CO_2 浓度是人类可持续发展面临的重大难题。CO_2 的最大来源是燃烧过程，仅燃煤发电过程的排放量占全球燃烧同种燃料排放量的 30%～40%。由于燃烧过程的终端是烟道气，故控制和减缓烟道气中 CO_2 的排放对于解决全球变暖和温室效应问题具有重要意义。

尽管烟道气捕集 CO_2 的方法众多，但考虑到烟道气中 CO_2 分压低以及后续技术工艺等特点，化学吸收法是一种较好的选择。化学吸收法采用化学吸收剂吸收 CO_2，升温解吸分离 CO_2，再生溶剂。当前，典型的化学吸收剂多为胺（氨）类水溶液，采用胺（氨）类水溶液捕集 CO_2 主要有以下思路：一是采用醇胺类溶液作为吸收剂捕集 CO_2；二是采用氨水溶液来代替醇胺溶液捕集 CO_2；三是采用高效混合胺作为吸收剂捕集 CO_2。

常用的醇胺法因具有对 CO_2 吸收速率快、效率高等优点而发展迅速，得到了广泛的研究和应用。其中，CO_2 捕集和分离技术是实现能源系统中 CO_2 减排的关键。以乙醇胺（MEA）、二乙醇胺（DEA）等溶剂捕集 CO_2 起步早，工艺较为成熟，但溶剂易分解、腐蚀性强、再生能耗大以及再生困难，用于燃烧过程成本昂贵；以 N-甲基二乙醇胺（MDEA）捕集 CO_2 过程虽溶剂再生能耗较低，但吸收效率低，同样会致使成本昂贵。

采用氨水溶液为溶剂捕集 CO_2 多以氨化学吸收烟道气中的 CO_2，生产碳酸铵/碳酸氢铵，最后制成碳酸铵固体，具有较大的 CO_2 运载能力。在捕集 CO_2 后，将得到的混合物用泵运至再生器进行解吸，解吸的 CO_2 通过加压浓缩、分离而实现高压高纯度（＞90%）贮存以及氨循环使用，但吸收和解吸单元操作过程中存在氨高挥发性问题。

一、二级醇胺具有较高的 CO_2 吸收速率，三级醇胺具有较高的 CO_2 吸收负荷和较低的热再生能耗。理论上，一、二级醇胺与三级醇胺混合后吸收 CO_2 能兼具两类醇胺的优点，因此混合胺吸收剂的研究应运而生。从各研究者和研究机构的思路和成果来看，高效混合胺吸收剂的研究上多涉及两个方向：一是提高

CO_2 反应速率为主、降低再生能耗为辅；二是降低再生能耗为主、提高 CO_2 反应速率为辅。但是，混合胺吸收剂的 CO_2 吸收率、再生及对设备的腐蚀性仍处于研究阶段。

综上所述，如何更好地稳定胺（氨）水溶液的性能、减少体系中胺（氨）的挥发、增强体系捕集 CO_2 的性能、降低胺（氨）的再生能耗、减少胺（氨）对设备的腐蚀性，开发"高吸收率、高吸收负荷、低再生能耗、低腐蚀性"的胺（氨）水溶液捕集 CO_2 技术，对于我国乃至世界的 CO_2 减排技术发展均具有非常重要的意义。

基于此，张建斌等[7] 开发了一种以乙二胺（EDA）为主要捕碳成分、多元醇（包括乙二醇、丙三醇、丁二醇、二乙二醇、三乙二醇，以及聚乙二醇 100、聚乙二醇 200、聚乙二醇 300、聚乙二醇 400、聚乙二醇 600 等不同聚合度的聚乙二醇等）为固胺剂的多元醇-乙二胺水溶液捕集工业生产过程所产生气体（主要为各种类型的烟道气、工业废气和/或工业原料气）中 CO_2 的方法。

（1）技术的基本原理

① 固胺作用

$$R\!-\!NH_2 + HO\!-\!R' =\!\!= R\!-\!N(H_2)\cdots HO\!-\!R' \tag{3-1}$$

和/或
$$R\!-\!NH_2 + HO\!-\!R' =\!\!= R\!-\!NH_2\cdots(H)O\!-\!R' \tag{3-2}$$

和/或
$$R\!-\!NH_2 + HO\!-\!R' =\!\!= R\!-\!\overset{+}{N}H_3\cdot{}^-O\!-\!R'（胺的固定）\tag{3-3}$$

② 捕集 CO_2

$$[R\!-\!N(H_2)\cdots HO\!-\!R'] + CO_2 =\!\!= R\overset{+}{N}H_3\cdot\overline{O}C(O)OR' \tag{3-4}$$

和/或
$$R\!-\!NH_2\cdots(H)O\!-\!R' + CO_2 =\!\!= R\overset{+}{N}H_3\cdot\overline{O}C(O)OR' \tag{3-5}$$

和/或
$$R\!-\!\overset{+}{N}H_3\cdot\overline{O}\!-\!R' + CO_2 =\!\!= R\overset{+}{N}H_3\cdot\overline{O}C(O)OR' \tag{3-6}$$

③ 再生　富含 CO_2 的溶液（富液），从吸收塔底部流出，进入再生器中进行加热法和（或）真空法再生，得到高纯度 CO_2。再生后的溶液称为"脱碳液"（又称"贫液"），可循环使用。富液在再生器中会发生如下一些再生反应。

$$R\overset{+}{N}H_3\cdot\overline{O}C(O)OR' =\!\!= [R\!-\!N(H_2)\cdots HO\!-\!R'] + CO_2 \tag{3-7}$$

和/或
$$R\overset{+}{N}H_3\cdot\overline{O}C(O)OR' =\!\!= R\!-\!NH_2\cdots(H)O\!-\!R' + CO_2 \tag{3-8}$$

和/或
$$R\overset{+}{N}H_3\cdot\overline{O}C(O)OR' =\!\!= R\!-\!\overset{+}{N}H_3\cdot{}^-O\!-\!R' + CO_2 \tag{3-9}$$

（2）技术过程

① 吸收过程　吸收在吸收塔中发生，可常压吸收，也可加压吸收。通常情况下，含 CO_2 气体从底部进入吸收塔，脱碳液（贫液）从顶部进入吸收塔，含

CO_2 气体与脱碳液逆流接触，CO_2 被脱碳液吸收。脱除 CO_2 后的气体从吸收塔顶部收集，富含 CO_2 的脱碳液（富液），从吸收塔底部流出进入再生过程。在吸收过程中，也可采用气体和脱碳液都从顶部进入吸收塔，发生并流吸收的方式来完成吸收过程。

② 再生过程 采用加热法和（或）真空法。富液进入加热再生器，释放出 CO_2；经加热再生后的脱碳液可直接送至吸收过程重复使用，也可继续送至其他再生工序进行进一步再生，然后再送至吸收过程重复使用。

传统的湿法、胺法 CO_2 捕集技术在整个吸收和再生过程中会引起胺的大量挥发，挥发的胺会严重腐蚀设备，造成 CO_2 捕集过程运行费用升高。本技术与传统的湿法 CO_2 捕集技术（如醇胺等）相比，具有如下优点：以多元醇固胺可实现体系在运行过程中无胺损失或少胺损失，过程中产出高纯 CO_2，运行成本低、流程短、投资小、操作简单，相关工作已获批国家发明专利[7]。

3.2 二氧化碳储集材料的构建及性质

EDAs＋EGs 体系表现出较强的 CO_2 吸收性能，吸收机理值得深入研究。为此，本节主要研究吸收过程的机理，并制得了新颖的白色粉体材料，即二氧化碳储集材料。

3.2.1 二氧化碳储集材料的构建

室温下，体积分数为 99.99％的 CO_2 气体以 250mL/min 的流速通入质量为 40g 的 EDAs＋EGs 混合液体（摩尔比为 1∶1），30min 后液体由澄清变浑浊，60min 后出现白色固体，直至全部变为白色固体，过程如图 3-9 所示。用无水乙醇洗涤白色固体三次后，于 60℃下真空干燥 6h，即可获得松散的白色粉末固体材料，命名为二氧化碳储集材料（CO_2 storage material，CO_2SM）。

图 3-9 EDAs＋EGs 体系在室温下吸收 CO_2 制备 CO_2SM

3.2.2　二氧化碳储集材料的表征及功能

利用 EDAs+EGs 体系捕集 CO_2，制得了 9 种 CO_2SM，其固体核磁共振碳谱如图 3-10。9 种 CO_2SM 固体中碳的特征化学位移列于表 3-1[3,4]。

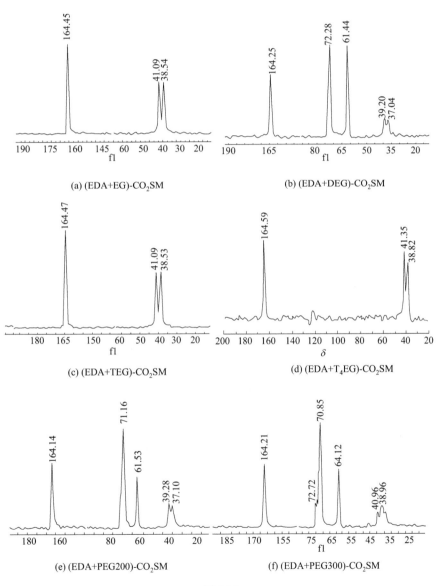

(a) (EDA+EG)-CO$_2$SM

(b) (EDA+DEG)-CO$_2$SM

(c) (EDA+TEG)-CO$_2$SM

(d) (EDA+T$_4$EG)-CO$_2$SM

(e) (EDA+PEG200)-CO$_2$SM

(f) (EDA+PEG300)-CO$_2$SM

图 3-10

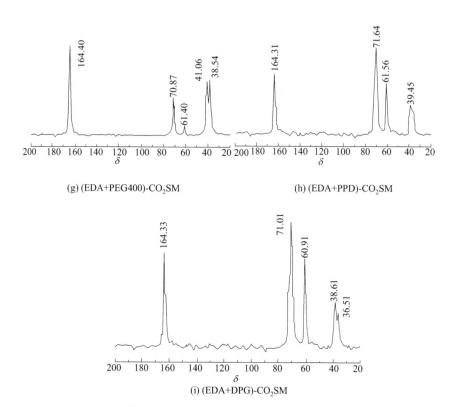

(g) (EDA+PEG400)-CO₂SM   (h) (EDA+PPD)-CO₂SM

(i) (EDA+DPG)-CO₂SM

图 3-10   CO₂SM 固体的核磁共振碳谱

表 3-1   CO₂SM 固体核磁共振碳谱中碳的特征化学位移

CO₂SM	¹³C NMR(固体)
(EDA＋EG)-CO₂SM	164.45、41.09、38.54
(EDA＋DEG)-CO₂SM	164.25、72.28、61.44、39.20、37.04
(EDA＋TEG)-CO₂SM	164.47、41.09、38.53
(EDA＋T4EG)-CO₂SM	164.50、41.35、38.82
(EDA＋PEG200)-CO₂SM	164.14、71.16、61.53、39.28、37.10
(EDA＋PEG300)-CO₂SM	164.21、72.72、70.85、61.42、40.96、38.96
(EDA＋PEG400)-CO₂SM	164.31、71.64、61.56、39.45、37.23
(EDA＋PPD)-CO₂SM	164.40、70.87、61.40、41.06、38.54
(EDA＋DPG)-CO₂SM	164.33、71.01、60.91、38.61、36.51

注：TEG—三乙二醇；T4EG—四乙二醇；PPD—1,2-丙二醇；DPG—二丙二醇。

由图 3-10 和表 3-1 可知，164.14～164.50 间的化学位移可归属于烷基碳酸盐中碳酸根的特征 C 信号峰，未观察到以 160 为特征 C 信号峰的碳酸氢根[8,9]，

意味着 CO_2SM 是一种类碳酸盐化合物而不是类碳酸氢盐化合物。

图 3-11 为 9 种 CO_2SM 溶解于 D_2O 的液体 ^{13}C NMR 谱图，其特征 C 的化学位移列于表 3-2[3,4]。

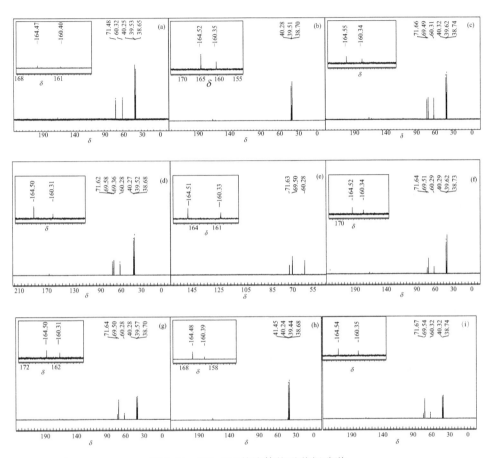

图 3-11　CO_2SM 的液体核磁共振碳谱

(a)（EDA＋EG)-CO_2SM；(b)（EDA＋DEG)-CO_2SM；(c)（EDA＋TEG)-CO_2SM；

(d)（EDA＋T4EG)-CO_2SM；(e)（EDA＋PEG200)-CO_2SM；(f)（EDA＋PEG300)-CO_2SM；

(g)（EDA＋PEG400)-CO_2SM；(h)（EDA＋PPD)-CO_2SM；(i)（EDA＋DPG)-CO_2SM

综合图 3-11 和表 3-2，所有 CO_2SM 均在 164.42～164.55 范围内有化学位移，为烷基碳酸盐中碳酸根的特征 C 信号峰[10,11]。同时，160.31～160.40 范围内的化学位移为碳酸氢根的特征 C 信号峰。相较于固体 ^{13}C NMR，液体 ^{13}C NMR 表现出碳酸氢根的特征 C 信号峰源于 CO_2SM 在溶解的过程中存在部分碳酸根转变为碳酸氢根的变化，进一步说明 CO_2SM 为一种类碳酸盐化合物。

表 3-2　CO₂SM 液体核磁共振中 C 的特征化学位移

CO₂SM	¹³C NMR(液体)
(EDA+EG)-CO₂SM	164.42、160.40、71.52、60.37、40.29、39.58、38.70
(EDA+DEG)-CO₂SM	164.52、160.35、40.28、39.51、38.70
(EDA+TEG)-CO₂SM	164.55、160.34、71.66、69.31、40.32、39.32、38.74
(EDA+T4EG)-CO₂SM	164.50、160.31、71.62、69.58、69.36、40.27、39.52、38.68
(EDA+PEG200)-CO₂SM	164.51、160.33、71.63、69.50、60.28、40.28、39.55、38.70
(EDA+PEG300)-CO₂SM	164.52、160.34、71.64、69.51、60.29、40.29、39.62、38.73
(EDA+PEG400)-CO₂SM	164.50、160.31、71.64、69.50、60.28、40.28、39.57、38.70
(EDA+PPD)-CO₂SM	164.48、160.39、41.45、40.24、39.41、38.68
(EDA+DPG)-CO₂SM	164.54、160.35、71.67、69.54、60.32、40.32、38.74

　　9 种 CO₂SM 固体的 FTIR 和拉曼（Raman）谱图结果如图 3-12 所示，主要特征峰波数列于表 3-3 和表 3-4。

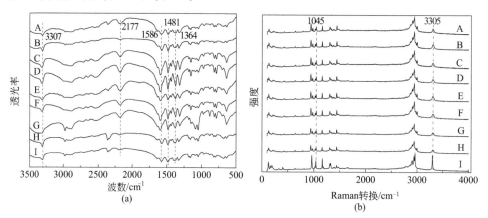

图 3-12　CO₂SM 固体的 FTIR（a）和 Raman 谱图（b）[3,4]

A—(EDA+EG)-CO₂SM；B—(EDA+DEG)-CO₂SM；C—(EDA+TEG)-CO₂SM；

D—(EDA+T4EG)-CO₂SM；E—(EDA+PEG200)-CO₂SM；F—(EDA+PEG300)-CO₂SM；

G—(EDA+PEG400)-CO₂SM；H—(EDA+PPD)-CO₂SM；I—(EDA+DPG)-CO₂SM

表 3-3　CO₂SM 的 FTIR 特征峰波数[3,4]

CO₂SM	FTIR(固体)/cm⁻¹
(EDA+EG)-CO₂SM	3307、2177、1586、1481、1364
(EDA+DEG)-CO₂SM	3307、2185、1584、1479、1372
(EDA+TEG)-CO₂SM	3309、2168、1579、1476、1368
(EDA+T4EG)-CO₂SM	3310、2175、1585、1480、1370

续表

CO_2SM	FTIR(固体)/cm^{-1}
(EDA+PEG200)-CO$_2$SM	3309、2177、1586、1484、1364
(EDA+PEG300)-CO$_2$SM	3312、2175、1596、1486、1376
(EDA+PEG400)-CO$_2$SM	3309、2173、1594、1485、1379
(EDA+PPD)-CO$_2$SM	3305、2179、1570、1474、1365
(EDA+DPG)-CO$_2$SM	3310、2175、1574、1479、1369

表 3-4　CO$_2$SM 的 Raman 特征峰波数[3,4]

CO_2SM	Raman 信号/cm^{-1}
(EDA+EG)-CO$_2$SM	1030、3305
(EDA+DEG)-CO$_2$SM	1032、3305
(EDA+TEG)-CO$_2$SM	1030、3304
(EDA+T4EG)-CO$_2$SM	1030、3305
(EDA+PEG200)-CO$_2$SM	1031、3305
(EDA+PEG300)-CO$_2$SM	1030、3306
(EDA+PEG400)-CO$_2$SM	1030、3305
(EDA+PPD)-CO$_2$SM	1030、3305
(EDA+DPG)-CO$_2$SM	1029、3307

由 FTIR 结果可知，3307cm^{-1} 处的吸收峰可归属为—N（H）—的伸缩振动，2177cm^{-1} 处的吸收峰为—NH$_3^+$ 的特征吸收峰[12-15]，1586cm^{-1} 和 1481cm^{-1} 处的吸收峰分别为—C（=O）—O$^-$ 的不对称和对称伸缩振动[16-18]，1364cm^{-1} 处的吸收峰可归属为碳酸根中 CO$_3^{2-}$ 的不对称伸缩振动[16,19,20]，也可归属为碳酸氢根中 CO$_3^{2-}$ 的不对称伸缩振动，但未观察到碳酸氢根在 835cm^{-1} 处的特征吸收峰[16,21]。

Raman 光谱中 1045cm^{-1} 和 3305cm^{-1} 处的伸缩振动带可归属为 CO$_2$SM 中的 CO$_3^{2-}$ 和—NH$_3^+$ 结构[22]，未观察到 1017cm^{-1} 处的碳酸氢根特征峰[23]。Raman 光谱结果进一步佐证了 FTIR 光谱结果，即 CO$_2$SM 是一种类碳酸盐化合物。

如图 3-13 和表 3-5 所示，XPS 谱中 532eV、399eV 和 285eV 处分别为 O 1s、N 1s 和 C 1s 的结合能。C 在 284～289eV 范围内可解析出两种不同结构：284.78eV 处的结合能对应—C—C—结构中的 C，288.78eV 处的结合能对应—O—C（=O）—结构中的 C。O 在 531～533eV 范围内可解析出两种不同结构：

531.78eV 处的结合能对应—C(=O)—结构中的 O, 532.18eV 处的结合能对应—C—O—结构中的 O。N 在 399eV 左右只有一种结构, 即—C—N—结构中的 N[4]。

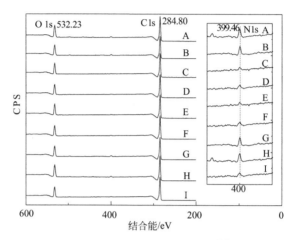

图 3-13 CO₂SM 的 XPS 谱图[4]

A—(EDA+EG)-CO₂SM；B—(EDA+DEG)-CO₂SM；C—(EDA+TEG)-CO₂SM；

D—(EDA+T4EG)-CO₂SM；E—(EDA+PEG200)-CO₂SM；F—(EDA+PEG300)-CO₂SM；

G—(EDA+PEG400)-CO₂SM；H—(EDA+PPD)-CO₂SM；I—(EDA+DPG)-CO₂SM

表 3-5 CO₂SM 的 XPS 元素峰位置[4]　　　　　　　　　　单位：eV

CO₂SM	C 1s		N 1s	O 1s	
(EDA+EG)-CO₂SM	288.73	284.78	399.48	533.18	531.88
(EDA+DEG)-CO₂SM	288.78	284.78	399.18	533.28	531.88
(EDA+TEG)-CO₂SM	288.78	284.83	399.68	533.18	531.98
(EDA+T4EG)-CO₂SM	288.73	284.78	399.58	533.08	531.78
(EDA+PEG200)-CO₂SM	288.83	284.78	399.28	533.28	531.88
(EDA+PEG300)-CO₂SM	288.78	284.78	399.48	533.08	531.78
(EDA+PEG400)-CO₂SM	288.78	284.80	399.46	533.18	531.88
(EDA+PPD)-CO₂SM	288.83	284.78	399.51	533.28	531.78
(EDA+DPG)-CO₂SM	288.73	284.83	399.48	533.08	531.78

9 种 CO₂SM 的 XRD 谱图如图 3-14 所示。XRD 谱图中衍射峰位置列于表 3-6, 其中 17.48°、19.06°、22.48° 和 29.79° 处的特征衍射峰与乙二胺基甲酸酯的特征衍射峰相似 (JCPDS NO. 34-1993)[5]。

综合上述表征分析结果，所制备的 CO_2SM 是一种烷基碳酸铵盐，结构单元为 $[^+H_3N-R-NH_3^+ \cdot {}^-O-C(=O)-O-R'-O-C(=O)-O^-]_n$。

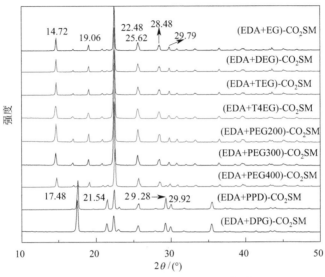

图 3-14　CO_2SM 的 XRD 谱图[3,4]

表 3-6　CO_2SM 的 XRD 衍射峰位置[3,4]

CO_2SM	XRD 信号
(EDA+EG)-CO_2SM	14.72°、19.06°、22.48°、25.62°、28.48°、29.79°
(EDA+DEG)-CO_2SM	14.72°、19.06°、22.48°、25.62°、28.48°、29.79°
(EDA+TEG)-CO_2SM	14.68°、19.02°、22.48°、25.56°、28.46°、29.80°
(EDA+T4EG)-CO_2SM	14.68°、19.00°、22.44°、25.56°、28.42°、29.78°
(EDA+PEG200)-CO_2SM	14.72°、19.06°、22.48°、25.62°、28.48°、29.79°
(EDA+PEG300)-CO_2SM	14.72°、19.06°、22.48°、25.62°、28.48°、29.79°
(EDA+PEG400)-CO_2SM	14.68°、19.02°、22.42°、25.58°、28.44°、29.86°
(EDA+PPD)-CO_2SM	17.52°、22.40°、25.60°、29.28°、29.92°
(EDA+DPG)-CO_2SM	17.48°、22.36°、25.58°、29.22°、29.94°

为了进一步确定 CO_2SM 的结构式，对 9 种 CO_2SM 进行元素测试分析[4]。称取一定质量的 CO_2SM 样品，经高温燃烧后测得 CO_2SM 中氮元素、碳元素和氢元素的含量，其元素分析结果列于表 3-7。结果表明氮元素的含量大于所得分子结构式中氮元素的计算值，这可能源于部分乙二胺以某种形式残留于 CO_2SM。

表 3-7 CO_2SM 的元素分析结果

CO_2SM	质量/mg	N/%	C/%	H/%
(EDA+EG)-CO_2SM	2.1260	24.7000	35.3200	7.6830
(EDA+DEG)-CO_2SM	2.0110	27.5200	34.4700	7.9810
(EDA+TEG)-CO_2SM	2.1070	23.9800	36.2600	8.2840
(EDA+T4EG)-CO_2SM	1.9160	23.8000	36.5600	8.2750
(EDA+PEG200)-CO_2SM	1.9630	23.5400	36.6500	8.2850
(EDA+PEG300)-CO_2SM	2.1170	23.6200	36.8100	8.3080
(EDA+PEG400)-CO_2SM	1.9050	27.0100	34.6700	8.0450
(EDA+PPD)-CO_2SM	1.9480	27.1500	34.5700	8.0760
(EDA+DPG)-CO_2SM	2.1150	25.6800	35.6400	8.2450

3.2.3 二氧化碳储集材料的热性质

9 种 CO_2SM 在 N_2 环境和升温速率为 5℃/min 下的 TGA-DSC 曲线如图 3-15 所示。CO_2SM 样品在 60～86℃开始失重，该阶段的失重主要是 CO_2SM 表面乙二胺的挥发。随着温度的升高，失重速率明显加快，CO_2SM 在该阶段发生分解，开始释放 CO_2、乙二胺和少部分二元醇。在 126～164℃范围内，DSC 曲线出现明显的吸热峰，所有 CO_2SM 的失重率均已达到 70% 以上，部分 CO_2SM 的失重率高达 90% 以上，这说明 CO_2SM 接近完全分解，尽数释放所含 CO_2、乙二胺和二元醇。继续升高温度至 180℃，CO_2SM 完全失重。

(EDA+EG)-CO_2SM 受热分解后残留浅黄色黏稠状液体，对其进行 FTIR 光谱分析，结果如图 3-16 所示。$3367cm^{-1}$ 处的吸收峰为 EG 中 O—H 结构的伸缩振动[13]；$3306cm^{-1}$ 处的吸收峰可归属于 EDA 中 N—H 的伸缩振动[12-15]；$1575cm^{-1}$ 处的吸收峰可以归属于 CO_2SM 中—C(═O)—O^- 结构的不对称伸缩振动，$1485cm^{-1}$ 处的吸收峰可以归属于 CO_2SM 中—C(═O)—O^- 结构的对称伸缩振动[16-18]。结果表明分解产物包含 EDA、EG 以及未分解的 CO_2SM。

3.2.4 二氧化碳储集材料的合成机制

室温下，PEG300 对 CO_2 的吸收量为 0.0252mol CO_2/mol PEG，电导率为 2.720μS/cm，吸收 CO_2 之后，电导率值没有显著改变。PEG 与 PEG+CO_2 的 FTIR 光谱吸收峰也没有显著改变 [图 3-17(a)]，仅在 $2337cm^{-1}$ 处出现 CO_2 的特征吸收峰[24]。因此，PEG 吸收 CO_2 为物理吸收。

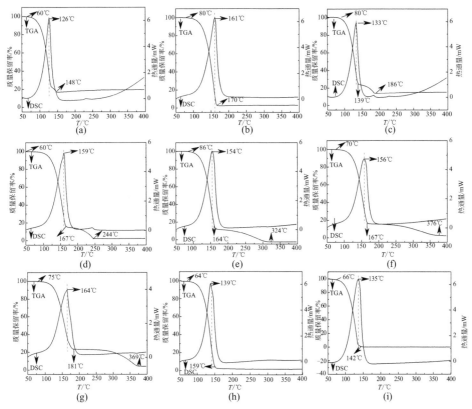

图 3-15　CO$_2$SM 在 N$_2$ 环境和升温速率为 5℃/min 下的 TGA-DSC 曲线[4]

（a）（EDA+EG)-CO$_2$SM；（b）（EDA+DEG)-CO$_2$SM；（c）（EDA+TEG)-CO$_2$SM；

（d）（EDA+T4EG)-CO$_2$SM；（e）（EDA+PEG200)-CO$_2$SM；（f）（EDA+PEG300)-CO$_2$SM；

（g）（EDA+PEG400)-CO$_2$SM；（h）（EDA+PPD)-CO$_2$SM 和（i）（EDA+DPG)-CO$_2$SM

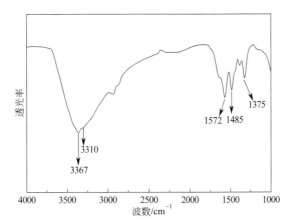

图 3-16　EDA+EG-CO$_2$SM 受热分解后残留液体的 FTIR 光谱

室温下，EDA 对 CO_2 的吸收量为 0.4568mol CO_2/mol EDA，电导率为 1.12μS/cm，吸收 CO_2 之后，电导率值迅速增加。EDA 与 EDA＋CO_2 的 FTIR 光谱吸收峰发生明显的改变［图 3-17(b)］，EDA 与 CO_2 之间发生化学反应生成胺盐（2197cm^{-1} 为伯铵盐的特征吸收峰）[24]。因此，EDA 吸收 CO_2 为化学吸收。

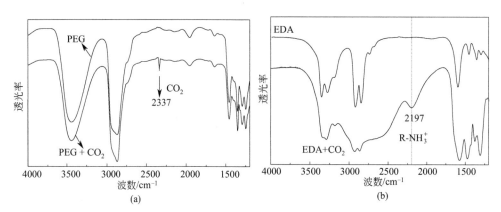

图 3-17　PEG 和 PEG＋CO_2 的 FTIR 光谱图（a）；EDA 和 EDA＋CO_2 的 FTIR 光谱图（b）

当 EDA 与 PEG 以 1∶1 的摩尔比混合之后，体系的电导率值增大到 11.13μS/cm，电导率均高于纯的 EDA 和 PEG，这源于 EDA 与 PEG 混合后存在分子间氢键作用，分子的离子化程度加强，致使混合后的体系电导率上升。

更为重要的是 EDA＋PEG 体系对 CO_2 的吸收量提升至 0.9083mol CO_2/mol EDA，明显高于单独的 PEG 和 EDA。由此可知，在 EDA＋PEG 吸收 CO_2 的过程中，PEG 参与了化学反应，增加了 CO_2 的物理溶解度，同时活化了 CO_2 分子，使 CO_2 能够在温和的条件下发生化学转化。EDA＋PEG 体系与纯的 EDA 吸收 CO_2 相比，PEG 的加入，能够缩短吸收平衡时间。与此同时，Li 等[25] 认为 EGs 在胺捕集 CO_2 的过程中，能够加快 CO_2 的吸附效率。

综上所述，在 EDAs＋EGs 体系吸收 CO_2 构建 CO_2SM 的过程中，EGs 作为质子供体，EDAs 作为质子的受体，以化学固定与物理吸收并存的方式捕集、活化 CO_2，反应机理如图 3-18 所示。

$$n H_2NCH_2CH_2NH_2 + n HOROH \underset{\triangle}{\overset{CO_2}{\rightleftharpoons}} \left[H_3\overset{\oplus}{N}CH_2CH_2\overset{\oplus}{N}H_3 \cdot \overset{\ominus}{O}-\overset{O}{\overset{\|}{C}}-O-R-O-\overset{O}{\overset{\|}{C}}-\overset{\ominus}{O} \right]_n$$

图 3-18　EDAs＋EGs 和 CO_2 反应形成烷基碳酸盐

本章开发了系列乙二胺和乙二醇类离子液体体系配方型溶剂，用以捕集固定 CO_2，获得系列 CO_2SM，在此过程中监测了体系的质量、温度以及电导率的变化。其次，研究了 EDAs＋EGs 水体系的 CO_2 吸收-解吸循环性能。在捕集 CO_2 过程中，EDAs 作为质子受体，EGs 作为质子供体和 CO_2 活化剂，致使在温和条件下即可固定 CO_2 为 CO_2SM. 通过对 CO_2SM 化学结构、元素组成及热性质分析表征，确定了 CO_2SM 为一种烷基碳酸铵盐化合物，其结构单元为 $[^+H_3N\text{-}R\text{-}NH_3^+ \cdot {}^-O\text{-}C(=O)O\text{-}R'\text{-}O\text{-}C(=O)\text{-}O^-]_n$。研究发现系列 CO_2SM 在室温下均可稳定存在，加热后可释放 CO_2，再生二元胺和二元醇。另一方面，再生的二元胺和二元醇可循环吸收 CO_2 形成 CO_2SM，形成二元胺、二元醇和 CO_2 的一个可逆吸收-释放循环过程，实现了 CO_2 的捕集、储存，为发展新型的 CCUS 技术提供了思路。

参考文献

[1] Guo B，Zhao T，Sha F，et al. A novel CCU approach of CO_2 by the system 1,2-ethylenediamine＋1, 2-ethylene glycol [J]. Korean Journal of Chemical Engineering，2016，33（6）：1883-1888.

[2] Zhao T，Guo B，Li Q，et al. Highly efficient CO_2 capture to a new-style CO_2-storage material [J]. Energy & Fuels，2016，30（8）：6555-6560.

[3] Zhao T，Guo B，Han L，et al. CO_2 fixation into novel CO_2 storage materials composed of 1,2-ethane-diamine and ethylene glycol derivatives [J]. ChemPhysChem，2015，16（10）：2106-2109.

[4] Zhao L，Liu C，Yue X，et al. Application of CO_2-storage materials as a novel plant growth regulator to promote the growth of four vegetables [J]. Journal of CO_2 Utilization，2018，26：537-543.

[5] Sha F，Guo B，Zhang J B. A Novel CO_2 Capture and Utilization Approach Using the System 1,4-Bu-tanediol and 1,2-Ethanediamine [J]. Chinese Journal of Inorganic Chemistry. 2016，32：1207-1214.

[6] Hussain F，Shah S Z，Zhou W，et al. Microalgae screening under CO_2 stress：growth and micro-nu-trients removal efficiency [J]. Journal of Photochemistry and Photobiology B：Biology，2017，170：91-98.

[7] 张建斌，李强，马凯，等. 多元醇-乙二胺水溶液捕集工业气中 CO_2 的方法. CN104772021B [P]. 2017-11-17.

[8] Ion A，Van Doorslaer C，Parvulescu V，et al. Green synthesis of carbamates from CO_2，amines and alcohols [J]. Green Chemistry，2008，10（1）：111-116.

[9] Barzagli F，Mani F，Peruzzini M. A ^{13}C NMR study of the carbon dioxide absorption and desorption equilibria by aqueous 2-aminoethanol and N-methyl-substituted 2-aminoethanol [J]. Energy & Envi-ronmental Science，2009，2（3）：322-330.

[10] Coneski P N，Wynne J H. Zwitterionic polyurethane hydrogels derived from carboxybetaine-function-alized diols [J]. ACS Applied Materials & Interfaces，2012，4（9）：4465-4469.

[11] Zhao T，Guo B，Li Q，et al. Highly efficient CO_2 capture to a new-style CO_2-storage material [J]. Energy & Fuels，2016，30（8）：6555-6560.

[12] Jackson P，Robinson K，Puxty G，et al. In situ Fourier Transform-Infrared（FT-IR）analysis of

carbon dioxide absorption and desorption in amine solutions [J]. Energy Procedia, 2009, 1 (1): 985-994.

[13] Heldebrant D J, Koech P K, Ang M T C, et al. Reversible zwitterionic liquids, the reaction of al-kanol guanidines, alkanol amidines, and diamines with CO_2 [J]. Green Chemistry, 2010, 12 (4): 713-721.

[14] Chopra T P, Longo R C, Cho K, et al. Ammonia modification of oxide-free Si (111) surfaces [J]. Surface Science, 2016, 650: 285-294.

[15] Danon A, Stair P C, Weitz E. FTIR study of CO_2 adsorption on amine-grafted SBA-15: elucidation of adsorbed species [J]. The Journal of Physical Chemistry C, 2011, 115 (23): 11540-11549.

[16] Blasucci V, Dilek C, Huttenhower H, et al. One-component, switchable ionic liquids derived from siloxylated amines [J]. Chemical Communications, 2009 (1): 116-118.

[17] Anugwom I, Eta V, Virtanen P, et al. Switchable ionic liquids as delignification solvents for ligno-cellulosic materials [J]. ChemSusChem, 2014, 7 (4): 1170-1176.

[18] Thygesen O, Hedegaard M A B, Zarebska A, et al. Membrane fouling from ammonia recovery ana-lyzed by ATR-FTIR imaging [J]. Vibrational Spectroscopy, 2014, 72: 119-123.

[19] Ravikumar I, Ghosh P. Efficient fixation of atmospheric CO_2 as carbonate in a capsule of a neutral re-ceptor and its release under mild conditions [J]. Chemical Communications, 2010, 46 (7): 1082-1084.

[20] Zhao Q, Wang S, Qin F, et al. Composition analysis of CO_2-NH_3-H_2O system based on raman spectra [J]. Industrial & Engineering Chemistry Research, 2011, 50 (9): 5316-5325.

[21] Heldebrant D J, Jessop P G, Thomas C A, et al. The reaction of 1, 8-diazabicyclo [5.4.0] undec-7-ene (DBU) with carbon dioxide [J]. The Journal of Organic Chemistry, 2005, 70 (13): 5335-5338.

[22] Wu J, Zheng H F. Raman spectra of carbonate ions as pressure gauge at high pressure and room tem-perature [J]. Spectroscopy and Spectral Analysis, 2009, 29 (3): 690-693.

[23] Wen N, Brooker M H. Ammonium carbonate, ammonium bicarbonate, and ammonium carbamate equilibria: a Raman study [J]. The Journal of Physical Chemistry, 1995, 99 (1): 359-368.

[24] 谢晶曦, 常俊标, 王绪明. 红外光谱在有机化学和药物化学中的应用 [M]. 北京: 科学出版社, 2001.

[25] Li X, Hou M, Zhang Z, et al. Absorption of CO_2 by ionic liquid/polyethylene glycol mixture and the thermodynamic parameters [J]. Green Chemistry, 2008, 10 (8): 879-884.

第 4 章

二氧化碳储集材料调控纳米碳酸盐的制备及功能

作为主流的 CO_2 处理技术，CCS 可直接封存捕获的 CO_2 而实现 CO_2 的减量化，但过程既花费巨额操作费用，又浪费碳质资源。因此，实现 CO_2 捕集的同时将其资源化，即 CCU，是推动 CO_2 处理技术进步的关键。CO_2SM 可在室温下稳定储存 CO_2，调控条件可释放 CO_2。鉴于此，可将 CO_2SM 作为碳源，用以调控制备纳米碳酸盐粉体材料。本章主要介绍 CO_2SM 调控纳米碳酸盐粉体材料的制备过程，并初步探究了其功能。

4.1 二氧化碳储集材料调控纳米碳酸钙的制备及功能

$CaCO_3$ 作为重要的无机矿物和典型的生物矿物，广泛应用于橡胶、塑料、造纸、化学建材、油墨、涂料、密封胶与胶黏剂等行业。$CaCO_3$ 常见的制备方法有胶束或反胶束法、嵌段共聚物法、水凝胶法、Langmuir 层以及单分子自组装等[1-4]。然而，这些方法多依赖于模板剂的使用，辅以有机大分子等对 $CaCO_3$ 粉体的成核、生长、晶化及取向进行调控，其中生物矿化极具代表性[5-8]。双亲水嵌段共聚物（DHBCs）[4]、生物有机大分子、聚电解质（polyelectrolytes）、枝状高分子聚合物（dendrimers）[7]、单分子膜[8] 等均对 $CaCO_3$ 形貌及晶型有着显著的影响。

EGs 作为非离子型表面活性剂和添加剂，广泛用于无机材料的制备过程[9]，常作为添加剂影响 $CaCO_3$ 结晶行为，EGs 能够可吸附于晶体表面，降低表面能，影响 $CaCO_3$ 晶化生长，可制得多种形貌及晶型的 $CaCO_3$ 粒子。Zhu 等[10] 以

EGs 水溶液为反应介质，在十二烷基硫酸钠（SDS）的调控下微波法合成匕首状 $CaCO_3$，在十六烷基三甲基溴化铵（CTAB）的介导下则自组装为球霰石 $CaCO_3$。

胺类物质也常用作晶体生长调节剂。Falini 等[11] 以乙醇胺作为添加剂，研究了 $CaCO_3$ 粉体的成核、生长及晶相随时间的变化，证实乙醇胺的浓度与 $CaCO_3$ 前驱体的静电作用和电荷匹配调节着 $CaCO_3$ 的结晶及生长过程。与此同时，Chuajiw[12] 报道 EDAs 对 $CaCO_3$ 结晶的影响，通过胺调节结晶体系的 pH 值，制得不同晶型的 $CaCO_3$。

因此，基于 CO_2SM 能够释放 EDAs、EGs 和 CO_2（或 CO_3^{2-}）的特点，以 CO_2SM 为原料可多途径地制备 $CaCO_3$ 粉体，过程无需外加任何的模板剂，利用 CO_2SM 释放的 CO_3^{2-} 与 Ca^{2+} 作用，形成 $CaCO_3$ 前驱体，在 EDAs 和 EGs 对 $CaCO_3$ 前驱体的调控下，可制备多种晶型、形貌的 $CaCO_3$ 粉体。

4.1.1　二氧化碳储集材料水热调控制备纳米碳酸钙

从 CO_2SM 性质可知，加热 CO_2SM 可释放 CO_2、EDAs 和 EGs 等。释放的 CO_2 可转化为 CO_3^{2-}，与 Ca^{2+} 反应可形成 $CaCO_3$ 沉淀，如图 4-1 所示。其中，CO_2SM 的浓度、反应时间和水热温度对 $CaCO_3$ 晶型和形貌影响显著。特别是基于 EDAs 和 EGs 的性质，在 $CaCO_3$ 的结晶过程中，CO_2SM 释放的 EGs 可作为非离子型表面活性剂或模板剂，EDAs 可调节反应体系的 pH 值，共同对调控 $CaCO_3$ 的结晶过程。

（1）CO_2SM 浓度对 $CaCO_3$ 结晶的影响

Liu 等[3] 发现 CO_3^{2-} 与 Ca^{2+} 浓度比对 $CaCO_3$ 的结晶过程具有重要的影响，会直接影响添加剂在晶体表面的吸附行为，调控 $CaCO_3$ 晶体生长和晶相选择。研究者制备了不同 CO_2SM 浓度下的 $CaCO_3$ 样品 A_{11}～F_{11}，如表 4-1 所示，图 4-2 为这些样品的 SEM 照片。随着 CO_2SM 浓度的增加，所制得 $CaCO_3$ 的形貌发生了显著变化，这与 CO_2SM 所释放的 CO_2、EDAs 和 EGs 的量密切相关。样品 A_{11}～D_{11} 的形貌［图 4-2(a)～(d)］较为杂乱，包括球形、椭球形、棍状、菱形、六面体、层状立方结构、分层多孔结构和薄片结构等。随着 CO_2SM 浓度的增大，$CaCO_3$ 的形貌由杂乱变得均一［样品 E_{11}，图 4-2(e)；样品 F_{11}，图 4-2(f)］，趋于球形，粒子的直径范围 2.4～5.6μm，表面粗糙且存在纳米结构。

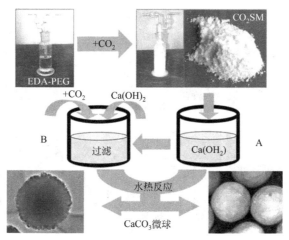

图 4-1 CO₂SM 水热调控具有纳米结构 CaCO₃ 微球的合成

表 4-1 不同 CO₂SM 浓度下 CaCO₃ 样品的制备条件、晶相组成和形貌

样品[①]	制备条件[②]	晶相组成/%[③]			主要形貌
		方解石	文石	球霰石	
A_{11}	$C_{CO_2SM}=4g/L; pH=8.0$	100	0	0	不规则
B_{11}	$C_{CO_2SM}=10g/L; pH=8.5$	89.9	0	10.1	不规则
C_{11}	$C_{CO_2SM}=20g/L; pH=9.6$	57.7	0	42.3	不规则和球形
D_{11}	$C_{CO_2SM}=40g/L; pH=10.4$	49.8	0	50.2	不规则和球形
E_{11}	$C_{CO_2SM}=70g/L; pH=12.5$	45.8	0	54.2	球形
F_{11}	$C_{CO_2SM}=100g/L; pH=13.3$	34.6	0	65.4	球形

① 50mL 饱和氢氧化钙溶液。

② 根据 50mL 氢氧化钙溶液中 CO₂SM 质量计算，所有样品在 100℃下反应 1h。

③ 晶相组成根据 XRD 衍射峰强度进行计算。

恒定 Ca^{2+} 的浓度，$CaCO_3$ 的形貌主要受 CO_2SM 所释放 CO_2、EDAs 和 EGs 的量影响。球形 $CaCO_3$ 粒子的形成可能是由于当 CO_2SM 释放 EDAs 和 EGs 的量达到某一临界值时，EGs 作为模板剂调节 $CaCO_3$ 粒子的组装，EDAs 能够调节溶液的 pH 值，二者共同作用，使 $CaCO_3$ 的形貌转化为均一的球形。

XRD 衍射图谱和 FTIR 光谱常用于分析 $CaCO_3$ 的晶相组成，表 4-1 所示 $CaCO_3$ 样品的 XRD 衍射图谱和 FTIR 光谱如图 4-3 所示。

由 XRD 衍射图谱结果可知，样品 A_{11} 的 2θ 值分别为 23.05°、29.4°、36.0°、39.4°、43.1°、47.8°、48.5°、56.7°和 57.4°，具有典型的三方晶系特征，归属于方解石晶相（JCPDS 47-1743）。随着 CO_2SM 浓度的增加，样品 $B_{11} \sim F_{11}$

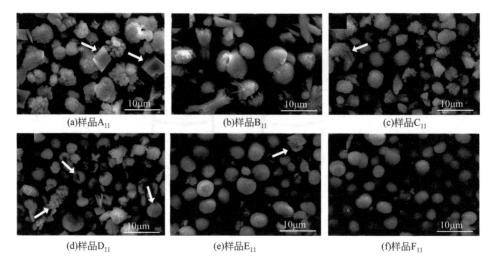

(a)样品A_{11} (b)样品B_{11} (c)样品C_{11}

(d)样品D_{11} (e)样品E_{11} (f)样品F_{11}

图 4-2 表 4-1 所示 $CaCO_3$ 样品的 SEM 照片

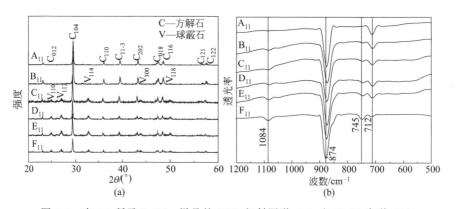

图 4-3 表 4-1 所示 $CaCO_3$ 样品的 XRD 衍射图谱（a）和 FTIR 光谱（b）

中出现新的衍射峰，2θ 值分别为 27.0°、32.8°、43.8°和 50.1°，分别对应球霰石晶型的（112）、（114）、（300）和（118）晶面，说明在样品 B_{11}～F_{11} 中球霰石与方解石晶相共存。由表 4-1 可知，随着 $CO_2 SM$ 浓度增大，样品中方解石晶相含量逐渐降低，球霰石晶相含量逐渐增加。由 XRD 衍射图谱分析与 $CaCO_3$ 晶相组成计算结果得出，低浓度的 $CO_2 SM$ 利于形成热力学稳定的方解石晶相，随着 $CO_2 SM$ 浓度的增大球霰石晶相出现。

在 $CaCO_3$ 样品的 FTIR 光谱中，不同的晶相中，C—O 键表现出固有的特征振动。包括：对称伸缩振动（ν_1）、面外弯曲振动（ν_2）、不对称伸缩振动（ν_3）和面内弯曲振动（ν_4）。方解石晶相通常呈现三个特征峰，球霰石晶相呈现四个特征峰。

图 4-3 中，样品 A_{11} 呈现出三个特征峰，分别为 $1084cm^{-1}$（ν_1）、$874cm^{-1}$（ν_2）和 $712cm^{-1}$（ν_4），为方解石晶相。随着 CO_2SM 浓度的增大，出现一个新的特征峰（$745cm^{-1}$），为球霰石的 ν_4 振动模型，表明有球霰石晶相 $CaCO_3$ 形成。此外，$CaCO_3$ 的 ν_4 模型振动的峰强度常用来计算球霰石晶相 $CaCO_3$ 晶相含量。由此可知，图 4-3(b) 中 $712cm^{-1}$（ν_4）的强度逐渐减弱，$1084cm^{-1}$（ν_1）和 $745cm^{-1}$（ν_4）的强度逐渐增大，表明球霰石晶相的含量随 CO_2SM 浓度的增大而增加，方解石晶相的含量逐渐减少，与 XRD 衍射图谱的分析结果一致。

（2）水热反应温度对 $CaCO_3$ 结晶的影响

热稳定性结果表明，CO_2SM 在 75℃ 开始分解。以此设定水热反应温度为 60℃、80℃、90℃、100℃ 和 120℃，研究者制备了 $A_{12} \sim H_{12}$ 八个不同温度、不同形貌的 $CaCO_3$ 样品，如表 4-2 所示。图 4-4 为表 4-2 所示 $CaCO_3$ 样品的 SEM 照片。

表 4-2　不同反应温度下 $CaCO_3$ 样品的制备条件、晶相组成和形貌

样品[①]	制备条件[②]	晶相组成/%[③]			主要形貌
		方解石	文石	球霰石	
A_{12}	pH=10.4；T=60℃	42.0	9.00	49.0	花状
B_{12}	pH=10.4；T=80℃	10.0	9.18	80.8	不规则、球形和杆状
C_{12}	pH=10.4；T=90℃	0	0	100	不规则、球形和杆状
D_{12}	pH=10.4；T=100℃	49.8	0	50.2	不规则和球形
E_{12}	pH=10.4；T=120℃	100	0	0	不规则和球形
F_{12}	pH=13.3；T=80℃	—	—	—	球形
G_{12}	pH=13.3；T=90℃	0	0	100	椭球形
H_{12}	pH=13.3；T=100℃	34.6	0	65.4	球形

① 50mL 饱和氢氧化钙溶液，样品 $A_{12} \sim E_{12}$ 中 CO_2SM 浓度为 40g/L，样品 $F_{12} \sim H_{12}$ 中 CO_2SM 浓度为 100g/L，所有样品反应时间为 1h。

② 反应温度的误差 $u(T)=\pm1$℃。

③ 晶相计算依据 XRD 衍射峰强度。

图 4-4(a) 为 60℃ 下制得的 $CaCO_3$ 样品 A_{12} 的 SEM 照片，可见 $CaCO_3$ 粒子呈放射状花形，由 8～16 个短杆聚集而成，直径约为 $8.3\mu m$，表面不平整，由多个直径更小的短杆黏结而成。样品 $B_{12} \sim E_{12}$ 主要由直径不均一、带有缺陷的球形粒子组成，部分球体凹陷，球体表面粗糙且致密；样品 C_{12} 和 D_{12} 中的球形 $CaCO_3$ 粒子表面由直径约为 80nm 的颗粒组装而成，表面松散且存在着间隙。

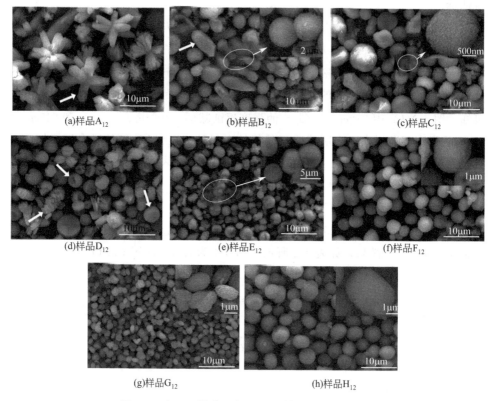

(a)样品A_{12}　　　　　　　　(b)样品B_{12}　　　　　　　　(c)样品C_{12}

(d)样品D_{12}　　　　　　　　(e)样品E_{12}　　　　　　　　(f)样品F_{12}

(g)样品G_{12}　　　　　　　　(h)样品H_{12}

图 4-4　表 4-2 所示八个 $CaCO_3$ 样品的 SEM 照片

　　此外，样品 B_{12} 中夹杂着少量的杆状 $CaCO_3$，两端粗糙，由直径约为 100nm 的杆状粒子黏结而成。样品 C_{12} 中存在少量的短杆状 $CaCO_3$，表面光滑。样品 D_{12} 中含有大量堆叠结构的 $CaCO_3$，球形颗粒数量较少且存在缺陷，同时存在片层结构，由多个薄片有序堆叠而成，薄片之间存在着直径约为 65nm 的间隙。样品 E_{12} 中多数的球形粒子生长不完全，表面带有缺陷，个别的球与球之间黏结到一起，表面粗糙，较为致密，同时有少量的杆状分布。由此可知，当 CO_2SM 浓度为 40g/L 时，$CaCO_3$ 的形貌较为杂乱，可能是由于 $CaCO_3$ 的多个晶面生长方向均较为活跃，体系中的 EDAs 和 EGs 的浓度较低，不能有效地抑制特定晶面的生长所致。

　　当 CO_2SM 浓度增大到 100g/L 时，样品形貌发生了显著变化，形貌趋于均一。在 80℃（样品后）和 100℃（样品 H_{12}）下，所得球形样品居多，表面致密且存在沟壑，由大量的纳米颗粒紧密排列而成，且 100℃得到的样品尺寸大于 80℃得到的样品，这可能与 CO_2SM 释放的 CO_2 和/或 CO_3^{2-} 与 Ca^{2+} 结合的速率有关。特别的是 90℃下的 $CaCO_3$（样品 G_{12}）为均匀的椭球形，长轴约为

$1.7\mu m$，短轴 $1.0\mu m$，这些粒子由尺寸更小的粒子聚集而成，平均尺寸小于 $80^{\circ}C$ 和 $100^{\circ}C$ 下所得样品，这可能与 CO_2SM 于 $90^{\circ}C$ 下释放的 EGs 在晶体表面的吸附行为有关，该温度下对 $CaCO_3$ 某些晶面的抑制活性较强。由此可知，CO_2SM 的浓度对 $CaCO_3$ 形貌的影响比温度更为显著。

在低的 CO_2SM 浓度（$4g/L$ 和 $10g/L$）和反应温度（$60^{\circ}C$ 和 $70^{\circ}C$）下，制得一些特殊形貌的 $CaCO_3$ 晶体，其 SEM 照片如图 4-5 所示，所得 $CaCO_3$ 粒子具有多样的形貌，表明晶体具有多个生长方向，成核方式多样。在温度大于 $75^{\circ}C$ 时，CO_2SM 才会分解释放 CO_2。然而，在 $60^{\circ}C$ 和 $70^{\circ}C$ 下同样会形成 $CaCO_3$ 沉淀，其可能的原因是，CO_2SM 溶解在水中后，会以烷基碳酸根的形式存在；其次是水中的 CO_2SM 释放 CO_2 变得更容易。然而，低温条件下进一步的反应机制还有待深入研究。

图 4-5　特殊形貌的 $CaCO_3$ 晶体 SEM 照片

表 4-2 所示 $CaCO_3$ 样品 $A_{12}\sim E_{12}$ 的 XRD 衍射图谱和 FTIR 光谱如图 4-6 所示。

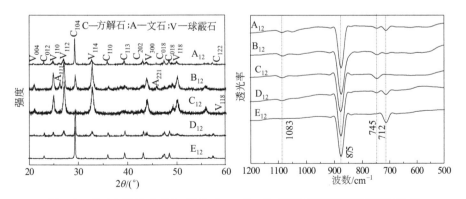

图 4-6　表 4-2 所示 $CaCO_3$ 样品 $A_{12}\sim E_{12}$ 的 XRD 衍射图谱和 FTIR 光谱

由 XRD 衍射图谱结果可知：样品 A_{12} 和 B_{12} 均存在三个晶相，而样品 C_{12} 仅观察到球霰石晶相的衍射峰；当温度升高到 $100℃$，样品 D_{12} 由球霰石晶相和方解石晶相组成；当温度为 $120℃$ 时，样品 E_{12} 为纯方解石晶相。这表明升高温度有利于 $CaCO_3$ 稳定相的形成，与文献报道的结果一致[3]。

由 FTIR 光谱可知，样品 A_{12} 和 B_{12} 呈现四个特征峰，分别为 $1083cm^{-1}$（球霰石或文石晶相的 ν_1）、$875cm^{-1}$（方解石和球霰石晶相的 ν_2）、$745cm^{-1}$（球霰石晶相的 ν_4）和 $712cm^{-1}$（方解石晶相的 ν_4），表明样品 A_{12} 和 B_{12} 中含有球霰石和方解石晶相，可能含有文石晶相。样品 C 中呈现三个特征峰，分别是 $1083cm^{-1}$（球霰石晶相的 ν_1）、$875cm^{-1}$（球霰石晶相的 ν_2）和 $745cm^{-1}$（球霰石晶相的 ν_4），表明样品 C_{12} 为球霰石晶相。样品 D_{12} 中呈现四个特殊峰，分别为 $1083cm^{-1}$（球霰石晶相的 ν_1）、$875cm^{-1}$（球霰石或方解石晶相的 ν_2）、$745cm^{-1}$（球霰石晶相的 ν_4）和 $712cm^{-1}$（方解石晶相的 ν_4），表明样品 D_{12} 为方解石和球霰石晶相共存。样品 E_{12} 中呈现三个吸收峰，分别为 $1083cm^{-1}$（方解石晶相的 ν_1）、$875cm^{-1}$（方解石晶相的 ν_2）和 $712cm^{-1}$（方解石晶相的 ν_4），表明样品 E_{12} 为方解石晶相。

综上所述，由不同温度下 $CaCO_3$ 样品的 SEM 照片、XRD 衍射图谱和 FTIR 光谱可知，反应温度不但会影响 $CaCO_3$ 的形貌，还会影响 $CaCO_3$ 的晶相组成。

（3）水热反应时间对 $CaCO_3$ 结晶的影响

基于 CO_2SM 浓度、反应温度对 $CaCO_3$ 形貌影响的结果，设定 CO_2SM 浓度为 $100g/L$ 和水热温度为 $90℃$，考察水热反应时间对 $CaCO_3$ 形貌及晶相的影响。研究者制备了不同水热反应时间下的 $CaCO_3$ 样品，如表 4-3 所示，它们的 SEM 照片见图 4-7。

表 4-3　不同水热反应时间下 $CaCO_3$ 的制备条件、晶相组成和形貌

样品[①]	制备条件[②]	晶相组成(%)[③]			主要形貌
		方解石	文石	球霰石	
A_{13}	$pH=13.3;t=1h$	0	0	100	椭球形
B_{13}	$pH=13.3;t=2h$	0	0	100	球形
C_{13}	$pH=13.3;t=4h$	1.9	0	98.1	球形
D_{13}	$pH=13.3;t=6h$	2.7	0	97.3	不规则球形
E_{13}	$pH=13.3;t=8h$	5.0	0	95.0	不规则球形
F_{13}	$pH=13.3;t=10h$	8.3	0	91.7	不规则球形

① 根据 50mL 氢氧化钙溶液中 CO_2SM 质量计算。

② 所有样品的反应温度为 $100℃$。

③ 晶相计算依据 XRD 衍射峰强度。

(a)样品A$_{13}$　　　　(b)样品B$_{13}$　　　　(c)样品C$_{13}$

(d)样品D$_{13}$　　　　(e)样品E$_{13}$　　　　(f)样品F$_{13}$

图 4-7　表 4-3 所示 CaCO$_3$ 样品的 SEM 照片

图 4-7 中，不同水热时间下 CaCO$_3$ 粒子为单分散的球形或椭球形形貌，表面粗糙，由许多纳米粒子或薄片结构组装而成。随着反应时间的增加，CaCO$_3$ 粒子由椭球形逐渐生长为规整的球形（样品 C$_{13}$），且粒子直径逐渐增大；进一步延长反应时间，球形粒子的表面由疏松逐渐变得致密，形貌变为不规整的球形。

不同水热时间下 CaCO$_3$ 样品的 XRD 衍射图谱和 FTIR 光谱如图 4-8 所示。

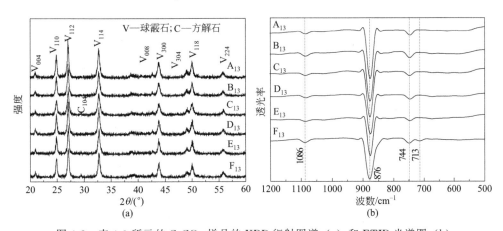

图 4-8　表 4-3 所示的 CaCO$_3$ 样品的 XRD 衍射图谱（a）和 FTIR 光谱图（b）

XRD 衍射图谱表明，CaCO$_3$ 的晶相主要为球霰石，随着反应时间的增加，为球霰石晶相与少量的方解石晶相共存，未发现文石晶相的衍射峰，且方解石晶相含量随时间增加而增大。延长反应时间，利于热稳定性高的方解石生成，与文献报道一致[3]。

由 FTIR 光谱可知，所有样品具有相同的 FTIR 特征峰，由相近或相同的晶相组成。样品 A_{13} 和 B_{13} 呈现出 $1083cm^{-1}$（球霰石晶相的 ν_1）、$875cm^{-1}$（球霰石晶相的 ν_2）和 $745cm^{-1}$（球霰石晶相的 ν_4）三个特征峰，表明样品 A_{13} 和 B_{13} 为球霰石晶相。随着反应时间的增加，样品 $C_{13}\sim F_{13}$ 中，出现一个新的特征峰（$713cm^{-1}$；方解石晶相的 ν_4），强度逐渐增加，表明样品中除了球霰石晶相还含有方解石晶相，且方解石晶相的含量随反应时间的延长而增加，与 XRD 衍射图谱的分析结果一致。

由 $CaCO_3$ 的 SEM 照片、XRD 衍射图谱和 FTIR 光谱可知，水热时间主要影响 $CaCO_3$ 微球的粒径和表面结构，晶相主要为球霰石和少量的方解石，且方解石晶相的含量随时间增加而增大。

（4）焙烧对 $CaCO_3$ 形貌的影响

结合 CO_2SM 浓度、反应温度和时间对 $CaCO_3$ 形貌的影响，于 CO_2SM 浓度为 $100g/L$、$90℃$ 和 $2h$ 下制备 $CaCO_3$ 微球，通过焙烧、SEM、EDX、TEM、BET、XRD 和 FTIR 等表征技术研究 $CaCO_3$ 微球的性质。$CaCO_3$ 微球焙烧前后的 SEM、TEM 和 HR-TEM 照片如图 4-9 所示。

图 4-9　$CaCO_3$ 微球焙烧前的 SEM（a）、TEM（b）、HR-TEM（c）及
焙烧后的 SEM（d）、TEM（e）和 HR-TEM（f）

　　焙烧前的 $CaCO_3$ 微球表面由厚度约为 10nm 的薄片层状堆叠而成，表面致密；焙烧后表面变得疏松，空隙变得明显。TEM 结果表明焙烧前后微球的内部结构发生明显变化（插图），可能是由高温焙烧，微球中的 EGs、EDAs 和水被去除所致，并可由图 4-10 中 $CaCO_3$ 微球焙烧前后的 N_2 吸附-脱附曲线和孔径分布曲线加以验证。具体地，焙烧前后 $CaCO_3$ 微球拥有差异较大的 BET 比表面积：焙烧前，样品的 BET 比表面积为 $33.32m^2/g$，平均孔径为 11.32nm；焙烧后 BET 比表面积增大到 $97.54m^2/g$，平均孔径为 28.24nm。这表明焙烧去除掉了 $CaCO_3$ 微球中热稳定性较差的物质，且热稳定性较差的物质所占据的孔道被打开，使得焙烧之后 $CaCO_3$ 微球的 BET 比表面积增大。

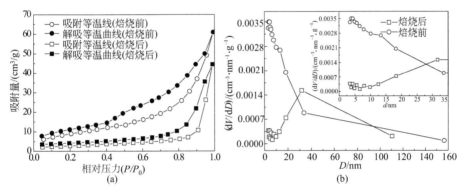

图 4-10　$CaCO_3$ 微球的 N_2 吸附-脱附曲线（a）和孔径分布曲线（b）

　　图 4-11 中 $CaCO_3$ 微球焙烧前后的 TG-DSC 曲线和图 4-12(a) 中 FTIR 光谱提供了更为重要的信息。焙烧前 $CaCO_3$ 样品在室温至 560℃ 范围内失重为

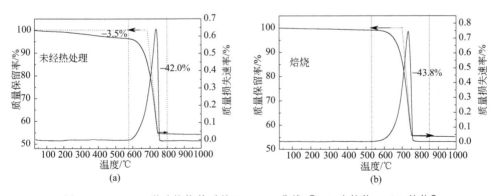

图 4-11　$CaCO_3$ 微球焙烧前后的 TG-DSC 曲线 ［(a) 未焙烧；(b) 焙烧］

3.5%，焙烧后的样品在此温度范围内未见明显的失重，表明焙烧除去了 $CaCO_3$ 中的水和有机物。同时，723℃处的吸热峰对应 $CaCO_3 \longrightarrow CaO + CO_2 \uparrow$。

FTIR 光谱中，焙烧前样品中 $2921cm^{-1}$ 和 $2875cm^{-1}$ 的特征峰，归属为亚甲基的不对称伸缩振动和对称伸缩振动，$3420cm^{-1}$ 特征峰归属为水中或 EGs 中的羟基的伸缩振动。焙烧后的样品中亚甲基和羟基的红外吸收峰没有完全消失，仅是强度上的减弱，表明焙烧并没有完全去除样品中的水和有机物质。

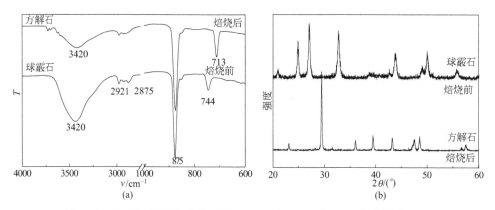

图 4-12 $CaCO_3$ 微球焙烧前后的 FTIR 光谱（a）和 XRD 衍射图谱（b）

焙烧可以使 $CaCO_3$ 的晶相转变。FTIR 光谱显示出 $CaCO_3$ 的 ν_4 模型由球霰石晶相的 $744cm^{-1}$ 变为方解石晶相的 $713cm^{-1}$；相应的 XRD 衍射图谱如图 4-12(b)，表明焙烧能够使 $CaCO_3$ 的晶相由球霰石转变为方解石。与此同时，焙烧使得 $CaCO_3$ 的晶格间距发生了变化。如图 4-9 中 HR-TEM 所示，图 4-9(c) 中（114）晶面上的晶格间距为 0.275nm，（112）晶面上的晶格间距 0.325nm，表明样品为球霰石晶相。焙烧之后，晶格间距变为 0.248nm、0.250nm 和 0.303nm，前二者与方解石（110）晶面上的晶格间距相匹配，后者与方解石（104）晶面上的晶格间距一致，表明焙烧之后 $CaCO_3$ 微球的晶相由球霰石转变为方解石[13]，与 $CaCO_3$ 焙烧前后的 XRD 衍射图谱和 FTIR 光谱的分析结果相符。

综上，基于对 CO_2SM 浓度、水热反应温度和时间的研究，实现了 $CaCO_3$ 的形貌可控，发现 CO_2SM 浓度对 $CaCO_3$ 的形貌及晶相影响更为显著。对 $CaCO_3$ 微球的性质研究得出，样品 $CaCO_3$ 中含有水和有机物，焙烧可以增大 BET 比表面积，焙烧会使得 $CaCO_3$ 的晶相由球霰石转变为方解石。

（5）调控机理分析

从分子水平讨论，EDAs 和 EGs 及它们的衍生物分子间存在着氢键自缔合作用，基于分子相互作用，此前有过单一的 EDAs 或 EGs 作为添加剂去调控

$CaCO_3$ 的结晶报道[9-12]。基于 CO_2SM 的性质，一方面将其作为 CO_3^{2-} 的来源，另一方面利用 CO_2SM 释放的 EDAs 和 EGs，作为 $CaCO_3$ 晶体成核、生长、晶形及取向的调控剂，其调控 $CaCO_3$ 微球可能的形成机制如图 4-13 所示。

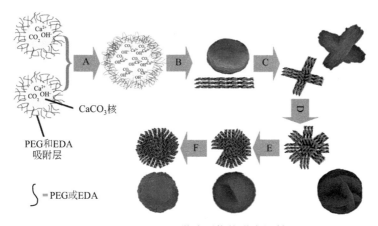

图 4-13 $CaCO_3$ 微球可能的形成机制

A—$CaCO_3$ 前驱体的异相成核；B—形成薄层饼状结构；C—形成十字交叉结构；

D—形成复杂交叉结构；E—形成有缺陷的 $CaCO_3$ 微球；F—完整 $CaCO_3$ 微球的形成

$CaCO_3$ 微球的 FTIR 光谱表明 $CaCO_3$ 微球中存在有机质 EGs。上述过程中，EGs 作为晶体生长修饰剂调节 $CaCO_3$ 的结晶，EDAs 能够调节反应体系的 pH 值，影响有机质在 $CaCO_3$ 前驱体表面的吸附行为。

EGs 作为一种非离子型表面活性剂，具有双亲性，分子通常以锯齿形长链存在，溶于水后，由于 EGs 与水分子间的氢键相互作用，分子以折叠形式存在，如图 4-14 所示[14]。

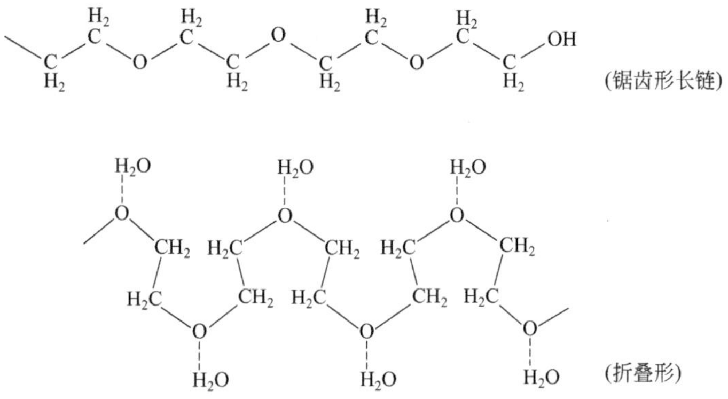

图 4-14 聚乙二醇分子链型变化

反应体系中，折叠形的 EGs 分子可以更容易与 Ca^{2+} 发生相互作用，诱导 CO_3^{2-} 离子在空间网络结构内部以一定方向与 Ca^{2+} 相互作用生成 $CaCO_3$ 前驱体，且空间网络结构的形状和大小决定 $CaCO_3$ 的形貌和大小。另有文献［15］报道，$CaCO_3$ 的等电点 pI=9.5，当反应体系的 pH 恰好在远离并大于 $CaCO_3$ 的 pI 时，利于 $CaCO_3$ 的异相成核。在 EGs 分子中醚氧原子含有未成键的孤对电子，有利于 Ca^{2+} 与 EGs 分子间的电荷匹配及吸附作用，类似于冠醚与 Ca^{2+} 的螯合。同样地，EDAs 分子也含有孤对电子，会与 Ca^{2+} 发生吸附作用。与此同时，由于静电吸引和电荷匹配作用，会诱导游离的 CO_3^{2-}，反应过程如下：

$$PEG（和/或 EDA）+ Ca^{2+} \longrightarrow PEG\text{-}Ca^{2+}（和/或 EDA\text{-}Ca^{2+}）（复合）$$
$$(4\text{-}1)$$

$$PEG（和/或 EDA）+ CO_3^{2-} \longrightarrow PEG\text{-}CO_3^{2-}（和/或 EDA\text{-}CO_3^{2-}）（复合）$$
$$(4\text{-}2)$$

$$PEG\text{-}Ca^{2+}（和/或 EDA\text{-}Ca^{2+}）+ PEG\text{-}CO_3^{2-}（和/或 EDA\text{-}CO_3^{2-}）$$
$$\longrightarrow CaCO_3 + PEG（和/或 EDA）\qquad (4\text{-}3)$$

由于 EGs 与 Ca^{2+} 的相互作用，会吸引带负电的 CO_3^{2-} 并使局部晶体阴离子的浓度升高，从而吸引更多的阳离子，直到浓度增大到利于晶体的异相成核，形成小尺寸的 $CaCO_3$ 前体[15]。大量的 $CaCO_3$ 前体经异相成核并组装，形成饼状结构，然后交叉生长，最后形成完整的球形粒子，如图 4-15 所示为 $CaCO_3$ 微球不同结晶时间时的 SEM 照片。

(a) t=30min　　　(b) t=60min　　　(c) t=120min

图 4-15　$CaCO_3$ 微球不同结晶时间时的 SEM 照片

由于 $CaCO_3$ 形成过程中是多个 $CaCO_3$ 粒子自组装黏结而成，致使形成的 $CaCO_3$ 微球具备多孔潜质，其孔道在组装过程中被有机物或水分子占据，$CaCO_3$ 的 FTIR 光谱亦可证实。在此之前，Yu 和 Zhao 等[16] 报道了类似的 $CaCO_3$ 生长机制，与之不同的是，添加剂为 EGs 的嵌段共聚物。

$Ca(OH)_2$ 饱和溶液与 CO_2 SM 经水热反应形成 $CaCO_3$ 沉淀，在除去 $CaCO_3$ 沉淀的滤液中通入 CO_2，加入适量的 $Ca(OH)_2$ 溶液，于相同的水热反应条件下再次制得相同形貌的 $CaCO_3$。各次循环后制备的 $CaCO_3$ 样品的 SEM 照片如图 4-16 所示。

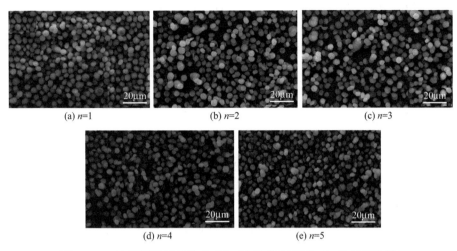

图 4-16　5 次循环后制备的 $CaCO_3$ 微球 SEM 照片（n 为循环次数）

经 1～5 次循环之后，$CaCO_3$ 粉体具有相同的形貌，表面粗糙，由许多的纳米颗粒聚集而成，$CaCO_3$ 微球的 XRD 衍射图谱和 FTIR 光谱如图 4-17 所示。1～5 次循环制备所得 $CaCO_3$ 粉体的 FTIR 特征峰没有明显的改变，表明所得 $CaCO_3$ 粉体具有相同的球霰石晶相。

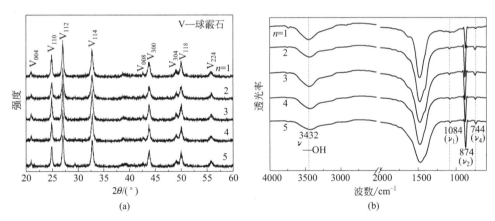

图 4-17　5 次循环后制备 $CaCO_3$ 微球的 XRD 衍射图谱（a）
和 FTIR 光谱（b）（n 为循环次数）

由于滤液中含有 EDAs 和 EGs，不仅可以重复吸收 CO_2，滤液相当于 CO_2 SM 的水溶液，吸收的 CO_2 经转换与添加的 $Ca(OH)_2$ 反应形成 $CaCO_3$。过程中 EDAs 不仅捕集 CO_2，和 EGs 起到模板剂的作用，以此实现对 $CaCO_3$ 形貌和晶相的控制。

以 CO_2SM 作为 CO_2 的来源，在没有任何添加剂的情况下，水热制备 $Ca-CO_3$ 粉体材料。一方面以 CO_2SM 作为 CO_3^{2-} 的来源，另一方面利用 CO_2SM 释放的 EDAs 和 EGs，作为 $CaCO_3$ 晶体成核、生长、晶型、形貌及取向的控制剂，体系中 CO_2、CO_3^{2-}、EDAs 和 EGs 等粒子和分子间的相互作用及构效关系，提出 $CaCO_3$ 晶体的生长机制，在资源化利用 CO_2SM，发展了一种新颖的 CO_2 捕集及资源化方法[17-20]。

4.1.2 搅拌法碳酸钙粉体的调控制备

当前，超细 $CaCO_3$ 粉体材料的制备方法主要有碳化法、复分解法和微乳液法等[21]，优化及发展新的 $CaCO_3$ 粉体材料制备技术具有重要意义。由于纳米 $CaCO_3$ 具有较大的比表面积和较高的比表面能，处于热力学不稳定状态，在制备过程中极易发生粒子团聚，使粒子粒径变大，因此获得单分散纳米 $CaCO_3$ 粒子多依赖于有机质添加剂的辅助[5]。

以 CO_2SM 为原料，基于其可释放 EDAs、EGs 和 CO_3^{2-} 的性质，在没有外来添加剂的情况下，通过搅拌 $CaCl_2$ 与 CO_2SM 的水溶液，可制得单分散的纺锤形微纳米 $CaCO_3$ 粒子。通过调节 CO_2SM 的浓度、$CaCl_2$ 溶液浓度及搅拌时间，实现对 $CaCO_3$ 晶体的成核、生长、晶化、形貌、尺寸及取向上的可控，并可大量制备 $CaCO_3$ 粉体。同时，本节考察了滤液吸收 CO_2 之后多次用于纺锤形 $Ca-CO_3$ 粒子的循环制备性能。

（1）CO_2SM 浓度对 $CaCO_3$ 结晶的影响

不同浓度的 CO_2SM 对应不同浓度的 CO_3^{2-}、EDAs 和 EGs，因此研究 CO_2SM 浓度对 $CaCO_3$ 制备过程的影响十分必要。研究者制备了不同 CO_2SM 浓度下的 $CaCO_3$ 样品，如表 4-4 所示，其 SEM 照片见图 4-18。

表 4-4 不同 CO_2SM 浓度下 $CaCO_3$ 粒子的制备条件、平均粒径及晶相

样品序号	制备条件[①]	平均粒径	晶相
A_{14}	$C_{CO_2SM} = 10\text{g/L}$；pH=8.8	320nm	球霰石
B_{14}	$C_{CO_2SM} = 20\text{g/L}$；pH=9.4	300nm	球霰石
C_{14}	$C_{CO_2SM} = 40\text{g/L}$；pH=10.5	380nm	球霰石
D_{14}	$C_{CO_2SM} = 60\text{g/L}$；pH=11.6	450nm	球霰石
E_{14}	$C_{CO_2SM} = 80\text{g/L}$；pH=12.5	450nm	球霰石
F_{14}	$C_{CO_2SM} = 100\text{g/L}$；pH=13.6	520nm	球霰石

① 所有样品制备过程中 $C_{CaCl_2} = 0.10\text{mol/L}$（50mL），$t=0.5\text{h}$，搅拌速率=1000r/min。

(a) 样品A$_{14}$　　　　　(b) 样品B$_{14}$　　　　　(c) 样品C$_{14}$

(d) 样品D$_{14}$　　　　　(e) 样品E$_{14}$　　　　　(f) 样品F$_{14}$

图 4-18　表 4-4 所示 CaCO$_3$ 样品的 SEM 照片

由图 4-18 可知，搅拌制得的 CaCO$_3$ 粒子的平均粒径为 300~520nm，这可能是由较高的搅拌速率阻碍了 CaCO$_3$ 前体的异相成核所致。Sun 等[21] 报道，搅拌可增加气液接触面积和气液传质速率，有利于小尺寸 CaCO$_3$ 粒子的形成。此外，CaCO$_3$ 的平均粒径随着 CO$_2$SM 浓度的增加而增大，高浓度的 CO$_2$SM 对应高的 pH 值和高的 CO$_3^{2-}$ 浓度，导致晶体的成核速率较高。然而，样品 B$_{14}$ 具有最小平均粒径，对应 CO$_2$SM 浓度并非最低，这可能是由释放的 EDAs 调节反应体系的 pH 值所致。由表 4-4 可知，样品 B$_{14}$ 的 pH 值为 9.5，接近 CaCO$_3$ 的 pI 点，体系中正负离子相当，静电作用最弱，CaCO$_3$ 粒子的形成及组装缓慢，使得样品 B 呈现最小的平均粒径。

图 4-19 为表 4-4 所示 CaCO$_3$ 样品的 XRD 衍射图谱。结果表明，CO$_2$SM 的浓度影响 CaCO$_3$ 粒子的尺寸大小，但不改变 CaCO$_3$ 的晶型。因此，搅拌法可快速地实现纯相 CaCO$_3$ 的制备。

（2）Ca^{2+} 浓度对 CaCO$_3$ 结晶的影响

Ca^{2+} 与 CO$_3^{2-}$ 浓度比可作为一个重要参数影响 CaCO$_3$ 的晶化过程。研究者制备了不同 CaCl$_2$ 浓度下的 CaCO$_3$ 样品，如表 4-5 所示，其 SEM 照片见图 4-20。

表 4-5　不同 CaCl$_2$ 浓度下 CaCO$_3$ 样品的制备条件、平均粒径及晶相

样品序号	制备条件[①]	平均粒径	晶相
A$_{15}$	C_{CaCl_2}=0.02mol/L；pH=10.3	0.5μm	球霰石
B$_{15}$	C_{CaCl_2}=0.05mol/L；pH=9.8	0.3μm	球霰石

样品序号	制备条件[①]	平均粒径	晶相
C_{15}	$C_{CaCl_2}=0.10mol/L$；$pH=9.4$	$0.4\mu m$	球霰石
D_{15}	$C_{CaCl_2}=0.20mol/L$；$pH=8.7$	$1.5\mu m$	球霰石
E_{15}	$C_{CaCl_2}=0.30mol/L$；$pH=8.2$	$2.0\mu m$	球霰石
F_{15}	$C_{CaCl_2}=0.50mol/L$；$pH=7.6$	$3.0\mu m$	球霰石

① 所有样品制备过程中 $C_{CO_2,SM}=20g/L$，$t=2.0h$，搅拌速率$=1000r/min$。

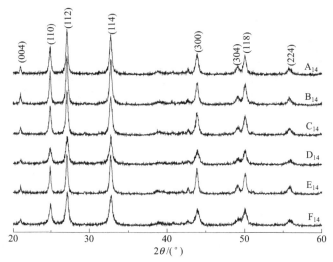

图 4-19 表 4-4 所示 $CaCO_3$ 样品的 XRD 衍射图谱

如图 4-20 所示，$CaCO_3$ 粒子形貌主要以纺锤形和球形为主，球形粒子由许

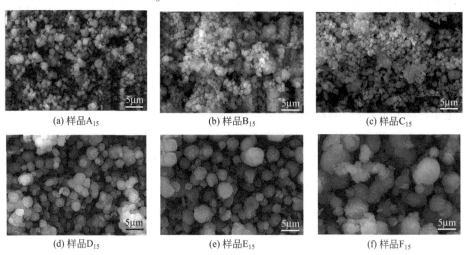

(a) 样品A_{15}　　　　　(b) 样品B_{15}　　　　　(c) 样品C_{15}

(d) 样品D_{15}　　　　　(e) 样品E_{15}　　　　　(f) 样品F_{15}

图 4-20 不同 $CaCl_2$ 浓度下 $CaCO_3$ 样品的 SEM 照片

多较小的 $CaCO_3$ 粒子组装而成，表面粗糙。样品 C_{15} 的形貌较为均一，平均尺寸 400nm。随着 Ca^{2+} 浓度的增大，$CaCO_3$ 粒子的尺寸也逐渐增大，表明较高的 $[Ca^{2+}]:[CO_3^{2-}]$ 比例有利于 $CaCO_3$ 粒子的生长。

其次，较高的 Ca^{2+} 浓度提供了大量的正电荷位点，增强 CO_3^{2-} 和 Ca^{2+} 之间的静电作用，加快 $CaCO_3$ 的沉淀过程。然而，样品 B_{15} 的平均粒径小于样品 A_{15}，这是由体系的 pH 值和 Ca^{2+} 浓度共同影响 $CaCO_3$ 的结晶过程所致。

如图 4-21 为表 4-5 所示 $CaCO_3$ 样品的 XRD 衍射图谱。样品的 2θ 值分别为 $21.1°$、$24.9°$、$27.0°$、$32.8°$、$43.8°$、$49.0°$、$50.1°$ 和 $52.2°$，表明所有样品的晶相为球霰石（JCPDS 33-0268），属于六方晶系，（112）晶面是该晶系的特征晶面。结合 SEM 和 XRD 的结果可知，$CaCl_2$ 溶液的浓度主要影响 $CaCO_3$ 粒子的形貌和尺寸大小，对 $CaCO_3$ 粒子的晶相组成没有明显影响。

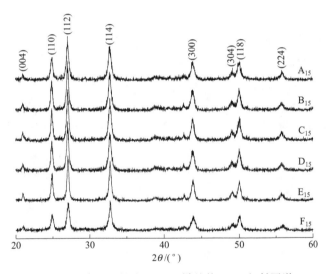

图 4-21　表 4-5 所示 $CaCO_3$ 样品的 XRD 衍射图谱

（3）搅拌时间对 $CaCO_3$ 结晶的影响

研究者制备了不同搅拌时间下的 $CaCO_3$ 样品，如表 4-6 所示，其 SEM 照片见图 4-22。

表 4-6　不同搅拌时间下 $CaCO_3$ 样品的制备条件下、平均粒径及晶相

样品序号	制备条件[①]	平均粒径/μm	晶相
A_{16}	$t=0.25$h	0.26	球霰石
B_{16}	$t=0.50$h	0.30	球霰石
C_{16}	$t=0.75$h	0.30	球霰石
D_{16}	$t=1.0$h	0.30	球霰石

续表

样品序号	制备条件①	平均粒径/μm	晶相
E_{16}	$t=1.5h$	0.38	球霰石
F_{16}	$t=2.0h$	0.40	球霰石
G_{16}	$t=5.0h$	1.20	球霰石 + 方解石
H_{16}	$t=8.0h$	1.50	球霰石+方解石

① 所有情况下 $C_{CO_2 SM}=20g/L$，$C_{CaCl_2}=0.10mol/L$，pH=9.4，搅拌速率=1000r/min。

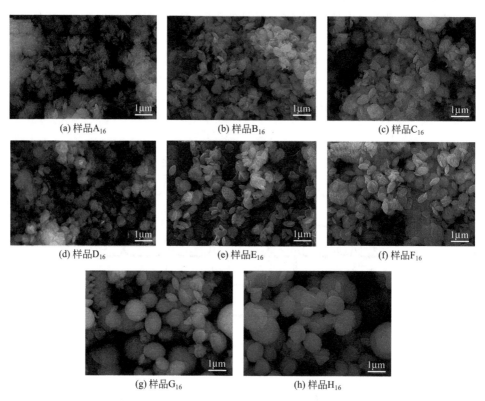

(a) 样品A_{16} (b) 样品B_{16} (c) 样品C_{16}

(d) 样品D_{16} (e) 样品E_{16} (f) 样品F_{16}

(g) 样品G_{16} (h) 样品H_{16}

图 4-22 表 4-6 所示 $CaCO_3$ 样品的 SEM 照片

由图 4-22 可知，样品 A_{16}～F_{16} 的形貌呈杆状或纺锤状，平均粒径为 0.26～0.40μm，样品存在不同程度的团聚。随着搅拌时间的增加，$CaCO_3$ 粒子的尺寸逐渐地增大，当搅拌时间增加到 5h 时，$CaCO_3$ 的形貌为球形或椭球形。结果表明搅拌时间对 $CaCO_3$ 的形貌及粒径具有显著影响。

进一步用 XRD 衍射图谱和 FTIR 光谱分析表 4-6 所示 $CaCO_3$ 样品的性质，如图 4-23 所示。

由图可知，样品 A_{16}～F_{16} 的晶相为球霰石，随着时间的增加，$CaCO_3$ 样品的晶相为球霰石和方解石共存。同时，样品 B_{16} 的 FTIR 光谱中呈现出球霰石晶

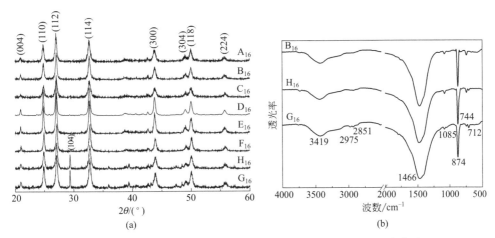

图 4-23 表 4-6 所示 CaCO₃ 样品的 XRD 衍射图谱（a）和 FTIR 光谱图（b）

相的特征峰，分别为 $1085cm^{-1}$（ν_1）、$874cm^{-1}$（ν_2）和 $744cm^{-1}$（ν_4）；样品 G₁₆ 和 H₁₆ 的 FTIR 光谱图中，发现四个特征峰分别为 $1085cm^{-1}$（ν_1）、$874cm^{-1}$（ν_2）、$744cm^{-1}$（ν_4）和 $712cm^{-1}$（ν_4），表明样品 G₁₆ 和 H₁₆ 的晶相为球霰石和方解石共存，而且强度减弱的 $744cm^{-1}$ 和增强的 $712cm^{-1}$（ν_4）特征峰表明，随着搅拌时间的增加，球霰石晶相的含量降低，方解石晶相的含量增加。

图 4-24 所示为样品 B₁₆ 的 TEM 照片，CaCO₃ 粒子形貌为球形和纺锤形。HR-TEM 照片显示出样品 B₁₆ 的晶格间距分别为 2.75Å（$1Å = 10^{-10}m$）、2.73Å 和 3.29Å（JCPDS 33-0268），前二者与球霰石晶相的（114）晶面相匹配；后者与球霰石晶面的（112）晶面相匹配，说明样品 B 的晶相为球霰石，与样品 B₁₆ 的 XRD 衍射图谱和 FTIR 光谱的分析结果相一致。

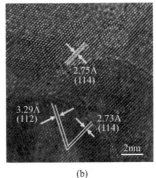

图 4-24 样品 B₁₆ 的 TEM 照片

在 FTIR 光谱中，$2975cm^{-1}$ 和 $2851cm^{-1}$ 可归属于 EDAs 或 EGs 中亚甲基的特征峰；$3419cm^{-1}$ 可归属为羟基的伸缩振动峰，说明 $CaCO_3$ 样品中可能含有水。同时，FTIR 的结果表明有机质在搅拌形成 $CaCO_3$ 的过程中有着重要作用。

如图 4-25 为样品 B_{16} 的 TGA 图，在室温至 540℃ 内，样品失重 4.5%，这可能是热稳定性相对较差的有机质或水蒸发所致。

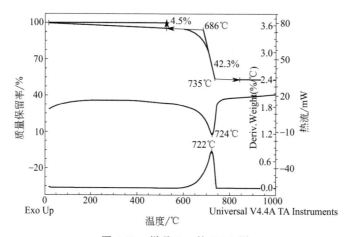

图 4-25　样品 B_{16} 的 TGA 图

比表面积常作为衡量 $CaCO_3$ 性质的一个重要指标。如图 4-26 所示为样品 B_{16} 焙烧后的 N_2 吸附-脱附曲线和孔径分布曲线。由于样品 B_{16} 具备多孔性质和较小的尺寸，BET 比表面积和平均孔径分别为 $52.9m^2/g$ 和 25.7nm，与纳米 $CaCO_3$ 的比表面相当，其具备了用于填充材料的潜质。

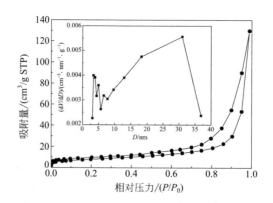

图 4-26　样品 B_{16} 焙烧后的 N_2 吸附-脱附曲线和孔径分布曲线

EDAs 和 EGs 分子间存在着氢键自缔合相互作用，此前有过单一的 EDAs 或 EGs 作为添加剂调控 $CaCO_3$ 结晶的报道[9-12]。基于 CO_2SM 的性质，一方面将其作为 CO_3^{2-} 的来源，另一方面利用 CO_2SM 释放的 EDAs 和 EGs，作为 $CaCO_3$ 晶体成核、生长、晶型及取向的控制剂，通过在室温下快速搅拌制备球霰石型 $CaCO_3$ 微纳米粒子，过程简单、可规模化合成，可能的形成机制如图 4-27 所示。

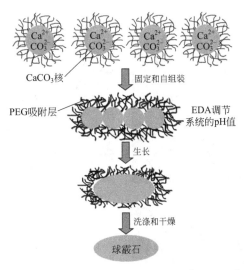

图 4-27　EDAs 和 EGs 介导球霰石 $CaCO_3$ 微纳米粒子可能的形成机理

图 4-27 中，EDAs 调节溶液的 pH，当 pH 趋于 $CaCO_3$ 的 pI 时，$CaCO_3$ 的结晶速率受到抑制，有利于获得小尺寸 $CaCO_3$ 粒子；反之，反应体系的 pH 越远离 $CaCO_3$ 的 pI 时，离子间的静电作用越强，沉淀速率越快。其次，EGs 作为一种非离子型表面活性剂，能作为晶体生长修饰剂调控 $CaCO_3$ 的结晶。在 EGs 分子链中的醚链节，可以识别带正电的 Ca^{2+}，这种作用方式类似于冠醚对 Li^+、Na^+ 和 K^+ 的识别，作用的方式如图 4-28 所示。

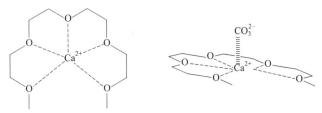

图 4-28　EGs 对 Ca^{2+} 的识别作用和 CO_3^{2-} 与 Ca^{2+} 的定向结合

正是由于这种识别作用，使 CO_3^{2-} 垂直与 EGs-Ca^{2+} 平面与 Ca^{2+} 定向结合，

促进 $CaCO_3$ 前驱体定向组装。同时，由于 EGs 在 $CaCO_3$ 晶面上的吸附，降低了 $CaCO_3$ 晶体的表面能，有利于非稳态球霰石晶相的形成[22]。

由于在滤除 $CaCO_3$ 的滤液中含有 EDAs 和 EGs，可将其再次用于 CO_2 的吸收，吸收 CO_2 后的体系性质等同于 CO_2SM 的水溶液，可用于 $CaCO_3$ 的再次制备。按照样品 B_{16} 的制备条件，3 次循环制备所得 $CaCO_3$ 的 SEM 照片和 FTIR 光谱如图 4-29。

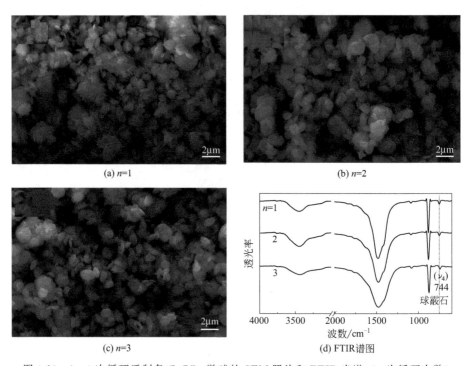

(a) *n*=1

(b) *n*=2

(c) *n*=3

(d) FTIR谱图

图 4-29　1～3 次循环后制备 $CaCO_3$ 微球的 SEM 照片和 FTIR 光谱（*n* 为循环次数）

由图 4-29 可知，1～3 次循环制备所得 $CaCO_3$ 具有相同的形貌和球霰石晶相。随着循环次数的增加，所得 $CaCO_3$ 沉淀的量逐渐减少，这可能是体系中的 EDAs 与 $CaCl_2$ 作用转化为氯化铵盐，使得体系对 CO_2 的溶解能力降低，产生的 CO_3^{2-} 减少，导致 $CaCO_3$ 沉淀的量随着循环次数的增加而降低。

以 CO_2SM 作为 CO_2 的来源，在没有任何添加剂的情况下，本节室温下快速搅拌制备 $CaCO_3$ 粉体材料。一方面以 CO_2SM 作为 CO_3^{2-} 的来源，另一方面利用 CO_2SM 释放的 EDAs 和 EGs，作为 $CaCO_3$ 晶体成核、生长、晶型、形貌及取向的控制剂，研究体系中 CO_2、CO_3^{2-}、EDAs 和 EGs 等粒子和分子间的相互作用及构效关系，提出 $CaCO_3$ 晶体的生长机制，在资源化利用 CO_2SM 的同时，也丰富了

$CaCO_3$ 的非生物矿化途径，进而发展了一种新颖的 CO_2 捕集及资源化利用方法，为以 CO_2SM 为原料去制备其他的一些无机碳酸盐材料提供了新的策略[23,24]。

以 CO_2SM 与 $CaCl_2$ 溶液在室温搅拌下制备高比表面积 $CaCO_3$ 粉体材料，通过考察 CO_2SM 浓度、$CaCl_2$ 浓度和搅拌时间对 $CaCO_3$ 结晶的影响，实现了平均粒径为 300nm 的单分散纺锤形球霰石晶相 $CaCO_3$ 粒子的快速制备，而且搅拌时间对 $CaCO_3$ 的形貌及晶型影响更为显著。反应机理表明，过程中 EDAs 调节溶液的 pH 值，使 pH 趋于 $CaCO_3$ 的 pI 点，抑制 $CaCO_3$ 的结晶速率；同时 EGs 分子链中的醚链识别 Ca^{2+}，使得 EGs 在 $CaCO_3$ 晶面上的吸附，降低了 $CaCO_3$ 晶体的表面能。二者协同作用，敏捷地制备微纳米级的非稳态球霰石。此外，3 次循环制备所得 $CaCO_3$ 具有相同的形貌和球霰石晶型，且 $CaCO_3$ 沉淀的量随着循环次数的增加而降低。

4.1.3　二氧化碳储集材料调控电石渣制备碳酸钙粉体

前面章节介绍了 CO_2SM 的制备、表征以及功能，并介绍了以 CO_2SM 和饱和 $Ca(OH)_2$ 溶液为原料，通过调节反应过程中的水热温度、CO_2SM 浓度及反应时间，可实现对 $CaCO_3$ 晶体的成核、生长、晶型及形貌的控制。

电石渣是一种典型的工业固体废弃物。电石渣的大量堆积会造成钙源和土地资源的浪费，以及环境的污染。近年来，国内外研究人员对电石渣的高值化利用进行了很多尝试，如把电石渣作为制水泥的原料[25] 以及作为水泥黏结剂等[26]，过程附加值低。电石渣的主要成分为 $Ca(OH)_2$，其含量约为 90%（质量分数），XRF 分析结果见表 4-7。以电石渣来替代 $Ca(OH)_2$ 和 CO_2SM 进行反应，降低制备成本，制取 $CaCO_3$，是本节研究的主要内容。

表 4-7　电石渣样品的组成[27]

组分	CaO	SiO_2	Al_2O_3	Fe_2O_3	MgO	Na_2O	其他
组成(质量分数)/%	80	3	1	0.6	0.2	0.2	5

本节以 CO_2SM 和电石渣为原料，通过调节水热温度、CO_2SM 浓度及水热反应时间，实现对 $CaCO_3$ 晶体的成核、生长、晶型及形貌的控制。

将电石渣配制成饱和溶液，称取一定质量的 CO_2SM 与 50mL 饱和电石渣溶液混合于水热反应釜内，搅拌均匀，在设定的反应温度下，进行水热反应。将反应后的体系抽滤，用去离子水和乙醇多次洗涤沉淀，然后于 120℃ 下干燥 5h。考察不同 CO_2SM 浓度、水热温度以及时间对 $CaCO_3$ 微粒的成核、生长、晶型及形貌的影响。

研究还考察了滤液的循环使用性能，即向滤液中通入 CO_2 气体（流速：250mL/min）15min，然后再向通入 CO_2 后的滤液中添加适量的电石渣，最后将其置于水热反应釜中于 100℃ 下反应 2h。将所得 $CaCO_3$ 沉淀经去离子水和乙醇多次洗涤，于 100℃ 下干燥 5h，如此重复 5 次，实现 $CaCO_3$ 的循环制备，如图 4-30 所示。

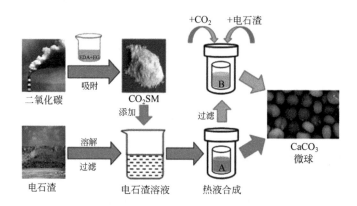

图 4-30　以 CO_2SM 和电石渣为原料合成 $CaCO_3$ 微球

A 和 B 分别代表水热反应釜，除去 $CaCO_3$ 沉淀的滤液不仅可以重复吸收 CO_2，

吸收 CO_2 后的滤液可再次制备具有相同晶型的 $CaCO_3$ 微粒

（1）CO_2SM 浓度对 $CaCO_3$ 结晶的影响

分别称取 0.1g、0.5g、1g、3g、5g CO_2SM 于水热反应釜中，分别加入 50mL 饱和电石渣溶液，搅拌均匀，100℃ 下反应 90min，制得不同 CO_2SM 浓度下 $CaCO_3$ 样品，如表 4-8 所示，其 SEM 照片见图 4-31。

表 4-8　不同 CO_2SM 浓度下 $CaCO_3$ 样品的制备条件及 $CaCO_3$ 晶相组成

样品[①]	制备条件[②]	晶相组成[③]/%		
		方解石	文石	球霰石
A_{17}	$C_{CO_2SM}=2g/L$；pH=11.68	100	0	0
B_{17}	$C_{CO_2SM}=10g/L$；pH=10.87	8	0	92
C_{17}	$C_{CO_2SM}=20g/L$；pH=10.43	0	0	100
D_{17}	$C_{CO_2SM}=60g/L$；pH=9.26	0	0	100
E_{17}	$C_{CO_2SM}=100g/L$；pH=8.35	0	0	100

① 50mL 电石渣饱和溶液。

② CO_2SM 浓度根据 50mL 电石渣溶液中 CO_2SM 质量计算，所有样品均在 100℃ 下反应 90min 得到。

③ 晶相的组成是根据 XRD 结果所计算得到的。

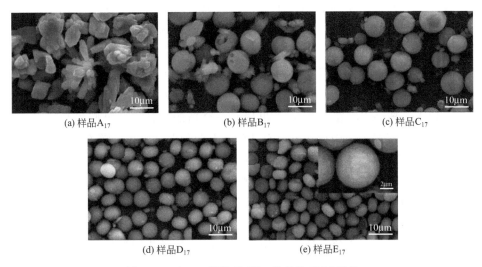

(a) 样品A_{17}　　　　(b) 样品B_{17}　　　　(c) 样品C_{17}

(d) 样品D_{17}　　　　(e) 样品E_{17}

图 4-31　表 4-8 所示 $CaCO_3$ 样品的 SEM 照片

由图 4-31 可知，在以 CO_2SM 和电石渣为原料制备 $CaCO_3$ 微粒的过程中，CO_2SM 浓度的变化显著影响 $CaCO_3$ 微粒的形貌。在样品 A_{17} 中，生成 $CaCO_3$ 微粒的形貌不规则，如含有不规则六棱柱状、由不规则六棱柱状黏在一起组成的花簇状等粉体。随着 CO_2SM 浓度的增大，样品 B_{17} 中出现棒状和不完整的球形 $CaCO_3$ 微粒。随着 CO_2SM 浓度的进一步增大，样品 $C_{17}\sim E_{17}$ 中，生成形貌较为均一的、直径约为 $4\mu m$ 的球形 $CaCO_3$ 微粒。上述现象是由不同 CO_2SM 浓度对应不同浓度的 EDAs 和 EGs 所致，EDAs 和 EGs 共同调控 $CaCO_3$ 微粒的结晶、生长过程。

表 4-8 所示 $CaCO_3$ 样品的 XRD 衍射图谱和 FTIR 光谱如图 4-32 所示。

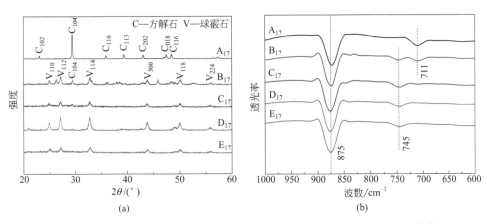

图 4-32　表 4-8 所示 $CaCO_3$ 样品的 XRD 衍射图谱（a）和 FTIR（b）光谱

图 4-32(a) 显示了样品 A_{17} 中只含有方解石晶相的 $CaCO_3$；样品 B_{17} 为方解石和球霰石的混合晶相；样品 C_{17}、D_{17} 和 E_{17} 中为球霰石晶相，样品晶相组成见表 4-8。

由图 4-32(b) 可知，样品 A_{17} 在 $875cm^{-1}$ 和 $711cm^{-1}$ 处有两个特征峰，归属为方解石晶相 $CaCO_3$ 的 ν_2 和 ν_4，说明样品 A_{17} 为方解石晶相。随着 CO_2SM 浓度的增大，样品 B_{17} 在 $745cm^{-1}$ 出现了一个新的特征峰，可归属为球霰石晶相的 ν_4，说明样品 B_{17} 中存在方解石和球霰石两种混合晶相。随着 CO_2SM 浓度的继续增大，方解石晶相逐渐消失，最终转变为纯球霰石晶相（样品 E）。

由上述 XRD 衍射图谱和 FTIR 光谱分析结果可知，低浓度的 CO_2SM 有利于方解石晶相 $CaCO_3$ 的生成，而高浓度的 CO_2SM 则有利于球霰石晶相 $CaCO_3$ 的生成，这是由不同浓度的 CO_2SM 释放不同浓度的 EDAs 和 EGs 所致，EDAs 可调节反应体系的 pH 值，EGs 可作为导向剂，两者共同调控 $CaCO_3$ 的成核、结晶和生长过程。

（2）水热温度对 $CaCO_3$ 结晶的影响

在高 CO_2SM 浓度下制得的 $CaCO_3$ 为形貌均一的球形颗粒。因此，设定反应温度为 90℃、100℃、110℃、120℃ 和 130℃，水热反应时间为 90min，CO_2SM 浓度为 100g/L，制得 $CaCO_3$ 微球的 SEM 照片如图 4-33 所示。

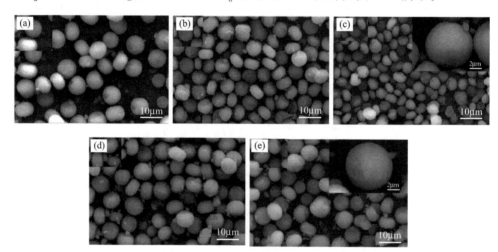

图 4-33　不同水热反应温度 CO_2SM 浓度为 100g/L 水热反应
时间为 90min 下制得的 $CaCO_3$ 微球的 SEM 照片

(a) 90℃；(b) 100℃；(c) 110℃；(d) 120℃；(e) 130℃

由图 4-33 可以看出，反应温度对生成 $CaCO_3$ 的形貌没有明显的影响，不同温度下，均生成形貌较为均一的球形颗粒。

不同温度下 CO_2SM 浓度为 100g/L、反应时间 90min 下制得 $CaCO_3$ 微球的 XRD 衍射图谱和 FTIR 光谱如图 4-34 所示。

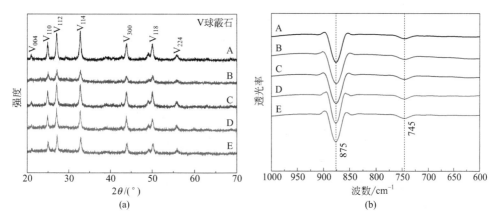

图 4-34　不同水热反应温度下，CO_2SM 浓度为 100g/L、反应时间 90min 下
制得 $CaCO_3$ 微球的 XRD 衍射图谱（a）和 FTIR（b）光谱
A—90℃；B—100℃；C—110℃；D—120℃；E—130℃

由图 4-34（a）可知，水热温度的变化对所得样品的晶相没有显著影响，样品均为球霰石晶相 $CaCO_3$，样品 FTIR 谱图进一步证实此结果。由图 4-34（b）可以看出，样品均在 875cm^{-1} 和 745cm^{-1} 处存在两个特征峰，归属为球霰石晶相的 ν_2 和 ν_4。

分析以上结果，可能是由于结晶过程是动力学驱动过程，所考察的反应温度对球霰石的形成有利。

（3）反应时间对 $CaCO_3$ 结晶的影响

在 CO_2SM 浓度为 100g/L，反应温度为 100℃下，不同反应时间下，CO_2SM 浓度为 100g/L，反应温度为 100℃时得到的 $CaCO_3$ 形貌影响的 SEM 照片如图 4-35 所示。

由图 4-35 可以看出，反应时间对生成 $CaCO_3$ 的形貌没有明显的影响，不同温度下，均生成形貌较为均一的球形颗粒。

不同反应时间下，CO_2SM 浓度为 100g/L、100℃下制得 $CaCO_3$ 微球的 XRD 衍射图谱和 FTIR 光谱如图 4-36 所示。

由图 4-36（a）可知，反应时间的变化对样品的晶相没有显著影响，均为球霰石晶相 $CaCO_3$，FTIR 光谱进一步证明了此结果。由图 4-36（b）可以看出，所有样品都在 875cm^{-1} 和 745cm^{-1} 处存在两个特征峰，归属为球霰石晶相的 ν_2 和 ν_4。

图 4-35　不同反应时间下，CO_2SM 浓度为 100g/L，反应温度

为 100℃时得到的 $CaCO_3$ 样品的 SEM 照片

(a) 60min；(b) 90min；(c) 120min；(d) 150min；(e) 180min

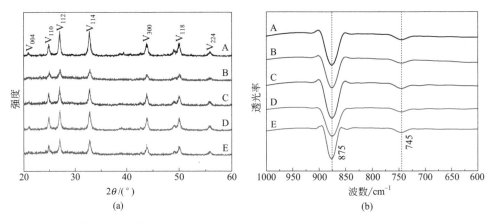

图 4-36　不同反应时间下，CO_2SM 浓度为 100g/L、100℃下制得

$CaCO_3$ 样品的 XRD 衍射图谱 (a) 和 FTIR (b) 光谱

A—60min；B—90min；C—120min；D—150min；E—180min

　　分析以上结果，可能是因为 $CaCO_3$ 成核速率较快，反应时间只对 $CaCO_3$ 的尺寸大小有影响，对形貌和晶相未产生显著影响。所制得 $CaCO_3$ 微球的性质如下。

　　(4) HR-TEM 分析

　　为了获得球形 $CaCO_3$ 微粒的晶格排列和边缘结构，本节对样品进行了 HR-TEM 分析，结果如图 4-37 所示。

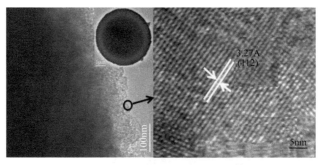

图 4-37　CaCO₃ 微球的 HR-TEM 照片

由图 4-37 可知，3.27 Å 的晶格间距为球霰石晶相的（112）晶面，表明生成的球形 $CaCO_3$ 微粒归属于球霰石晶相。

（5）TGA 分析

球形 $CaCO_3$ 微粒的 TGA 曲线如图 4-38 所示。

由图 4-38 可知，从室温至 450℃ 为第一阶段，失重率约为 5.6%，归因于 $CaCO_3$ 微粒表面有机物的挥发。在 683℃ 时，曲线上出现了明显的失重，可归因于 $CaCO_3$ 的分解（$CaCO_3 \longrightarrow CaO + CO_2\uparrow$）。

（6）BET 分析

研究对 $CaCO_3$ 微球进行了 N_2 吸附-脱附等温线和孔径分布曲线的测定，结果如图 4-39 所示。

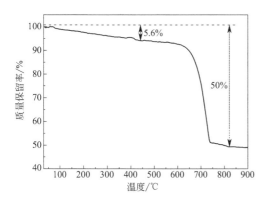

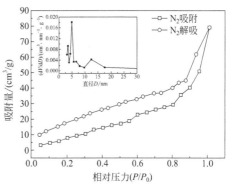

图 4-38　球形 CaCO₃ 微粒的 TGA 曲线　　图 4-39　CaCO₃ 微球的 N₂ 吸附-脱附
等温线和孔径分布曲线

由 N_2 吸附脱附等温线和孔径分布曲线的测定结果可知，$CaCO_3$ 微球的比表面积为 42.77m²/g，平均孔径为 11.45nm，孔体积为 0.1224cm³/g。

（7）EDX 分析

研究对 $CaCO_3$ 微球进行了 EDX 分析，结果如图 4-40 所示。

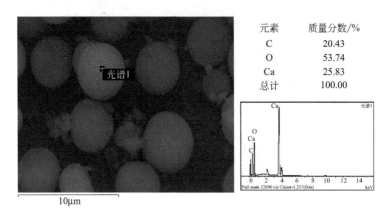

元素	质量分数/%
C	20.43
O	53.74
Ca	25.83
总计	100.00

图 4-40　$CaCO_3$ 微球的 EDX 分析

由 EDX 结果可知，$CaCO_3$ 微球中含有 C、O 和 Ca 元素，未发现其他元素，这可能是因为 $CaCO_3$ 微球中的 EDAs 和 EGs 等物质含量较低未被检出。

（8）FTIR 光谱分析

研究对制备的 $CaCO_3$ 微球进行了 FTIR 分析，结果如图 4-41 所示。

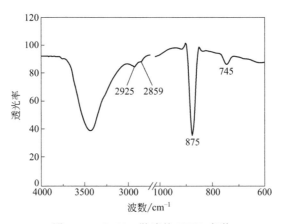

图 4-41　$CaCO_3$ 微球的 FTIR 光谱

由图 4-41 可知，$2925cm^{-1}$ 和 $2859cm^{-1}$ 处有两个特征峰，归属为 EDAs 或/和 EGs 中（—CH_2—）的对称和不对称伸缩振动峰，表明所得 $CaCO_3$ 微粒中有 EDAs 或/和 EGs 的存在。

（9）$CaCO_3$ 微球的循环制备

在形成 $CaCO_3$ 沉淀后，滤液中含有的 EDAs 和 EGs 可再次吸收 CO_2。向吸收 CO_2 后的滤液中加入适量的电石渣，在 100℃下水热反应 90min，制得晶相和形貌相同的 $CaCO_3$ 微粒。如此重复操作 5 次，得到的 $CaCO_3$ 微粒晶型和形貌基本一致，SEM 结果如图 4-42 所示。

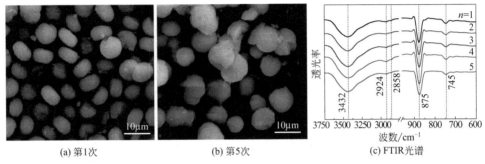

(a) 第1次　　　　　　　　(b) 第5次　　　　　　　　(c) FTIR光谱

图 4-42　第 1 次和第 5 次循环制备 $CaCO_3$ 微球中的 SEM 照片
以及 $CaCO_3$ 微球的 FTIR 光谱（n 为循环次数）

由图 4-42(a) 和（b）可以看出，经 1～5 次循环后，$CaCO_3$ 微粒具有相同的球形形貌；由图 4-42(c) 可知，1～5 次循环制得 $CaCO_3$ 微粒的 FTIR 特征峰没有明显变化，表明所得 $CaCO_3$ 微粒具有相同的球霰石晶相。

因为滤液中含有由 CO_2SM 释放的 EDAs 和 EGs，不仅可以重复吸收 CO_2，且吸收 CO_2 后的滤液经添加适量的电石渣，可再次制得 $CaCO_3$ 颗粒。过程中 EDAs 不仅可以捕集 CO_2，并且和 EGs 一起作为模板剂实现对 $CaCO_3$ 结晶过程中形貌和晶相的控制，该过程实现了以 CO_2SM 和电石渣为原料 $CaCO_3$ 微粒的循环制备。

以 CO_2SM 与工业固体废弃物电石渣为原料，在无任何外加添加剂的情况下制得了 $CaCO_3$ 微粒。CO_2SM 既能作为 CO_3^{2-} 的来源，又能释放 EDAs 和 EGs。通过考察 CO_2SM 浓度、反应温度和时间对 $CaCO_3$ 结晶的影响，实现了对球形 $CaCO_3$ 的可控制备，并对球形 $CaCO_3$ 的性质进行了初步探究。此外，除去 $CaCO_3$ 沉淀的滤液不仅可以重复吸收 CO_2，还可用于 $CaCO_3$ 微粒的多次制备，经 1～5 次循环制得的 $CaCO_3$ 晶相基本一致。

4.1.4　超声波法制备纳米碳酸钙

采用超声波法，以 CO_2SM 和电石渣为原料制得纳米 $CaCO_3$ 粉体。首先，

用 $Ca(OH)_2$ 溶液代替电石渣饱和溶液确定适宜的制备条件：$Ca(OH)_2$ 溶液浓度 16g/L，反应时间 45min，超声波功率 300W，反应温度 25℃。在此条件下，制得纳米 $CaCO_3$ 粉体是约为 920nm 的均匀微球颗粒，最小粒径为 66nm。经 4 次滤液循环制备，仍能获得与原 $CaCO_3$ 粉体相同的形貌和晶相。电石渣由准格尔旗（中国内蒙古）提供，组成见表 4-9。电石渣在 110℃下干燥 2h 后，于室温下用去离子水溶解干燥电石渣中的 Ca^{2+} 制得。

表 4-9 电石渣的组成

组成	CaO	Fe_2O_3	MgO	Al_2O_3	SiO_2	其他
含量/%	90	0.2	0.8	2.0	4.0	3.0

用 $Ca(OH)_2$ 溶液代替电石渣饱和溶液与 CO_2SM 混合于玻璃反应釜中，采用超声波法制备纳米 $CaCO_3$ 粉体，过程如图 4-43。用 EDA 和 BTD 二元混合体系吸收 CO_2 制备 CO_2SM。利用超声波法用 Ca^{2+} 溶液和 CO_2SM 混合溶液制备纳米 $CaCO_3$ 微球，CO_2SM 提供 CO_3^{2-}。然后，通过真空过滤分离得到滤液。将电石渣饱和溶液加入到含 CO_2 的滤液中，混合溶液再次反应，仍可以重新制得纳米 $CaCO_3$ 粉体。

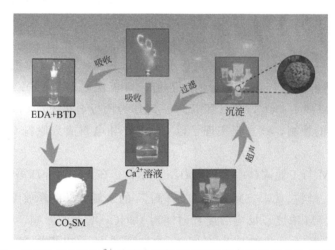

图 4-43 以 CO_2SM 和 Ca^{2+} 溶液为原料超声波法制备纳米 $CaCO_3$ 粉体的过程

(1) CO_2SM 浓度对纳米 $CaCO_3$ 结晶的影响

在 25℃ 和 300W 下，用浓度为 2～120g/L 的 CO_2SM，和 50mL 的 $Ca(OH)_2$ 溶液反应 60min，制得 9 个纳米 $CaCO_3$ 粉体样品，各样品中 CO_2SM 浓度：A_{18}，2g/L；B_{18}，4g/L；C_{18}，8g/L；D_{18}，12g/L；E_{18}，16g/L；F_{18}，20g/L；G_{18}，40g/L；H_{18}，80g/L；I_{18}，120g/L，其 SEM 照片如图 4-44 所示。

在 CO_2SM 浓度为 2g/L 和 4g/L 时，制得的 $CaCO_3$ 呈杆状（样品 A_{18}、B_{18}）；在 CO_2SM 浓度为 8g/L 时，制得的 $CaCO_3$ 呈小颗粒堆积成的块状（样品 C_{18}）；随着浓度增大，直到 120g/L，$CaCO_3$ 均为小颗粒堆积而成的均匀微球（样品 $D_{18}\sim I_{18}$）。值得注意的是，如图 4-44 所示，样品 $C_{18}\sim I_{18}$ 中出现的小颗粒粒径均小于 70nm，属于纳米粒子；样品 E 中纳米粒子的粒径最小，为 54nm，纳米 $CaCO_3$ 微球粒径为 853nm。

(a) 样品 A_{18} (b) 样品 B_{18} (c) 样品 C_{18}

(d) 样品 D_{18} (e) 样品 E_{18} (f) 样品 F_{18}

(g) 样品 G_{18} (h) 样品 H_{18} (i) 样品 I_{18}

图 4-44 不同 CO_2SM 浓度下制备的 $CaCO_3$ 样品（$A_{18}\sim I_{18}$）的 SEM 照片

如图 4-45(a) 所示：样品 A_{18} 具有 （012）、 （104）、 （110）、 （113）、（202）、（018）、（116）、（211） 和 （122） 等晶面，均为方解石晶相的特征晶面[68]。样品 A_{18} 中也具有 （111）、 （021） 和 （211） 等几个晶面，为文石晶相的特征晶面。样品 B_{18} 中具有若干晶面 （111）、 （021）、 （012）、 （102）、（221）、（202）、（132） 和 （112） 等，为文石和方解石混合晶相的特征晶面。样品 C_{18} 具有方解石和球霰石混合晶相的特征晶面：（100）、（101）、（102）、（110）、（104） 和 （202）。随着 CO_2SM 浓度由 12g/L 增加到 120g/L，样品 $D_{18}\sim I_{18}$ 只有球霰石晶相特征晶面。结果表明，制得纳米 $CaCO_3$ 的晶相在低

CO_2SM 浓度下为方解石、文石和球霰石晶相的混合，随 CO_2SM 浓度的增加逐渐转变为纯球霰石晶相。

如图 4-45(b) 所示：样品 A_{18} 和 B_{18} 中 874cm^{-1} 和 713cm^{-1} 处特征峰均属于方解石晶相纳米 $CaCO_3$ 的 ν_2 和 ν_4；样品 A_{18} 和 B_{18} 中 713cm^{-1} 处特征峰属于文石晶相纳米 $CaCO_3$ 的 ν_4。随着 CO_2SM 浓度的增加，样品 $C_{18} \sim I_{18}$ 中 875cm^{-1} 和 746cm^{-1} 处的新特征峰归属于球霰石晶相纳米 $CaCO_3$ 的 ν_2 和 ν_4。

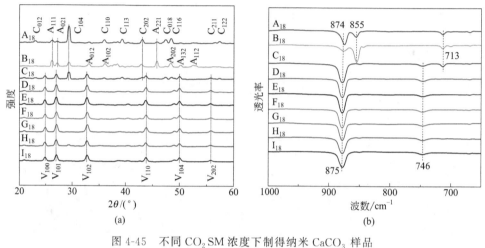

图 4-45　不同 CO_2SM 浓度下制得纳米 $CaCO_3$ 样品

（$A_{18} \sim I_{18}$）的 XRD 衍射图谱（a）和 FTIR 光谱（b）

结果表明，CO_2SM 浓度的升高促进了球霰石晶相的形成，抑制了方解石晶相的形成。这是因为 CO_2SM 中的 BTD 和/或 EDA 使 $CaCO_3$ 的诱导成核过程从热力学控制过程转化为动力学控制过程[28]。动力学过程通常有助于诱导和稳定球霰石晶相 $CaCO_3$[29]。因此，CO_2SM 中 CO_2、BTD 和/或 EDA 的浓度对于促进 $CaCO_3$ 晶体的协同生长是必不可少的，其中 EDA 可用于调节 pH 值，BTD 为反应体系的共溶剂。微球状纳米 $CaCO_3$ 的形成机理示意图如图 4-46 所示。

反应过程如图 4-47 所示，超声波作为一种机械波作用于 Ca^{2+} 溶液，局部压力降低，溶液中的介质分子进一步扩散形成空化气泡。当负压达到临界压力时，空化气泡挤压破裂，产生瞬时压力；溶液的局部温度迅速上升，这一过程称为空化，为成核过程提供能量以加速成核速率、减小晶体尺寸。同时，空化气泡可以分散晶体颗粒表面，降低比表面能，抑制晶体进一步生长。此外，溶液中的颗粒经超声波冲洗，空化气泡破裂后的微射流使 $CaCO_3$ 颗粒保持纳米级，且较为均匀。

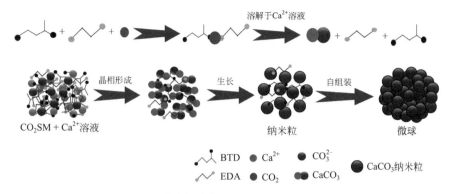

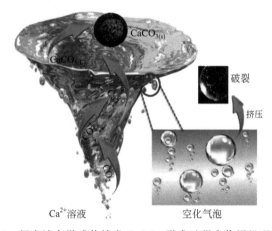

图 4-46　微球状纳米 $CaCO_3$ 形成机理示意图

图 4-47　超声波在微球状纳米 $CaCO_3$ 形成过程中作用机理示意图

根据 Rietveld 全谱拟合公式计算纳米 $CaCO_3$ 样品晶相组成，当样品中含有方解石、文石和球霰石混合晶相时，可依文献进行计算[30]。计算结果如表 4-10 所示，样品 A_{18} 中有 19.30％的文石晶相和 80.70％的方解石晶相；样品 B_{18} 中有 40.06％的文石晶相和 59.94％的方解石晶相；样品 C_{18} 中有 46.37％的文石晶相和 53.63％的方解石晶相。样品 D_{18}～I_{18} 为 100％的文石晶相。

表 4-10　不同 CO_2SM 浓度下纳米 $CaCO_3$ 的尺寸、形貌和晶相组成

样品序号	CO_2SM 浓度 /(g/L)	尺寸/nm	形貌	晶相组成/%		
				文石	方解石	球霰石
A_{18}	2	71(宽度)	杆状	19.30	80.70	0.00
B_{18}	4	98(宽度)	杆状	40.06	59.94	0.00
C_{18}	8	67(粒径);710×550	纳米粒子和块状	0.00	53.63	46.37

样品序号	CO_2SM浓度 /(g/L)	尺寸/nm	形貌	晶相组成/%		
				文石	方解石	球霰石
D_{18}	12	56(粒径)	纳米粒子	0.00	0.00	100.00
E_{18}	16	54(粒径)	纳米粒子	0.00	0.00	100.00
F_{18}	20	57(粒径)	纳米粒子	0.00	0.00	100.00
G_{18}	40	55(粒径)	纳米粒子	0.00	0.00	100.00
H_{18}	80	56(粒径)	纳米粒子	0.00	0.00	100.00
I_{18}	120	58(粒径)	纳米粒子	0.00	0.00	100.00

（2）反应时间对$CaCO_3$结晶的影响

在25℃、功率300W下，用16g/L的CO_2SM和50mL的$Ca(OH)_2$溶液分别反应5min、15min、25min、45min、60min、75min、120min，制得纳米$CaCO_3$样品A_{19}、B_{19}、C_{19}、D_{19}、E_{19}、F_{19}、G_{19}，其SEM照片见图4-48。由图4-48可以看出，在不同反应时间下，样品均为粒径在577～1646nm之间的微球状，由粒径在53～82nm之间的纳米微粒堆积而成。随着反应时间的增加，纳米$CaCO_3$晶体的形貌未见明显变化，仍保持微球状，说明反应时间对纳米$CaCO_3$晶体的形貌和尺寸没有明显影响，其中反应45min的样品D中的微球粒径最均匀。不同时间制备的$CaCO_3$的XRD衍射图谱和FTIR光谱见图4-49。从图4-49(a)可以看出，所有样品均呈现（002）、（100）、（101）、（102）、（110）、（112）、（104）和（202）等球霰石晶相的特征晶面。图4-49(b)中出现在877cm^{-1}和745cm^{-1}处的特征峰归属于球霰石晶相纳米$CaCO_3$的ν_2和ν_4。随着反应时间的延长，样品均为球霰石晶相。上述结果表明，反应时间对$CaCO_3$晶体的形貌和晶相没有明显的影响，对$CaCO_3$晶体的尺寸有明显的影响，这可能是由$CaCO_3$晶体成核及生长过程十分迅速造成的。随着反应时间的延长，$CaCO_3$晶体发生团聚。

（3）$Ca(OH)_2$浓度对$CaCO_3$结晶的影响

在25℃、功率300W下，16g/L的CO_2SM与浓度为1.65g/L、0.825g/L、0.4125g/L、0.275g/L的$Ca(OH)_2$反应45min，制得$CaCO_3$样品A_{110}、B_{110}、C_{110}、D_{110}，其SEM照片见图4-50。如图4-50所示，在不同的$Ca(OH)_2$浓度下所有样品均为粒径为584～1713nm的微球，由粒径为48～66nm的小颗粒堆积而成。功率为300W时样品C_{110}的形貌最为均匀。不同$Ca(OH)_2$浓度下制备的$CaCO_3$的XRD衍射图谱和FTIR光谱见图4-51。从图4-51(a)可以看出，四个样品中均为球霰石晶相。从图4-51(b)中可以看出，所有样品中均出现球霰石晶相纳米$CaCO_3$的ν_2和ν_4特征峰。随$Ca(OH)_2$浓度的变化，样品均为球霰

图 4-48 不同时间制备 CaCO$_3$ 的 SEM 照片

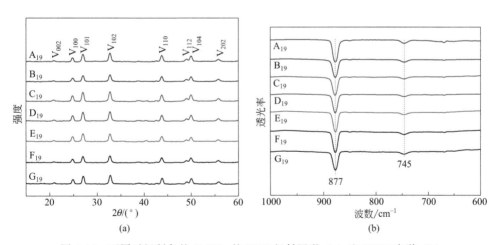

图 4-49 不同时间制备的 CaCO$_3$ 的 XRD 衍射图谱（a）和 FTIR 光谱（b）

石晶相。结果表明，Ca^{2+} 的浓度对 CaCO$_3$ 样品的尺寸有明显的影响，这是由当 Ca^{2+} 浓度较低时，成核速率较小造成的。成核速率随 Ca^{2+} 浓度的增加而增大，加剧了沉淀的团聚。

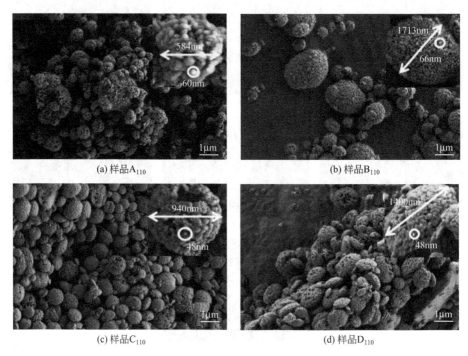

图 4-50　不同 Ca(OH)$_2$ 浓度下制备 CaCO$_3$ 的 SEM 照片

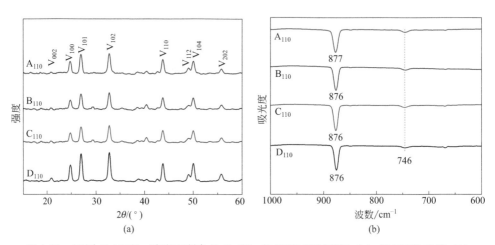

图 4-51　不同 Ca(OH)$_2$ 浓度下制备的 CaCO$_3$ 的 XRD 衍射图谱 （a） 和 FTIR 光谱 （b）

（4）超声波功率对 CaCO$_3$ 结晶的影响

在 25℃ 下，16g/L 的 CO$_2$SM 和 0.14g/L 的 Ca（OH）$_2$ 溶液在 100W、

200W、300W、400W 四种不同超声波功率下反应 45min，制得纳米 $CaCO_3$ 样品 A_{111}、B_{111}、C_{111}、D_{111}，其 SEM 照片和 FTIR 光谱见图 4-52。如图 4-52 所示，样品均为微球状，由粒径为 48～88nm 的小颗粒堆积而成，微球粒径范围为 940～2058nm。样品 C 中的微球粒径是所有样品中最小的，表明超声波功率对纳米 $CaCO_3$ 微球的粒径有明显的影响。在所有样品的 FTIR 光谱中均可以观察到球霰石纳米 $CaCO_3$ 的 ν_2 和 ν_4 特征峰。

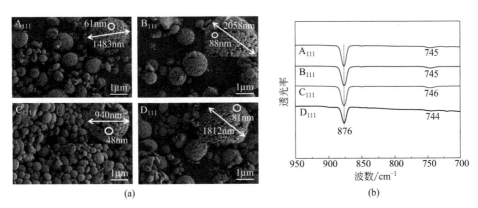

图 4-52　不同超声波功率下制备的 $CaCO_3$ 的 SEM 照片（a）和 FTIR 光谱（b）

（5）反应温度的影响

当功率为 300W 时，在 15℃、25℃、35℃下，用 16g/L 的 CO_2SM 和 0.14g/L 的 $Ca(OH)_2$ 溶液反应 45min，制得纳米 $CaCO_3$ 样品 A_{112}、B_{112}、C_{112}，其 SEM 照片和 FTIR 光谱见图 4-53。如图 4-53 所示，样品的形貌均由粒径 48～83nm 的小颗粒堆积而成的微球状，微球的粒径为 940nm 到 2239nm。在所有样品中，25℃下制得的样品 B 中微球粒径最小，表明温度对纳米 $CaCO_3$ 样品的粒径有明显的影响。在所有样品的 FTIR 光谱中均可以观察到球霰石纳米 $CaCO_3$ 的 ν_2 和 ν_4 特征峰。

综上所述，超声波法制备均一的纳米 $CaCO_3$ 的适宜制备条件为：CO_2SM 浓度为 16g/L，反应时间为 45min，$Ca(OH)_2$ 浓度为 0.41g/L，超声波功率为 300W，温度为 25℃。

（6）电石渣基 $CaCO_3$ 的制备

用电石渣饱和溶液，在上述适宜制备条件下制备了电石渣基 $CaCO_3$ 样品，其 SEM 照片、XRD 衍射图谱及 FTIR 光谱见图 4-54。如图 4-54(a) 所示，制得的电石渣基 $CaCO_3$ 的形貌为微球状，粒径为 920nm。XRD 衍射图谱如图 4-54(b) 所示，电石渣基 $CaCO_3$ 中出现了（100）、（101）、（102）、（110）、（104）和（202）等晶面，属于球霰石晶相的特征晶面。图 4-54(c) 中 877cm^{-1} 和 745cm^{-1} 处出现特征峰，归属

(a)　　　　　　　　　　(b)

图 4-53　不同温度下制备的 CaCO₃ 的 SEM 照片（a）和 FTIR 光谱（b）

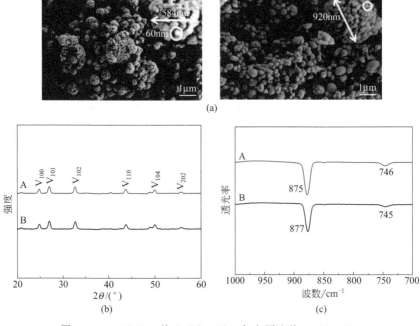

图 4-54　Ca(OH)₂ 基 CaCO₃（A）与电石渣基 CaCO₃（B）
的 SEM 照片（a）、XRD 衍射图谱（b）和 FTIR 光谱（c）

于电石渣基球霰石晶相 $CaCO_3$ 的 ν_2 和 ν_4 特征峰。结果表明，用电石渣饱和溶液代替 $Ca(OH)_2$ 溶液通过超声波法可以制备相同晶相和形貌的纳米 $CaCO_3$。

（7）电石渣基 $CaCO_3$ 的性质

由 $Ca(OH)_2$ 和电石渣饱和溶液在最佳条件下分别制得的纳米 $CaCO_3$ 的 HR-TEM 照片如图 4-55 所示。晶格间距分别为 0.20nm 和 0.33nm，与球霰石晶相的（110）和（112）晶面相对应（JCPDS 编号 72-0506）。

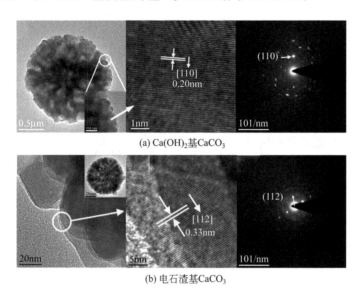

(a) $Ca(OH)_2$ 基 $CaCO_3$

(b) 电石渣基 $CaCO_3$

图 4-55 最佳条件下 $Ca(OH)_2$ 基 $CaCO_3$ 与电石渣基 $CaCO_3$ 的 HR-TEM 照片

从纳米 $CaCO_3$ 样品的 TGA-DSC 分析结果（图 4-56）可以看出，$Ca(OH)_2$ 基 $CaCO_3$ 样品在 30～559℃之间的失重率约为 3%，可归因于附着在纳米 $CaCO_3$ 样品表

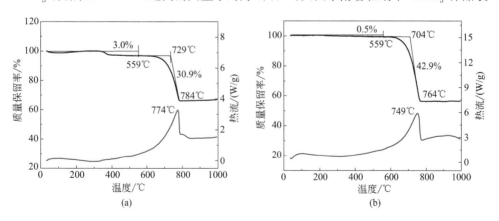

图 4-56 最佳条件下 $Ca(OH)_2$ 基 $CaCO_3$（a）与电石渣基 $CaCO_3$（b）的 TGA-DSC 结果

面的 CO_2SM 中的 EDA 和/或 BTD 残留物的挥发。同时，在 559～784℃ 之间的失重率约为 30.9%，归因于 $CaCO_3$ 的热分解作用（$CaCO_3 \longrightarrow CaO + CO_2 \uparrow$）[89]，DSC 曲线表明，在 774℃时，$CaCO_3$ 的热分解速率最大。

从图 4-56(b) 可以看出，从 30～559℃ 电石渣基 $CaCO_3$ 样品的失重率约为 0.5%，可归因于附着在表面的 H_2O 的挥发。同时，随着温度由 559℃ 升高到 764℃时，纳米 $CaCO_3$ 样品失重率约为 42.9%，这可归因于 $CaCO_3$ 的热分解。DSC 曲线表明，749℃ 下 $CaCO_3$ 的热分解速率最大。电石渣基 $CaCO_3$ 样品的失重率（0.5%）低于 $Ca(OH)_2$ 基 $CaCO_3$ 样品的失重率（3%），这可能是由于 $Ca(OH)_2$ 基 $CaCO_3$ 样品的粒径较小，表面积较大，导致空气中 H_2O 的吸附率较大。

电石渣基 $CaCO_3$ 样品的 XPS 谱分析（图 4-57）表明，531eV、347eV 和 285eV 的峰值分别归属于 O 1s、Ca 2p 和 C 1s 轨道。350.18eV 和 346.8eV 处的峰归属于 Ca 2p1/2 和 Ca 2p3/2 轨道[31]。531.08eV 处的峰归属于 C═O 基团[32]。284.58eV 和 289.28eV 处的峰归属于 C—O 和 O—C—O 基团。结果表明，制得的电石渣基 $CaCO_3$ 中含有 Ca^{2+} 和 CO_3^{2-} 基团。

对电石渣基 $CaCO_3$ 的 N_2 吸附-解吸等温线及孔径分布进行了研究（图 4-57），比表面积为 $12.46m^2/g$，平均孔径为 26.71nm。

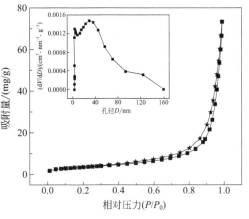

图 4-57 电石渣基 $CaCO_3$ 样品
吸附脱附等温线及孔径分布

（8）电石渣基 $CaCO_3$ 的循环制备

用 CO_2SM 和电石渣饱和溶液制得纳米 $CaCO_3$，通过真空过滤分离沉淀和溶液的混合物，制得 $CaCO_3$ 样品和滤液。然后，将电石渣饱和溶液加入滤液中并通入 CO_2，混合溶液在 25℃、功率 300W 条件下反应 60min。该过程循环 4 次，制备的纳米 $CaCO_3$ 晶体的 FTIR 光谱如图 4-58 中所示，产物在 $875cm^{-1}$ 和 $745cm^{-1}$ 处出现特征峰，归属于球霰石球晶相中的 ν_2 和 ν_4 特征峰，表明过滤后仍能制得相同晶相的 $CaCO_3$。

用 CO_2SM 和澄清的电石渣饱和溶液成功制得均一的纳米 $CaCO_3$ 微球，粒径为 920nm，小颗粒粒径为 66nm，确定了适宜的制备条件：CO_2SM 浓度为 16g/L，反应时间为 45min，$Ca(OH)_2$ 浓度为 0.41g/L，超声波功率为 300W，反应温度为 25℃。同时滤液经 4 次循环仍可制得 $CaCO_3$ 样品的均匀结晶相。

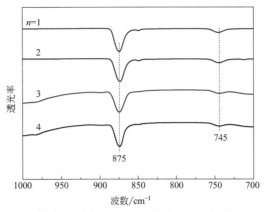

图 4-58　4 次循环制备的纳米 $CaCO_3$ 晶体的 FTIR 光谱（n 为循环次数）

4.1.5　不同钙源基碳酸钙粉体的制备

电石渣废水成分复杂，研究 CO_2SM 对电石渣废水中钙离子的脱除作用，须明确钙源的配基对 $CaCO_3$ 的调控作用。水热法操作简单，易于对 $CaCO_3$ 的生长过程进行控制，便于分析配基在晶体生长中的调控作用。本章采用水热法对 $CaCO_3$ 进行制备，选取 $CaCl_2$、$Ca(NO_3)_2$、$CaBr_2$、$CaAc_2$（乙酸钙）为钙源以研究配基对 $CaCO_3$ 生长的调控作用。所有钙源溶液的初始浓度选定 0.02mol/L，与饱和 $Ca(OH)_2$ 溶液浓度一致。

（1）CO_2SM 浓度对 $CaCO_3$ 结晶的影响

不同钙源在不同 CO_2SM 浓度下制备的 $CaCO_3$ 颗粒 SEM 照片见图 4-59。由图 4-59 可知，当 CO_2SM 浓度较低时，4 种钙源形成的 $CaCO_3$ 颗粒均为均一的块状，与以 $Ca(OH)_2$ 为钙源有所区别。当钙源为 $CaCl_2$ 时，随着 CO_2SM 浓度的增加，制备的 $CaCO_3$ 颗粒尺寸逐渐变小；当 CO_2SM 浓度大于 12.0g/L 时，原来较为均一的块状形貌消失，形成了不均一的球形和枣核状混合形貌；CO_2SM 浓度进一步增大，球形和枣核形颗粒形貌不随之变化但尺寸逐渐减小。当以 $Ca(NO_3)_2$、$CaBr_2$ 和 $CaAc_2$ 为钙源时，随着 CO_2SM 浓度的增加，$CaCO_3$ 颗粒尺寸逐渐减小，形貌由块状逐渐发展为球形并转化为饼状。结合 XRD 衍射图谱图 4-60 可知，$CaCO_3$ 颗粒的形貌和晶相之间存在一定联系：均一的块状晶体为纯方解石晶相，均一的球形和饼状晶体为纯球霰石晶相；形貌不均一的样品为方解石、文石和球霰石混合晶相。

由表 4-11 可知，随着 CO_2SM 浓度改变，$CaCO_3$ 的晶相变化呈现出明显的规律性：低浓度的 CO_2SM 制得的 $CaCO_3$ 颗粒形貌均一且晶相为方解石；随着

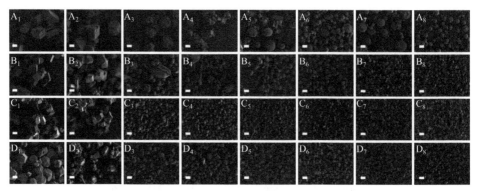

图 4-59　不同钙源在不同 CO_2SM 浓度下制备的 $CaCO_3$ 颗粒 SEM 照片

A、B、C 和 D 分别表示以 $CaCl_2$、$Ca(NO_3)_2$、$CaBr_2$ 和 Ca（Ac）$_2$ 为钙源；

1~8 表示 CO_2SM 浓度依次为 2.0g/L、4.0g/L、8.0g/L、12.0g/L、16.0g/L、

20.0g/L、40.0g/L 和 80.0g/L、100℃下水热 1h，图中的标尺为 $5\mu m$

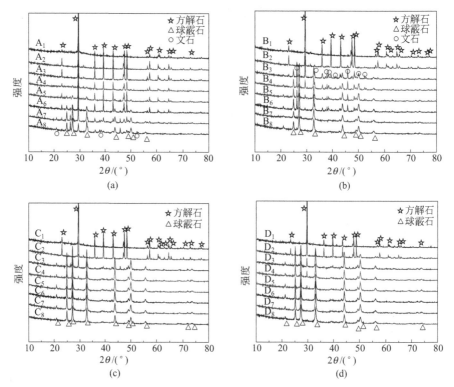

图 4-60　图 4-59 所示 $CaCO_3$ 颗粒 XRD 衍射图谱

CO_2SM 浓度的增大，方解石晶相的 $CaCO_3$ 所占比例逐渐减小，球霰石晶相所占比例逐渐增大。此外，形成纯球霰石晶相 $CaCO_3$ 所需 CO_2SM 用量为：$CaCl_2 > Ca(NO_3)_2 > CaBr_2 > CaAc_2$。

表 4-11　图 4-60 所示 $CaCO_3$ 颗粒晶相组成

样品序号	CO_2SM 浓度 /(g/L)	平均粒径 /μm	晶相组成/%			pH	电导率 /(mS/cm)
			方解石	文石	球霰石		
A_1	2.0	8.56	0.00	100.00	0.00	8.35	7.83
A_2	4.0	8.45	0.00	100.00	0.00	8.30	7.89
A_3	8.0	8.31	0.00	100.00	0.00	8.29	7.98
A_4	12.0	—	0.00	100.00	0.00	8.27	8.04
A_5	16.0	—	0.00	73.25	26.75	8.25	8.13
A_6	20.0	—	0.00	69.11	30.89	8.20	8.16
A_7	40.0	—	17.25	33.32	49.43	8.13	8.46
A_8	80.0	—	24.72	10.79	64.49	8.10	9.17
B_1	2.0	6.52	0.00	100.00	0.00	8.59	4.18
B_2	4.0	6.36	8.43	91.57	0.00	8.47	4.22
B_3	8.0	—	34.68	22.15	43.17	8.43	4.26
B_4	12.0	—	41.49	0.00	58.51	8.32	4.39
B_5	16.0	3.89×2.59	31.41	0.00	68.59	8.27	4.44
B_6	20.0	3.69×2.35	0.00	0.00	100.00	8.27	4.57
B_7	40.0	2.81×1.37	0.00	0.00	100.00	8.25	5.06
B_8	80.0	2.61×0.93	0.00	0.00	100.00	8.22	5.99
C_1	2.0	5.27	0.00	100.00	0.00	8.49	3.03
C_2	4.0	—	0.00	100.00	0.00	8.39	3.08
C_3	8.0	—	0.00	85.71	14.29	8.31	3.16
C_4	12.0	—	0.00	64.83	35.17	8.27	3.26
C_5	16.0	2.63×1.61	0.00	0.00	100.00	8.21	3.36
C_6	20.0	2.50×1.41	0.00	0.00	100.00	8.17	3.53
C_7	40.0	2.18×0.95	0.00	0.00	100.00	8.13	4.16
C_8	80.0	2.06×0.63	0.00	0.00	100.00	8.05	5.43
D_1	2.0	7.79	0.00	100.00	0.00	8.57	3.53
D_2	4.0	—	0.00	63.70	36.30	8.45	3.89
D_3	8.0	3.06×1.67	0.00	0.00	100.00	8.37	4.04
D_4	12.0	2.95×1.47	0.00	0.00	100.00	8.27	4.07
D_5	16.0	2.71×1.42	0.00	0.00	100.00	8.25	4.19
D_6	20.0	2.52×1.42	0.00	0.00	100.00	8.22	4.28
D_7	40.0	2.21×0.95	0.00	0.00	100.00	8.12	4.82
D_8	80.0	2.05×0.63	0.00	0.00	100.00	8.07	5.89

综上所述，CO_2SM 浓度对 $CaCO_3$ 颗粒的形貌、晶相以及尺寸均有很大影响。低浓度 CO_2SM 体系中形成的是形貌均一的纯方解石晶相块状颗粒，高浓度 CO_2SM 体系有利于球霰石晶相 $CaCO_3$ 的形成且所需 CO_2SM 用量不同。这说明，CO_2SM 和钙源的配基对 $CaCO_3$ 晶体的形成都有调控作用，调控作用与溶液中钙离子配体与 CO_2SM 的相对数目有关。事实上，方解石晶相是 $CaCO_3$ 热力学性质最稳定的结构，球霰石晶相 $CaCO_3$ 最不稳定，自然条件下球霰石晶相会快速地向方解石和文石晶相转化。不稳定的球霰石晶相之所以能够在高浓度 CO_2SM 体系中得到，是因为大量的 DEG-EDA 分子形成的微胶囊会在 $CaCO_3$ 晶体周围形成一层"保护膜"，抑制了 $CaCO_3$ 晶体的溶解再结晶过程。

（2）水热温度对 $CaCO_3$ 结晶的影响

为探究水热反应温度对 $CaCO_3$ 晶体的影响，选取图 4-59 中 A_1、B_1、B_6、

B_8、C_1、C_6、C_8、D_1、D_6 和 D_8 等 10 种形貌均一的样品进行下一步考察，其 SEM 照片和 XRD 衍射图谱分别见图 4-61 和图 4-62。

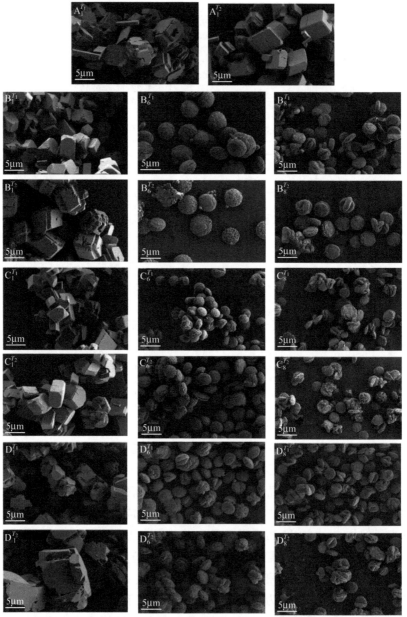

图 4-61　不同钙源在不同水热温度下制备的 10 种 $CaCO_3$ 颗粒进一步反应后的 SEM 照片
字母 A、B、C 和 D 分别表示以 $CaCl_2$、$Ca(NO_3)_2$、$CaBr_2$ 和 $Ca(Ac)_2$ 为钙源；
下角标 1、6 和 8 表示 CO_2SM 浓度依次为 2.0g/L、20.0g/L 和 80.0g/L；
上角标 T_1 与 T_2 分别表示水热温度为 80℃ 和 150℃；水热时间 1h

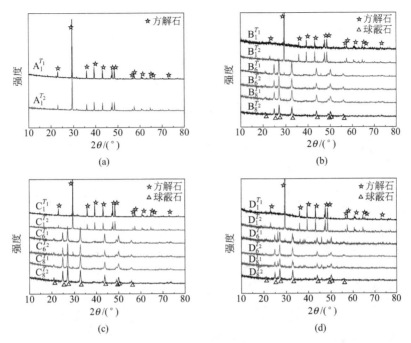

图 4-62　10 种图 4-62 所示 $CaCO_3$ 颗粒 XRD 衍射图谱

由图 4-61 可知，随着反应温度的升高，$CaCO_3$ 颗粒的形貌并未发生明显变化。反应温度的升高虽然对 $CaCO_3$ 形貌无明显影响，但导致了晶体尺寸的增大。因为在结晶系统中，过饱和度是结晶过程的推动力，温度上升会导致过饱和度的下降进一步导致成核速率的减缓，使得晶体生长速率更加缓慢从而有助于尺寸的增大。此外，温度对 $CaCO_3$ 样品尺寸的影响程度符合上一章以 $Ca(OH)_2$ 为钙源得出的规律，即对低 CO_2SM 浓度体系（样品 A_1、B_1、C_1 和 D_1）的影响程度比高 CO_2SM 浓度体系（样品 B_6、B_8、C_6、C_8、D_6 和 D_8）影响程度大。例如，对于样品 B_1 和 B_6，当水热温度从 80℃ 上升到 150℃ 时，晶体的尺寸从 $6.38\mu m$（$B_1^{T_1}$）增长到了 $10.52\mu m$（$B_1^{T_2}$），增长幅度近 65%；样品 B_6 的晶体尺寸从 $3.45\times2.29\ \mu m$（$B_6^{T_1}$）增长到了 $4.00\times2.77\mu m$（$B_6^{T_2}$），增长幅度明显低于前者。由图 4-63 可知，升高水热温度并未导致 $CaCO_3$ 样品 XRD 衍射图谱的峰位置发生改变，说明 $CaCO_3$ 的晶相保持了相对稳定。

（3）水热时间对 $CaCO_3$ 结晶的影响

反应时间是晶体生长过程中的重要影响因素，研究进一步考察了水热时间对四种钙源制备 $CaCO_3$ 晶体的影响，其 SEM 照片和 XRD 衍射图谱分别见图 4-63 和图 4-64。

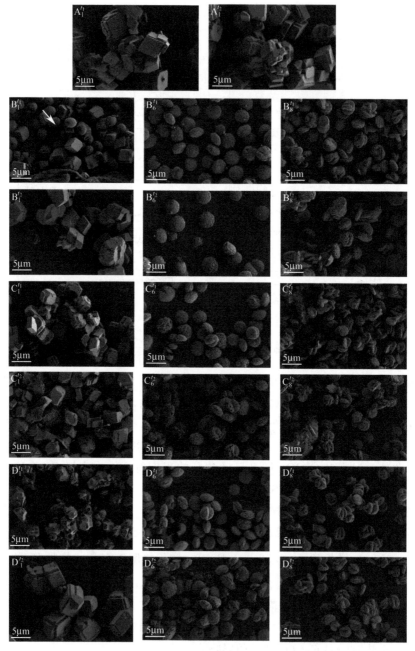

图 4-63　不同钙源在不同水热时间下制备的 $CaCO_3$ 颗粒 SEM 照片

字母 A、B、C 和 D 分别表示以 $CaCl_2$、$Ca(NO_3)_2$、$CaBr_2$ 和 $Ca(Ac)_2$ 为钙源；

下角标 1、6 和 8 表示 CO_2SM 浓度依次为 2.0g/L、20.0g/L 和 80.0g/L；

上角标 t_1 与 t_2 分别表示水热时间为 0.5h 和 6h；水热温度为 100℃

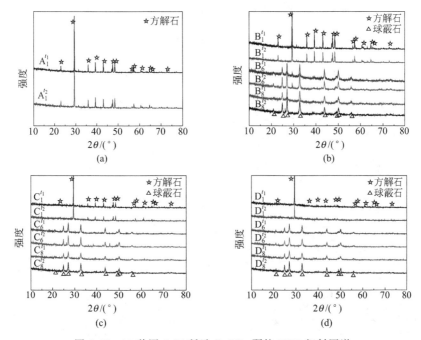

图 4-64　10 种图 4-64 所示 $CaCO_3$ 颗粒 XRD 衍射图谱

由样品的 SEM 照片（图 4-63）可知，对以 $Ca(NO_3)_2$ 和 $Ca(Ac)_2$ 为钙源制备的 $CaCO_3$ 样品（$B_1^{t_1}$、$B_1^{t_2}$）和（$D_1^{t_1}$、$D_1^{t_2}$），反应时间对 $CaCO_3$ 样品的形貌产生了明显影响。缩短反应时间，导致样品 $B_1^{t_1}$ 和 $D_1^{t_1}$ 出现了球形 $CaCO_3$（已在样品 $B_1^{t_1}$ 和 $D_1^{t_1}$ 中用箭头标注）；延长反应时间（$t=6.0h$），样品中的球形消失，转变为均一的块状。究其原因，是因为在晶体的生长过程中，晶体一直处于溶解-结晶的动态过程中，一开始虽没有形成均一的块状形貌，但是随着时间的延长，方解石晶相 $CaCO_3$ 的球形形貌逐渐溶解并向块状形貌转变，最终形成的是稳定方解石晶相 $CaCO_3$。对于以 $CaCl_2$ 和 $CaBr_2$ 制备的 $CaCO_3$ 样品，反应时间对形貌并未产生明显影响。

随着反应时间的延长，四种钙源制备的 $CaCO_3$ 样品尺寸均有明显的增加。结合 XRD 衍射图谱可知，反应时间对 $CaCO_3$ 样品的晶相未产生影响。这是因为体系受热力学控制[33]，在较短时间内（小于 0.5h），$CaCO_3$ 样品的成核过程就已经完成，反应时间的延长只有助于晶体的继续生长，对晶相没有影响。

（4）Ca^{2+} 浓度对 $CaCO_3$ 结晶的影响

研究继续考察了 Ca^{2+} 浓度对于 $CaCO_3$ 晶体的影响。不同钙源在不同 Ca^{2+} 浓度下制备的 $CaCO_3$ 颗粒 SEM 照片和 XRD 衍射图分别见图 4-65 和图 4-66。

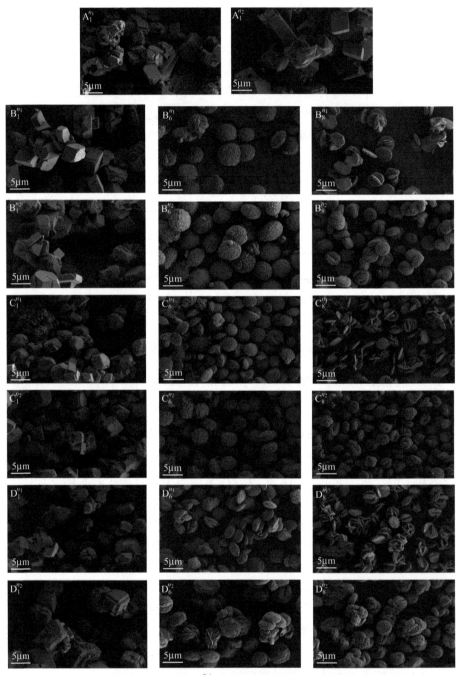

图 4-65　不同钙源在不同 Ca^{2+} 浓度下制备的 $CaCO_3$ 颗粒 SEM 照片

A、B、C 和 D 分别表示以 $CaCl_2$、$Ca(NO_3)_2$、$CaBr_2$ 和 $Ca(Ac)_2$ 为钙源；
下角标 1、6 和 8 表示 CO_2SM 浓度依次为 2.0g/L、20.0g/L 和 80.0g/L；上角标 n_1 与
n_2 分别表示 Ca^{2+} 浓度为 0.01mol/L 和 0.04mol/L；水热时间 1h，水热温度 100℃

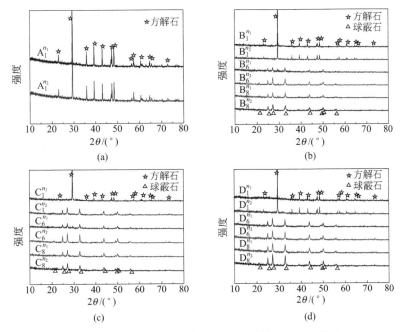

图 4-66　10 种图 4-65 所示 $CaCO_3$ 颗粒 XRD 衍射图

由图 4-65，Ca^{2+} 浓度的变化对高浓度 CO_2 SM 制得的 $CaCO_3$ 形貌有一定影响。可以明显看出，Ca^{2+} 浓度的增加，饼状 $CaCO_3$ 颗粒厚度增加，但直径却增加不明显甚至略有减小；Ca^{2+} 浓度减小，饼状 $CaCO_3$ 颗粒厚度明显变薄，形状趋于片状，同样颗粒的直径变化也不明显。对于椭球形与块状 $CaCO_3$ 样品，晶体形貌变化随 Ca^{2+} 浓度变化不大，晶体尺寸随 Ca^{2+} 浓度的增大而增大。结合样品的 XRD 衍射图谱（图 4-66）可知，所有得到的 $CaCO_3$ 样品 XRD 特征衍射峰位置均未改变，说明其晶相不受 Ca^{2+} 浓度的影响。

（5）$CaCO_3$ 颗粒的性质

通过调节 CO_2 SM 的用量，在四种钙源体系中制得了形貌均一 $CaCO_3$ 样品。得到的 $CaCO_3$ 样品形貌主要为块状、椭球形和饼形。为进一步表征这三种形貌 $CaCO_3$ 的性质，选取图 4-60 所示 D_1、D_6 和 D_8 三种特征样品进行了 HR-TEM、TGA-DSC 和 N_2 吸附脱附表征。

① HR-TEM 分析　由图 4-67 可知，样品 D_6 边缘呈明显锯齿状，样品 D_8 边缘较为粗糙。结合 SEM 图分析，样品 D_6 和 D_8 皆为小颗粒堆积而成。样品 D_1 边缘清晰平整，粒径为 $4.15\mu m \times 3.05\mu m$。由 $CaCO_3$ 样品的 HR-TEM 图可知，样品 D_1 中 $0.30nm$ 的晶面对应方解石晶相的（104）晶面，样品 D_6 和 D_8

的 0.28nm 对应球霰石晶相 $CaCO_3$ 的（102）晶面。

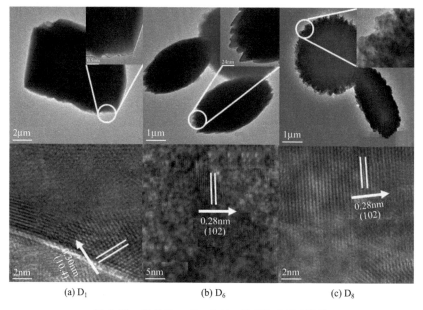

(a) D_1 (b) D_6 (c) D_8

图 4-67 样品 D_1、D_6 和 D_8 的 HR-TEM 照片

② TGA-DSC 分析　由图 4-68 可知，3 种 $CaCO_3$ 样品的失重分为两个阶段。样品 D_1 在 50～600℃ 范围内为第一阶段的失重，约为 5.5%，归因于 $CaCO_3$ 颗粒表面残留的水分和有机物的挥发或分解；600～850℃ 为第二阶段的失重（约为 44%），DSC 曲线显示有很强的吸热峰，归因于 $CaCO_3$ 的受热分解。

③ N_2 吸附-脱附分析　由图 4-69 可知，样品 D_6 和 D_8 的 N_2 吸附-脱附等温线存在明显的 H3 型滞留环，表明样品具有介孔结构。由 SEM 照片可以看出，样品 D_6 和 D_8 是由大量纳米级粒子构成，堆积形成了孔道结构，导致 N_2 在脱附过程中发生毛细管凝聚现象，在 N_2 吸附脱附等温线上产生滞留环结构。由 N_2 吸附-脱附等温线计算可知，样品 D_1、D_6 和 D_8 的比表面积分别为 $0.36m^2/g$、$12.91m^2/g$ 和 $14.60m^2/g$。此外，3 种样品的总孔体积分别为 0.0075mL/g、0.0612mL/g 和 0.0930mL/g，平均孔直径分别为 84.3nm、18.9nm 和 25.4nm，与 N_2 吸附-脱附等温线分析结果一致。

（6）小节

分别以 $CaCl_2$、$Ca(NO_3)_2$、$CaBr_2$、$CaAc_2$ 为钙源，探究了 DEG-EDA 基 CO_2SM 对不同钙源制备 $CaCO_3$ 粉体的调控作用，考察了水热温度、水热时间以及 Ca^{2+} 浓度对制备 $CaCO_3$ 粉体的影响。主要结论如下：

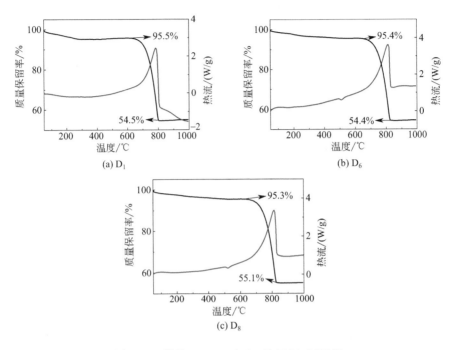

图 4-68　样品 D_1、D_6 和 D_8 的 TGA-DSC 图

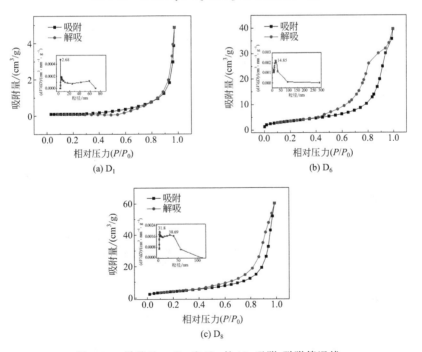

图 4-69　样品 D_1、D_6 和 D_8 的 N_2 吸附-脱附等温线

① CO_2SM 浓度对 $CaCO_3$ 粉体的形貌、晶相和尺寸影响很大。随着 CO_2SM 用量的增加，$CaCO_3$ 粉体的形貌逐渐由块状向饼状转变，晶相逐渐由方解石晶相型转化为球霰石晶相。不同钙源制备球霰石晶相 $CaCO_3$ 样品所需 CO_2SM 用量不同：$CaCl_2 > Ca(NO_3)_2 > CaBr_2 > CaAc_2$；

② 温度对 $CaCO_3$ 粉体尺寸有明显影响，温度升高平均粒径随之升高。温度对 $CaCO_3$ 粉体的形貌和晶相影响较小；

③ 延长水热时间，制备 $CaCO_3$ 粉体的平均粒径变大，晶相和形貌随时间变化不大；

④ Ca^{2+} 浓度对 $CaCO_3$ 粉体的影响主要体现在平均粒径上，对形貌和晶相影响不大；Ca^{2+} 浓度增大，平均粒径随之变大。

4.1.6 碳酸钙应用初探

（1）$CaCO_3$ 用作纸张添加剂

众所周知，沉淀碳酸钙（PCC）是一种大宗添加剂，广泛应用于纸张、油漆、油墨、食品、塑料和橡胶工业等领域。尤其是造纸工业，PCC 添加到纸制品中，可以提高纸张的光学性能、平滑度、可印刷性和成纸性。商品 PCC 具有针状、立方状、球形和纺锤状等特殊形貌，其中纺锤状 $CaCO_3$ 由于其架桥作用以及高体积、高透气性和高不透明性广泛用作纸张的填料。

采用纺锤状碳酸钙晶体作为纸张填料研究了 $CaCO_3$ 添加量对用于纸张白度的影响，捕集 CO_2 后用喷雾法制备 $CaCO_3$ 并用于纸张添加的工作如图 4-70[34]。制备的纸张样品的 SEM 图和 XRD 衍射图分别见图 4-71 和图 4-72。

图 4-70 喷雾法制备 $CaCO_3$ 粉体用于纸张添加

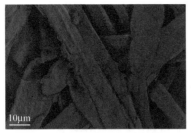
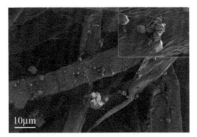

(a) 未添加CaCO₃粉体的纸张样品A　　　　　(b) 添加CaCO₃粉体的纸张样品B

图 4-71　制备的纸张样品的 SEM 照片

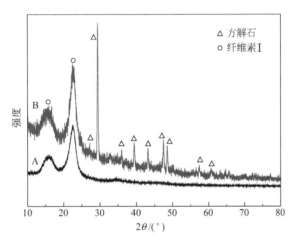

图 4-72　图 4-71 所示纸张样品的 XRD 衍射图谱

如图 4-71 所示，在纤维的表面和相交缝隙上能够明显观察到添加纺锤状填料的纸张表面附着有大量 $CaCO_3$ 粉体。由所制纸的 XRD 衍射图谱（图 4-72）可知，在样品 A 中，位于 15.6°和 22.5°处的衍射峰分别归属为纸张中纤维素Ⅰ的（101）和（002）晶面。样品 B 在 $2\theta = 23.00°$、$29.35°$、$35.88°$、$39.31°$、$43.05°$、$47.45°$、$48.43°$、$57.23°$ 和 $60.53°$ 处出现新的衍射峰，与方解石晶相 $CaCO_3$ 的晶面相对应。

图 4-73 为图 4-71 所示纸张样品及市售纸张样品白度对比。用荧光白度仪测定 A 纸和 B 纸的 R475 蓝光白度分别为 77.3 和 80.6，可知 B 纸的白度高于 A 纸。A 纸白度接近市售纸张，B 纸白度在添加 $CaCO_3$ 粉体后明显提高。

样品 A、B 中 $CaCO_3$ 含量由 TGA 测定，如图 4-74。由 TGA-DSC 曲线可知，在 50～250℃下，样品 A 的失重率约为 3.8%，归属为纸张的吸附水；随后，最大失重（约 70.3%）发生在 250～380℃之间，伴有明显放热峰，归属为纸张中纤维素的分解[34]。与样品 A 相比，样品 B 在 640～900℃时的失重率为

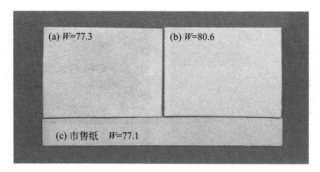

图 4-73　图 4-71 所示纸张样品及市售纸张白度对比

(a) 样品 A；(b) 样品 B；(c) 市售纸张

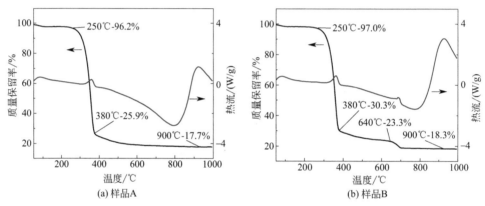

图 4-74　图 4-71 所示纸张样品的 TGA-DSC 曲线

5%，这是由 $CaCO_3$ 分解成 CaO 和 CO_2 所致。因此，根据 TGA 曲线计算可知，实际添加的 $CaCO_3$ 填料量为 11.4%。

(2) $CaCO_3$ 转化 CaO 用于 CO_2 吸附研究

随着全球工业化进程不断加快，化石燃料等能源的消耗随之增多，CO_2 的排放也随之增加。CO_2 排放是全球变暖和气候变化的主要原因。已经研制出多种解决方法，CaO 粉末作为 CO_2 捕获的一种优良固体吸附剂，可与 CO_2 反应生成 $CaCO_3$（$CaO + CO_2 \rightleftharpoons CaCO_3$），实现 CO_2 的高效捕获。因此，已经开发了许多用于生产 CaO 的先进技术，例如 PCC[35]、干行星球磨法[36]、自组装模板合成（SATS）[37] 和溶胶-凝胶法[38]。其中焙烧 $CaCO_3$ 前驱体可以产生高度热稳定的 CaO 晶体，具有优异的活性。然而，$CaCO_3$ 前驱体的合成通常需要模板或添加剂，延长反应过程[39]。

称取一定质量的 CO_2SM 置于水热反应釜中，移取配制好的澄清 $Ca(OH)_2$ 饱和溶液注入到反应釜中，搅拌均匀；密闭反应釜，放入烘箱，100℃下反应

2h。反应结束后，对釜内反应物抽滤并洗涤 3 次即得到 $CaCO_3$ 沉淀。然后将其置于烘箱中 120℃烘干 2h 制得 $CaCO_3$。将其通过程序升温的方式加以焙烧，为防止 CaO 晶体在降温过程中吸收空气中的 CO_2 和水分，焙烧仪器选用管式炉（N_2 作为保护气），焙烧温度 1000℃，焙烧时间 3h，升温速率 5℃/min，可制得 CaO 并用于 CO_2 吸附，如图 4-75[20]。

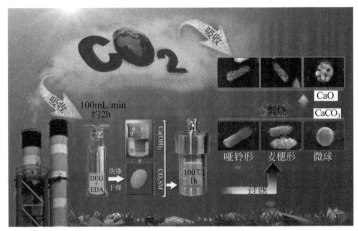

图 4-75　CO_2 SM 调控制备 $CaCO_3$ 转化为 CaO 用于 CO_2 吸附流程

　　CaO 吸附 CO_2 穿透曲线测定可于如图 4-76 装置中进行。在进行穿透曲线测定前，需要对 CaO 样品进行预处理：将制备的样品置于真空干燥箱中，120℃下干燥 4h。称取 2.0g 经预处理后的 CaO 样品，置于 U 形管中。装填完成后在 U 形管的出气口处用少量棉花塞住，防止在测定过程中 CaO 样品随气流冲出。然后把入口端和出口端分别与钢瓶气和 CO_2 检测器相连，测定时同时打开气阀并

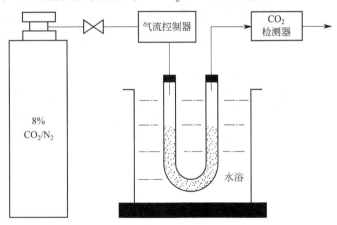

图 4-76　CO_2 吸附实验装置图

记录 CO_2 浓度。8% CO_2 气体流速用质量流量计控制在 30mL/min，CO_2 检测装置用来测定出气口的 CO_2 含量，每 1 s 采集 1 次数据点。吸附过程完成后，通过记录的数据即可计算样品的吸附量，如式(4-4) 所示[40]。

$$q = \frac{vM}{V_m m} \int_0^t (C_0 - C_t)\, \mathrm{d}t \tag{4-4}$$

式中　q——氧化钙对 CO_2 的吸附量，mg/g；

　　　v——CO_2 的流速，mL/min；

　　　M——CO_2 的摩尔质量，g/mol；

　　　m——氧化钙的质量，g；

　　　V_m——理想气体的摩尔体积，22.4L/mol；

　　　C_0——入口气 CO_2 体积分数，%；

　　　C_t——出口气体 CO_2 体积分数，%。

　　　t——吸收时间，min。

通过无模板法水热合成的方式对 $CaCO_3$ 晶体进行制备，制得形貌均一、晶型可控的 $CaCO_3$ 颗粒样品 A_{113}～F_{113}，其 TEM 照片 HR-TEM 照片和 SAED 图，如图 4-77 所示。在此过程中，CO_2SM 既为 $CaCO_3$ 的生成提供碳源，又在

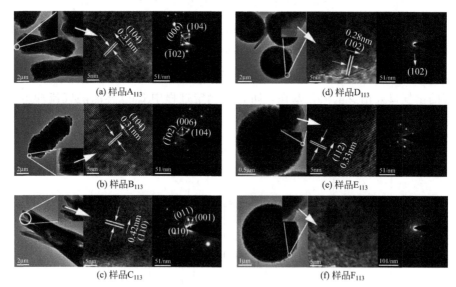

(a) 样品A_{113}　　　　　　　　　　(d) 样品D_{113}

(b) 样品B_{113}　　　　　　　　　　(e) 样品E_{113}

(c) 样品C_{113}　　　　　　　　　　(f) 样品F_{113}

图 4-77　以饱和 $Ca(OH)_2$ 为钙源在不同 CO_2SM 浓度下制得 $CaCO_3$ 微粒样品的 TEM 照片（左）、HR-TEM 照片（中）和 SAED 图（右）

样品 A_{113}、B_{113}、C_{113}、D_{113}、E_{113} 和 F_{113} 的 CO_2SM 用量

分别为：1.5g/L；3.0g/L；5.0g/L；12.0g/L；20.0g/L；40.0g/L

反应条件：100℃、1.0h

样品 A_{113} 和 B_{113} 电子束沿晶体的 [010] 晶带轴，样品 C_{113} 沿晶体的 [100] 晶带轴

$CaCO_3$ 晶体生长过程中发挥了晶体调节剂的作用。各样品分别为哑铃形（样品 A_{113}）、麦穗形（样品 B_{113}）、捆绑形（样品 C_{113}）和球形（样品 $D_{113}\sim E_{113}$）。球形 $CaCO_3$ 粉体皆由大量纳米粒子堆积而成。图 4-77 所示 HR-TEM 照片中：标注为 0.31nm 的晶面对应方解石晶相的（104）晶面；0.42nm 晶面对应文石晶相的（110）晶面；0.28nm 和 0.33nm 的晶面对应球霰石晶相的（102）和（112）晶面。

　　分别以制得的哑铃形、麦穗形和球形 $CaCO_3$ 为前驱体，通过程序升温焙烧的方式得到了 CaO 样品 G′、H′、I′，如图 4-78 和图 4-79 所示。样品 G′、H′、I′ 的比表面积分别为 3.11m^2/g、3.61m^2/g、3.62m^2/g，总孔体积分别为 0.0146cm^3/g、0.0116cm^3/g、0.0107cm^3/g，开展了 CaO 样品在常温常压下吸附模拟烟气的研究。

(a) 样品G′　　　　　　　　(b) 样品H′　　　　　　　　(c) 样品I′

图 4-78　分别以哑铃形、麦穗形和球形 $CaCO_3$ 制备出的 CaO 样品 SEM 照片

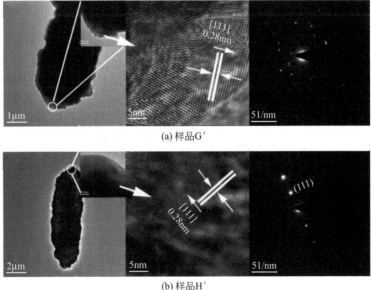

(a) 样品G′

(b) 样品H′

图 4-79

(c) 样品 I′

图 4-79　CaO 样品 G′、H′、I′ 的 TEM 照片（左）、HR-TEM 照片（中）和 SAED 图（右）

CaO 的吸附过程在 25℃ 常压下进行，CO_2 气体浓度为 8%，气体流速为 30mL/min。由图 4-80 可知，样品 G′ 的吸附曲线在 0～66s 内出口的 CO_2 气体浓度为 0%，说明通入的 CO_2 气体被 CaO 完全吸附；66s 后 CO_2 气体浓度逐渐上升，说明 CaO 对 CO_2 的吸附量逐渐达到饱和；300s 后穿透曲线逐步趋于平缓，此时样品管内 CaO 已经达到对 CO_2 的最大吸附量。样品 H′ 和样品 I′ 的穿透曲线趋势与样品 G′ 类似。经计算 G′、H′、I′ 三种样品的 CO_2 吸附量依次为 14.67mg/g CaO、16.32mg/g CaO 和 7.50mg CO_2/g CaO。棒状的 CaO（G′、

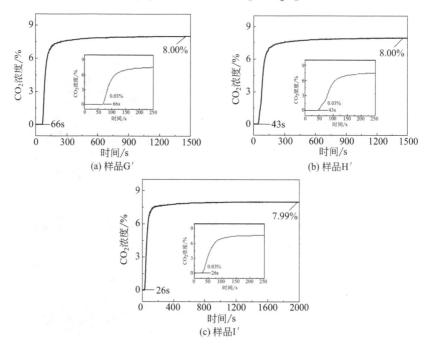

图 4-80　常压下氧化钙晶体样品 G′、H′、I′ 对气体流速为 30mL/min 的 8% CO_2 气体的穿透曲线
（中间的曲线为穿透曲线的局部放大图）

H′) 吸附量明显高于块状 CaO（I′），这是因为棒状 CaO 含有更多的孔结构，而块状 CaO 结构紧密，不利于 CO_2 的吸附。

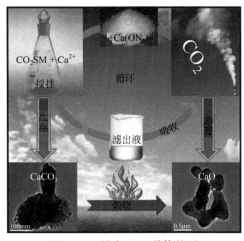

考虑到增加 CaO 的制备量，接下来采用了搅拌法制备前驱体，通过煅烧方式制得 CaO 样品 J′，并用于 CO_2 的吸附研究，如图 4-81 所示。通过 CO_2SM 与 $Ca(NO_3)_2$ 的反应制备形态可控的 $CaCO_3$ 前驱体。制备的 $CaCO_3$ 前驱体在 900℃下焙烧 2h 制备 CaO 晶体，在 700℃ 和 0.1MPa 下具有高达 17.18mmol/g 的 CO_2 捕获能力。

图 4-81　纳米 CaO 晶体的可控制备及对 CO_2 的吸附

制得的 CaO 样品的表面碱度由 CO_2 的 TPD（程序升温脱附）法测量。在图 4-82 中，671.2℃处出现解吸峰，归因于 CO_2 与 CaO 表面的强碱基位点发生了相互作用[41]。这些强碱基位点主要来源于与 Ca^{2+}—O^{2-} 键相关的孤立或低配位的氧离子，随着温度升高，碱基数量增加[42]。通过解吸峰的面积计算 CaO 样品 J′ 在不同温度（室温、50℃、600℃、700℃ 和 800℃）下吸收 CO_2 的量分别为 1.83mmol/g、2.2mmol/g、12.31mmol/g、17.18mmol/g 和 11.70mmol/g。可知高温不会使 CaO 样品失活，还能提高 CaO 样品对 CO_2 的吸附性能。

图 4-83 是在 700℃下，由 CaO 样品循环 6 次的 CO_2-TPD 曲线。随着循环次数的增加，CaO 样品对 CO_2 的吸附能力逐渐减弱。循环 6 次后，CaO 样品对 CO_2 的吸附能力仍然高达 5.91mmol/g。这是由高温处理过程中碳的沉积导致 CaO 样品的活性降低[43]。

（3）用于金属离子的吸附研究

生态环境污染是当前亟待解决的问题，特别是固体废物造成的土壤污染、水污染和空气污染引起了广泛关注。电石渣是一种钙源丰富

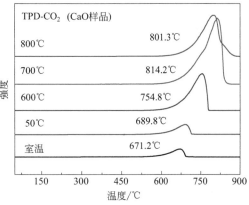

图 4-82　CaO 样品的 CO_2-TPD 曲线

的固体废弃物［约含 90%（质量分数）Ca(OH)₂］，近年来电石渣的处理与资源化利用受到广泛关注。目前，只有部分电石渣被回收为低附加值的石灰原料。约 2.5×10^4 kt 电石渣被露天堆放或填埋，不仅造成钙源的浪费，而且间接造成环境污染，因此迫切需要开发一种绿色可持续的大量消耗电石渣的方法。

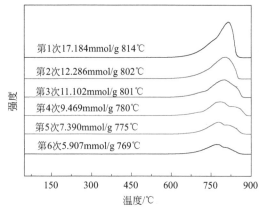

图 4-83　700℃下 CaO 样品循环 6 次的 CO₂-TPD 曲线

先前的工作[44,45] 开发了一种新的方法来捕获 CO_2 并利用储存材料来制备 $CaCO_3$ 粉体，其中 $CaCO_3$ 微球可以通过水热法来制备，然而，该方法要求温度高达 90～130℃，反应时间长达 60～180min。与水热法相比，超声波法在反应温度和时间方面具有重要优势。因此，从绿色和可持续的角度考虑，采用超声波法，在较温和的条件下用电石渣和 CO_2SM 制备 $CaCO_3$ 粉体具有重要意义。

$CaCO_3$ 粉体是最便宜的材料之一，在去除金属离子方面已经引起了广泛的关注。本文用电石渣和 CO_2SM 通过超声波法成功地制备了形貌和晶型可控的纳米 $CaCO_3$。采用 FTIR、XRD、SEM、TEM、TGA、XPS 等现代仪器对制备的纳米 $CaCO_3$ 晶体进行了表征，确证制备的纳米 $CaCO_3$ 晶体为纯球霰石晶相，约为 920nm 的均匀微球颗粒，最小颗粒尺寸为 66nm。更重要的是，滤液经 4 次循环制备后仍能得到形貌均一的 $CaCO_3$ 粉体。

同时，利用电石渣制备的 $CaCO_3$ 样品可在 25℃下有效地吸附的 4 种金属离子 Cu^{2+}、Cd^{2+}、Pb^{2+}、Co^{2+}，这些金属离子是金属电镀工业、采矿作业、电池工业和造纸工业、废水中常见的具有毒性、持久性和生物积累性的污染物。本工作中对 4 种金属离子的吸附量明显优于文献值[46]，为利用电石渣和 CO_2 实现对 Cu^{2+}、Cd^{2+}、Pb^{2+} 和 Co^{2+} 的有效去除提供了一种新的方法。

（4）金属离子吸附的研究

将一定量的 CdCl₂、PbCl₂、CuCl₂ 和 CoCl₂ 溶于水中得到 400g/mL 的离子溶液。将 150mL 制备好的离子溶液置于恒温摇床上 0.5h，达到热平衡。然后，向吸附离子中加入 0.02g 的纳米 $CaCO_3$，在 25℃下，转速 200 r/min 反应 24h，计算均值得到吸附值。吸附量（Q_e）计算：

$$Q_e = (C_o - C_e)V/m$$

式中，Q_e 为吸附剂的吸附量，mg/g；C_o 为初始浓度，mg/L，C_e 为离子溶液的平衡浓度，mg/L；V 为测量溶液的体积，L；m 为吸附剂 $CaCO_3$ 的质量，g。

（5）电石渣基 $CaCO_3$ 吸附金属离子

配制了 $400\mu g/mL$ 的 Cu^{2+}、Cd^{2+}、Pb^{2+} 和 Co^{2+} 4 种金属离子溶液以研究电石渣基 $CaCO_3$ 样品的吸附性能。

表 4-12 中为 $25℃$ 下电石渣基 $CaCO_3$ 样品作为吸附剂对四种金属离子的吸附能力。其中，电石渣基 $CaCO_3$ 样品对 Cu^{2+}、Cd^{2+}、Pb^{2+} 和 Co^{2+} 四种金属离子溶液的吸附量分别为 664.6 mg/g、2207.4 mg/g、676.9 mg/g 和 503.3 mg/g，吸附效果明显优于文献值。

表 4-12 25℃ 下电石渣基 $CaCO_3$ 样品对 Cu^{2+}、Cd^{2+}、Pd^{2+} 和 Co^{2+} 的吸附性能

项目	Cu^{2+}	Cd^{2+}	Pb^{2+}	Co^{2+}
吸附量实验值(25℃)/(mg/g)	664.6	2207.4	676.9	503.3
吸附量文献值(25℃)/(mg/g)	111.11[47]	65.2[48]	112.86[49]	104.5[50]
	126.9[47]	88.39[48]	106.19[49]	169.2[50]

纳米 $CaCO_3$ 对不同金属离子的吸附能力不同，这可能是由它们对纳米 $CaCO_3$ 表面的亲和力不同所致。$CaCO_3$ 对金属离子的吸附原则如下[47]：①M^{2+} 的离子半径越接近 Ca^{2+}，吸附能力越强。Cd^{2+} 和 Pb^{2+} 的离子半径大于 Co^{2+}，且更接近 Ca^{2+}（表 4-13），所以 Cd^{2+} 和 Pb^{2+} 的吸附能力高于 Co^{2+}。②金属离子的电负性越高，吸附越容易。Cu^{2+} 和 Pb^{2+} 的电负性大于 Co^{2+}（表 4-13），因此 Cu^{2+} 和 Pb^{2+} 的吸附能力高于 Co^{2+}。③吸附理论表明，金属离子水合物的溶解度越大，吸附能力越强。吸附 Pb^{2+} 的量较高（表 4-13）。吸附的 Pb^{2+} 本应高于 Cd^{2+}，而实际结果与上述理论相反。因此，$CaCO_3$ 对 Cu^{2+}、Pb^{2+}、Cd^{2+} 和 Co^{2+} 的吸附量不只由单一理论决定，而是受多种理论的影响。

表 4-13 金属离子的基本性质

金属离子	离子半径/pm	电负性	$M(OH)_2$ 的 K_{sp}
Pb^{2+}	120	2.33	$1.4×10^{-20}$
Cu^{2+}	72	1.90	$4.8×10^{-20}$
Co^{2+}	72	1.88	$1.6×10^{-15}$
Cd^{2+}	99	1.69	$5.3×10^{-15}$
Ca^{2+}	100	1.00	$5.5×10^{-6}$

4.2 二氧化碳储集材料调控制备纳米碳酸锶、钡及胺的导向作用

4.2.1 二氧化碳储集材料调控纳米碳酸锶的制备

碳酸锶是生产显像管、计算机显示器、工业监视器、电子元器件的重要原料，

广泛用于磁性材料、陶瓷、涂料的制造，涉及电子信息、化工轻工、陶瓷、冶金等多个行业。Zhang 等[51] 利用纳米尺寸的碳酸锶构建了一种化学发光传感器，该传感器结构简单、灵敏度高、稳定性好，对乙醇响应速度快，操作方便且不受汽油、氨和氢的干扰。Yamada 等[52] 发现 Co/$SrCO_3$ 催化剂对甲烷重整表现出较高催化活性。Wang 等[53] 利用双层状 $SrCO_3$/TiO_2 对染料敏化太阳能电池进行改性，修饰后的功率转换效率提高 20%，短路光电流提高 17%，开路光电电压提高 2%。

众所周知，特定的形貌、结构、尺寸、表面积和纯度会显著影响材料的性能。然而，我国碳酸锶的合成研究，尤其是具有纳米结构材料，已远远落后于性能研究。因此，科技工作者有必要系统地研究特定形貌、结构、尺寸的 $SrCO_3$ 晶体的可控制备。Hu 等[54] 采用阳离子表面活性剂-CTAB-微乳介导的溶剂热法成功地合成了棒状、晶须状、椭球状、球状等不同形貌的 $SrCO_3$ 纳米结构。Sondi 和 Matijević[55] 在锶盐溶液中利用酶催化尿素水解成功制得碳酸锶微球。Yu 等[56] 采用室温陈化法通过调节苯乙烯-马来酸（PSMA）表面活性剂浓度实现 $SrCO_3$ 颗粒从束状-哑铃状-理想球状形态演变。Zhu 等[57] 在乙二胺四乙酸（EDTA）添加剂存在下实现了层状介孔 $SrCO_3$ 亚微米球的"棒状-哑铃状-球形"自组装过程。Du 等[58] 利用 1,1,3,3-四甲基胍乳酸室温离子液体制备了介孔 $SrCO_3$ 微球。Wang 等[59] 在 $SrCrO_4$ 纳米线转换的基础上利用室温陈化法合成制备了 $SrCO_3$ 超级结构。由此得出，若想获得不同形貌、结构、尺寸的碳酸锶晶体，在合成过程中须借助外界添加剂。基于我组前期工作，利用 CO_2SM 则无需借助外界添加剂的辅助即可实现 $SrCO_3$ 晶体的可控制备[60]，如图 4-84 所示。

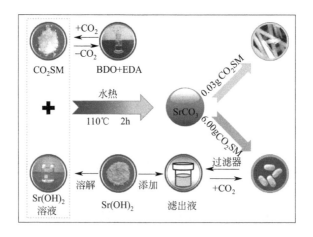

图 4-84　CO_2SM 可控、循环制备 $SrCO_3$ 晶体

（1）CO_2SM 浓度的影响

不同 CO_2SM 浓度下 $SrCO_3$ 晶体样品的 SEM 图见图 4-85。由图 4-85 可知，改变 CO_2SM 浓度可制得不同形貌的 $SrCO_3$ 晶体。当 CO_2SM 浓度为 0.6g/L 时，所得 $SrCO_3$ 晶体样品的形貌大多数呈杆状并伴有少量杆状聚集体，这些杆状 $SrCO_3$ 晶体的最大直径为 1.30μm，最大长度为 14.44μm [图 4-85（a）]。当 CO_2SM 浓度增大至 2g/L 和 6g/L 时，单独的杆状 $SrCO_3$ 晶体已不存在，所得 $SrCO_3$ 晶体均为杆状聚集体 [图 4-85（b）、（c）]，并制得花簇状 $SrCO_3$ 晶体 [图 4-85（b）]。这些聚集体的长度约为 9.26μm，其直径在 2.96～3.15μm 范围内变化。随 CO_2SM 浓度增大至 10g/L 时，可制得单分散性良好的椭球状 $SrCO_3$ 晶体，最大尺寸为 6.48μm×3.33μm [图 4-85（d）]。继续将 CO_2SM 浓度增大为

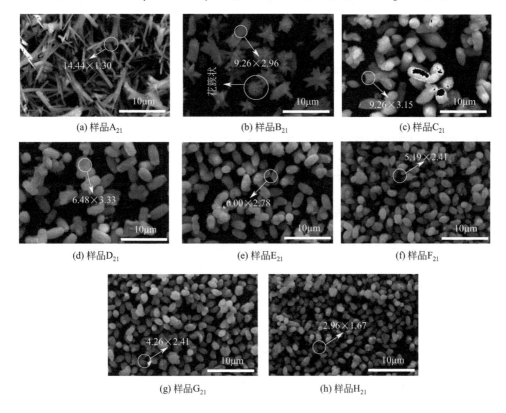

图 4-85　不同 CO_2SM 浓度下 $SrCO_3$ 晶体样品的 SEM 图

CO_2SM 浓度：样品 A_{21}，0.6g/L；样品 B_{21}，2g/L；样品 C_{21}，6g/L；样品 D_{21}，10g/L；

样品 E_{21}，20g/L；样品 F_{21}，40g/L；样品 G_{21}，80g/L；样品 H_{21}，120g/L

反应条件：110℃、2h、50mL 0.01mol/L $Sr(OH)_2$ 溶液

20g/L、40g/L、80g/L 以及 120g/L，所得 $SrCO_3$ 晶体均为椭球状，最大尺寸却从 $5.00\mu m \times 2.78\mu m$ 减小至 $2.96\mu m \times 1.67\mu m$ ［图 4-85(e)~(h)］。值得注意的是，$SrCO_3$ 晶体在 120g/L CO_2SM 浓度下尺寸最小 ［图 4-85(h)］，这源于体系中 EDA、BDO 的分散作用随其量的增多而增强，进一步说明了 CO_2SM 可调控制备 $SrCO_3$ 晶体。

图 4-85 所示 $SrCO_3$ 晶体样品的 XRD 和 FTIR 谱图如图 4-86 所示。图 4-86 (a) 中强而尖锐的衍射峰表明所得 $SrCO_3$ 晶体具有良好的结晶度。同时，XRD 谱图中未见其他杂质的特征峰，表明制得的 $SrCO_3$ 晶体具有很高的相纯度。更为重要的是，所有的衍射峰均为菱锶矿，并可由 FTIR 进一步证明。如图 4-86 (b) 所示，$1470cm^{-1}$ 处的特征峰归属为 $SrCO_3$ 中 C—O 不对称伸缩振动，$858cm^{-1}$ 和 $702cm^{-1}$ 两处的特征峰归属为 $SrCO_3$ 中 C—O 面外弯曲振动和面内弯曲振动。另外，$1070cm^{-1}$ 处的特征峰归属为 $SrCO_3$ 中 C—O 对称伸缩振动。这些结果表明不同 CO_2SM 浓度下所得 $SrCO_3$ 晶体均属于典型的菱锶矿结构。此外，FTIR 谱图中 $2930cm^{-1}$ 和 $2860cm^{-1}$ 可归属为亚甲基中 C—H 伸缩振动，$3430cm^{-1}$ 可归属为羟基伸缩振动，这意味着 EDA 和/或 BDO 已吸附在 $SrCO_3$ 晶体表面。

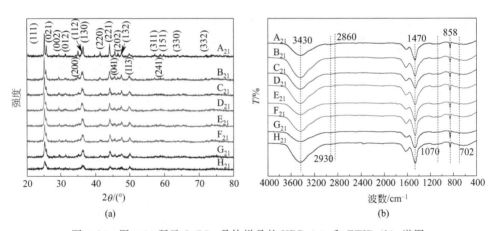

图 4-86　图 4-85 所示 $SrCO_3$ 晶体样品的 XRD (a) 和 FTIR (b) 谱图

从图 4-85 和图 4-86 可以看出，CO_2SM 浓度在调控 $SrCO_3$ 晶体形貌、结构等方面有着重要作用。特别地，在 0.6g/L 的低 CO_2SM 浓度下获得均一的杆状 $SrCO_3$ 晶体；在 120g/L 的高 CO_2SM 浓度下获得均一的椭球状 $SrCO_3$ 晶体。对于制备 $SrCO_3$ 晶体来说，CO_2SM 中的 CO_2 不可或缺，分解出的 EDA 和/或 BDO 可作为反应体系中的分散剂、结构导向剂。此外，EDA 和 BDO 与 $SrCO_3$ 之间的强静电相互作用不可忽视[60]，故 EDA 和 BDO 可容易地吸附在 $SrCO_3$ 晶体表面，这可由 FTIR 中 $3430cm^{-1}$、$2930cm^{-1}$、$2860cm^{-1}$ 处特征峰证明［图 4-86（b）］。

（2）温度的影响

如图 4-87 所示，温度对低 CO_2SM 浓度下制备的杆状 $SrCO_3$ 晶体形貌有一定的影响。80℃下所得 $SrCO_3$ 晶体以杆状居多，最大尺寸为 $8.33\mu m \times 1.67\mu m$ ［图 4-87（a）］。当温度从 90℃升高至 130℃时，$SrCO_3$ 晶体形貌仍以杆状为主 ［图 4-87（b）～（f）］。杆状 $SrCO_3$ 晶体的最大长度随温度升高从 $21.85\mu m$ 先减小至 $14.44\mu m$ 后增加至 $16.67\mu m$，但其直径几乎不随温度变化而大幅度改变。此外，相应的 XRD 和 FTIR 结果（图 4-88）表明所有 $SrCO_3$ 晶体的晶型均为典型的菱锶矿，不随温度变化而改变。

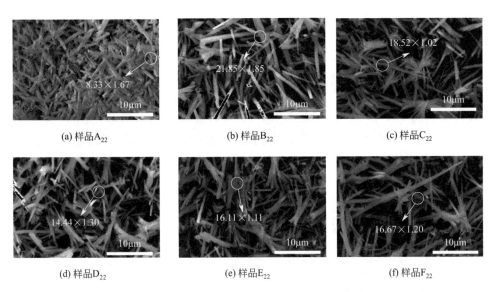

(a) 样品A_{22}　　　　　(b) 样品B_{22}　　　　　(c) 样品C_{22}

(d) 样品D_{22}　　　　　(e) 样品E_{22}　　　　　(f) 样品F_{22}

图 4-87　不同温度下低 CO_2SM 浓度时杆状 $SrCO_3$ 晶体样品的 SEM 图

温度：样品 A_{22}，80℃；样品 B_{22}，90℃；样品 C_{22}，100℃；

样品 D_{22}，110℃；样品 E_{22}，120℃；样品 F_{22}，130℃

反应条件：$0.6g/L$ CO_2SM，$2h$，$50mL$ $0.01mol/L$ $Sr(OH)_2$ 溶液

如图 4-89 所示，在高 CO_2SM 浓度下，$SrCO_3$ 晶体均呈现均一的椭球状形貌，直径约为 $1\sim2\mu m$，且不随温度变化而变化，但长度随温度升高呈先减小后增大趋势。

图 4-89 所示 $SrCO_3$ 晶体样品的 XRD 和 FTIR 结果如图 4-90 所示。从 XRD 谱图可以看出所有 $SrCO_3$ 晶体均可索引为典型的斜方晶系，并可由 FTIR 进一步证明，所有 $SrCO_3$ 晶体均有 $702cm^{-1}$、$856cm^{-1}$、$1070cm^{-1}$、$1470cm^{-1}$ 特

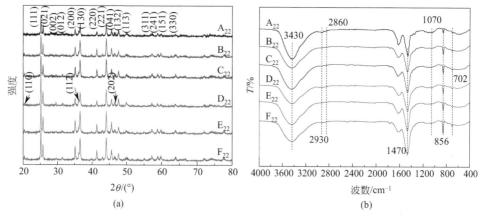

图 4-88 图 4-87 所示 $SrCO_3$ 晶体样品的 XRD（a）和 FTIR（b）谱图

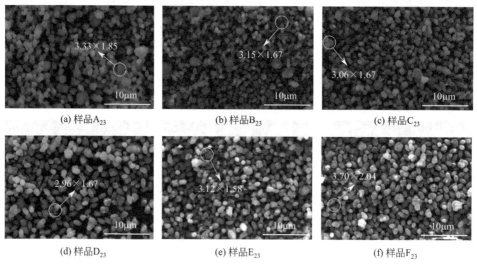

(a) 样品 A_{23} (b) 样品 B_{23} (c) 样品 C_{23}

(d) 样品 D_{23} (e) 样品 E_{23} (f) 样品 F_{23}

图 4-89 不同温度下高 CO_2 SM 浓度时椭球状 $SrCO_3$ 晶体的 SEM 图

温度：样品 A_{23}，80℃；样品 B_{23}，90℃；样品 C_{23}，100℃；样品 D_{23}，110℃；

样品 E_{23}，120℃；样品 F_{23}，130℃

反应条件：120g/L CO_2 SM、2h、50mL 0.01mol/L $Sr(OH)_2$ 溶液

征峰，归属于菱锶矿型 $SrCO_3$ 晶体。

从 SEM 结果可以发现，温度对 $SrCO_3$ 晶体形貌有一定的影响，尤其是低浓度下制备的杆状晶体，且尺寸随温度变化而改变。XRD 和 FTIR 结果表明温度对晶型几乎没有影响。众所周知，成核过程往往发生在过饱和溶液中，且过饱和度随温度升高而减小。随反应温度升高，体系中 CO_2（g）溶解度逐渐降低，这使得 CO_2 难以转换为 CO_3^{2-}，致使大量的 Sr^{2+} 包围少量的 CO_3^{2-}，形成小颗粒

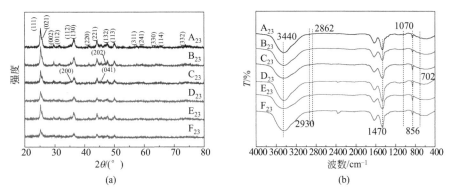

图 4-90　图 4-89 所示 $SrCO_3$ 晶体样品的 XRD(a) 和 FTIR(b) 谱图

晶体。

（3）反应时间的影响

不同反应时间下杆状 $SrCO_3$ 晶体的 SEM 图见图 4-91。由图 4-91 可知，反应时间对杆状 $SrCO_3$ 晶体形貌无明显影响，但对尺寸大小有影响。杆状 $SrCO_3$ 晶体在 0.5h 之前就已形成。继续增加反应时间至 1h、2h、3h、5h 甚至 10h，$SrCO_3$ 晶体的形貌仍是杆状。杆状 $SrCO_3$ 晶体的长度随时间延长而增加，而直径几乎不变。

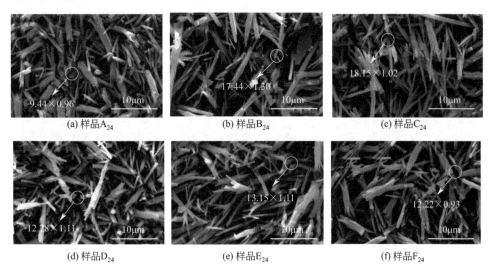

图 4-91　不同时间下杆状 $SrCO_3$ 晶体样品的 SEM 图

反应时间：样品 A_{24}，0.5h；样品 B_{24}，1h；样品 C_{24}，2h；样品 D_{24}，3h；样品 E_{24}，5h；样品 F_{24}，10h

反应条件：0.6g/L CO_2SM 110℃ 50mL 0.01mol/L $Sr(OH)_2$ 溶液

图 4-92 为图 4-91 所示 $SrCO_3$ 晶体的 XRD 和 FTIR 结果。XRD 结果 [图 4-92(a)] 表明所有样品的晶型均为菱锶矿。同时，所有 $SrCO_3$ 晶体在 FTIR 谱图中均有 698cm^{-1}、856cm^{-1}、1050cm^{-1}、1470cm^{-1} 特征峰，进一步证实 $SrCO_3$ 晶体的为菱锶矿 [图 4-92(b)]。

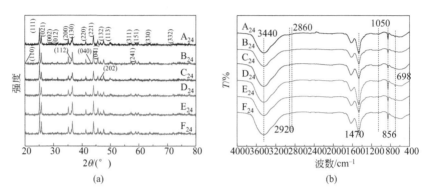

图 4-92　图 4-91 所示 $SrCO_3$ 晶体样品的 XRD（a）和 FTIR（b）谱图

不同反应时间下椭球状 $SrCO_3$ 晶体的 SEM 图见图 4-93。由图 4-93 可知，椭球状 $SrCO_3$ 晶体的形貌和尺寸在所有时间下不发生变化。XRD 和 FTIR 结果（图 4-94）表明椭球状 $SrCO_3$ 晶体晶型均为菱锶矿。

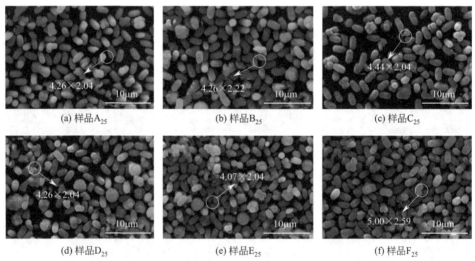

图 4-93　不同时间下椭球状 $SrCO_3$ 晶体的 SEM 图

反应时间：样品 A_{25}，0.5h；样品 B_{25}，1h；样品 C_{25}，2h；样品 D_{25}，3h；

样品 E_{25}，5h；样品 F_{25}，10h

反应条件：120g/L CO_2SM、110℃、50mL 0.01mol/L $Sr(OH)_2$ 溶液

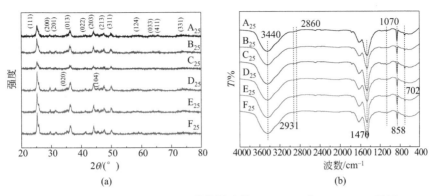

图 4-94　图 4-93 所示 SrCO$_3$ 晶体样品的 XRD（a）和 FTIR（b）谱图

上述结果表明，改变时间对杆状、椭球状的 SrCO$_3$ 晶体的形貌和晶型几乎没有影响，这可归因于晶体的快速成核速率。也就是说，SrCO$_3$ 晶体在 0.5h 或 0.5h 之前就已完成成核过程。随后，时间的延长只会有助于 SrCO$_3$ 晶体增长而不会影响其形貌和晶型。

（4）杆状和椭球状 SrCO$_3$ 晶体的性质

SrCO$_3$ 晶体的 HR-TEM 图见图 4-95。由图 4-95 可知，2 种 SrCO$_3$ 晶体均有清晰、有序的晶格，具有良好的结晶度。图 4-95（a）为杆状 SrCO$_3$ 晶体的 HR-TEM 图，晶格间距为 3.37Å，对应于菱锶矿的（111）晶面，与 XRD 结果相一致。椭球形 SrCO$_3$ 晶体 [图 4-95（b）]，3.40Å 的晶格间距可归属为菱锶矿的（111）晶面。

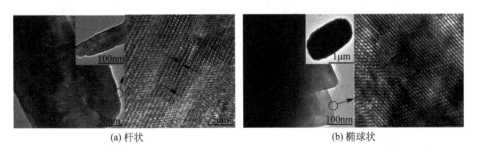

(a) 杆状　　　　　　　　　　　　(b) 椭球状

图 4-95　SrCO$_3$ 晶体的 HR-TEM 图

SrCO$_3$ 晶体的 TGA 曲线见图 4-96，结果表明两种形貌的 SrCO$_3$ 晶体具有相似的热力学行为。在 0～769℃ 范围内，杆状 SrCO$_3$ 晶体失重 6.9%，这源于吸附在晶体表面的吸附水和有机物质挥发。吸附水首先在 0～317℃ 范围内蒸发，有机分子随温度升高逐渐挥发。随温度继续升高，杆状 SrCO$_3$ 晶体在 806～

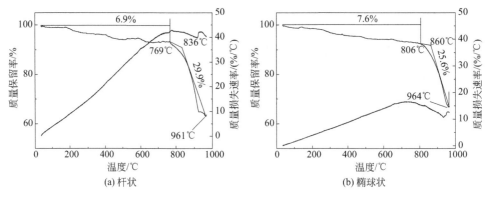

图 4-96　SrCO$_3$ 晶体的 TGA 曲线

964℃之间有一明显的失重，失重率约为 25.6%，这源于 SrCO$_3$ 的热分解（Sr-CO$_3 \longrightarrow$ SrO + CO$_2 \uparrow$）。由图 4-96(b) 可知，椭球形 SrCO$_3$ 晶体的 TGA 曲线类似于杆状 SrCO$_3$ 晶体。

SrCO$_3$ 晶体的 N$_2$ 吸附-脱附和孔径分布曲线见图 4-97。由图 4-97 可知，杆状 SrCO$_3$ 晶体的平均孔径为 8.71nm，椭球状 SrCO$_3$ 晶体的平均孔径为 4.14nm，比表面积分别为 46.95m^2/g 和 62.04m^2/g。

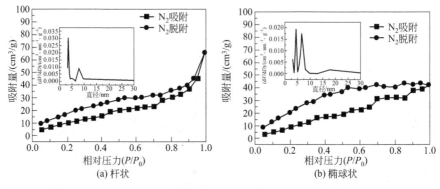

图 4-97　SrCO$_3$ 晶体的 N$_2$ 吸附-脱附和孔径分布曲线

（5）SrCO$_3$ 晶体的可能形成机理

众所周知，结晶过程包括两个主要阶段：成核和生长。同时，无机分层结构的形成是一个复杂的过程，主要受过饱和度、反应扩散以及表面能影响。基于上述结果，可能的 SrCO$_3$ 晶体生长机理如图 4-98 所示。

第一阶段为成核过程，即 Sr^{2+} 与 CO$_3^{2-}$ 反应生成 SrCO$_3$ 晶核的初始反应。当将 CO$_2$SM 引入至 Sr(OH)$_2$ 溶液中，CO$_2$SM 热分解产生的 CO$_2$(g) 首先转

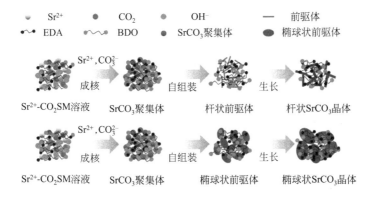

图 4-98　$SrCO_3$ 晶体的可能生长机制（A 杆状，B 椭球状）

换为 CO_2（aq），然后 CO_2（aq）与溶液中的 OH^- 反应进一步转换为 CO_3^{2-}。另一方面，Sr^{2+} 通过强静电相互作用与 BDO 中的羟基（—OH）或 EDA 中的胺基（—NH_2）相结合。众所周知，成核发生在过饱和离子溶液中，空白溶液过饱和度的增加会导致 $SrCO_3$ 晶体的均相成核。一旦过饱和溶液中引入外来异物（BDO 或 EDA），异相成核就会比均相成核更容易发生。分析其原因，增加 BDO 和/或 EDA 不仅能够增强表面能，还会使得 $SrCO_3$ 晶体的成核过程在 BDO 和/或 EDA 附近的化学微环境中发生。这些微环境含有无机-有机界面，并不断富集 Sr^{2+} 与 CO_3^{2-}。因此，该区域的过饱和度明显高于其他空白溶液，导致 $SrCO_3$ 晶体的快速成核。第二阶段为生长阶段，即 $SrCO_3$ 核子的生长过程。一旦成核过程完成，晶体进一步生长所需的活化能变低。此外，$SrCO_3$ 晶体的形貌是由 $SrCO_3$ 前驱体沉淀诱导而成。

当 CO_2SM 浓度较低时，反应体系中只有少量的 CO_2、EDA 和 BDO。这不仅导致体系中 CO_3^{2-} 浓度较低，而且还会使得空白溶液的过饱和度增大。同时，BDO 和/或 EDA 可通过静电相互作用限制体系中的 Sr^{2+}，进一步降低了不同离子间的碰撞频率，也导致了小 $SrCO_3$ 聚集体的形成。这些小 $SrCO_3$ 聚集体通过特定氢键、吸附作用进一步转换为杆状 $SrCO_3$ 前驱体，在 BDO 和/或 EDA 的作用下沿平行方向进一步长成杆状 $SrCO_3$ 晶体。当 CO_2SM 浓度较高时，反应体系中 CO_2、EDA 和 BDO 的量增加。在 BDO 和/或 EDA 与 Sr^{2+} 发生作用的同时，CO_2 也被 OH^- 转换为 CO_3^{2-}。因此，不同离子间的碰撞频率增加，生成大量的聚集体。由于吸附在聚集体表面的铵离子能够降低聚集体的表面能，故将促进聚集体通过结晶、自组装等方式转换为椭球状 $SrCO_3$ 前驱体。随后，这些椭

球状 $SrCO_3$ 前驱体在 EDA 和/或 BDO 的作用下进一步组装，长成椭球状 $SrCO_3$ 晶体。

（6）椭球状 $SrCO_3$ 晶体的循环制备

在制备椭球状 $SrCO_3$ 晶体之后，可用其滤液循环制备晶型一致的 $SrCO_3$ 晶体。含有 EDA 和 BDO 的滤液再次吸收 CO_2，加入适量的 $Sr(OH)_2$，在 110℃ 下水热反应 2h 后可得晶型一致的 $SrCO_3$ 晶体。重复此过程 5 次后，仍能得到晶型相同的 $SrCO_3$ 晶体，其 XRD 和 FTIR 结果如图 4-99 所示。

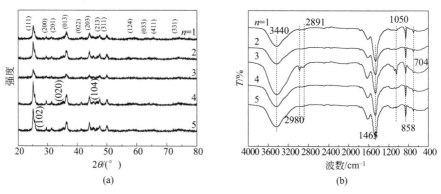

图 4-99　1～5 次循环制备 $SrCO_3$ 晶体的 XRD（a）和 FTIR（b）谱图（n 为循环次数）

图 4-99 表明 1～5 次循环制备的 $SrCO_3$ 晶体的晶型均为相同的菱锶矿晶型。滤液中含有的 EDA 和 BDO 在重复吸收 CO_2 后即可变为 CO_2SM 的水溶液，该溶液在水热条件可继续与 Sr^{2+} 反应，生成 $SrCO_3$ 晶体。在此过程中，EDA 集固定、活化 CO_2 于一体，还可与 BDO 一起作为晶体调节剂调控 $SrCO_3$ 晶体的结晶过程，为 $SrCO_3$ 晶体的循环制备提供了可行性。

4.2.2　二氧化碳储集材料调控纳米碳酸钡的制备

$BaCO_3$ 在碱土碳酸盐中以热力学最稳定的状态广泛存在于自然界中。$BaCO_3$ 由于其针状亚单元与文石紧密相关而备受研究者的青睐。同时，研究 $BaCO_3$ 的形成机制不仅可以帮助人们理解有机添加物调控矿物结晶过程，而且还可进一步为生物矿化机理的研究提供依据。再者，$BaCO_3$ 在光学玻璃、颜料、压电材料、电容器、陶瓷材料以及超导体前驱等工业领域有重要应用。到目前为止，制备 $BaCO_3$ 晶体的方法主要有光刻法、微模法、反相乳液法、声化学合成法、模板辅助溶液合成法和静电纺丝法。纳米纤维螺旋排列可由消旋聚合物在特定晶面通过选择性吸附诱导而成。此外，传统的超重力法和微通道反应器法也可

制备纳米尺度的 $BaCO_3$ 微粒。Chen 等[61] 利用传统的超重力法在不使用改性剂的情况下成功制备了 $CaCO_3$、$SrCO_3$、$BaCO_3$ 纳米微粒。同时，微通道反应器法[62] 也多用于制备纳米粒子。然而，这些方法均需要借助外界的表面活性剂、CO_2 以及旋转填充床、微反应器等设备。在本工作中[63]，CO_2SM 既是 CO_2 以及碳酸根源，又是调控 $BaCO_3$ 晶体成核和生长的改性剂，同时还可用作循环制备 $BaCO_3$ 晶体，具体如图 4-100 所示。

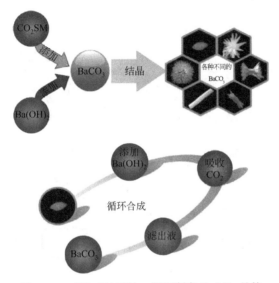

图 4-100　CO_2SM 可控、循环制备 $BaCO_3$ 晶体

（1）CO_2SM 浓度的影响

不同浓度下 $BaCO_3$ 晶体的 SEM 图见图 4-101。由图 4-101 可知，改变 CO_2SM 浓度可合成一系列不同形貌的 $BaCO_3$ 晶体。在 1g/L CO_2SM 浓度下制得典型的均匀杆状 $BaCO_3$ 晶体 [图 4-101(a)]。这些杆状 $BaCO_3$ 晶体的最大直径和最大长度分别为 $2.83\mu m$ 和 $39.24\mu m$。当 CO_2SM 浓度为 2g/L 时，所获得的杆状 $BaCO_3$ 晶体有最大长度 $33.96\mu m$，两端对称变细，有些细杆相互交错，导致花簇状 $BaCO_3$ 晶体形成 [图 4-101(b)]。在 3g/L 和 6g/L CO_2SM 浓度下获得的 $BaCO_3$ 晶体为杆状和杆状聚集体的混合体，尺寸分别减小至 $24.52\mu m \times 3.40\mu m$ 和 $10.57\mu m \times 3.77\mu m$ [图 4-101(c)、(d)]。当 CO_2SM 浓度增加至 10g/L、20g/L 和 60g/L 时，获得了束状 $BaCO_3$ 晶体，尺寸从 $21.51\mu m \times 6.04\mu m$ 减小至 $13.21\mu m \times 4.15\mu m$ [图 4-101(e)~(g)]。值得注意的是，纺锤状 $BaCO_3$ 晶体在 60g/L CO_2SM 时开始形成 [图 4-101(g)]。最终，在 100g/L CO_2SM 下获得单分散性良好的纺锤状 $BaCO_3$ 晶体，平均粒径为 $5.66\mu m \times 2.26\mu m$ [图 4-101

(h)]。结果表明 CO_2SM 可调控 $BaCO_3$ 晶体的成核与生长。

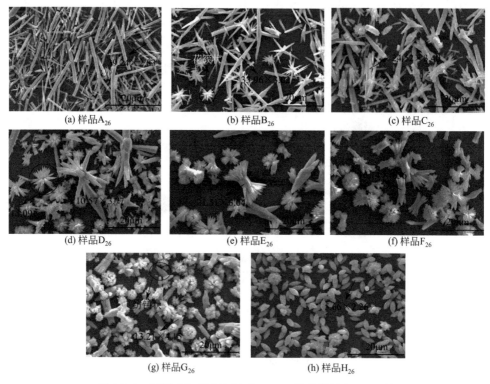

图 4-101 不同 CO_2SM 浓度下 $BaCO_3$ 晶体样品的 SEM 图

CO_2SM 浓度：样品 A_{26}，1g/L；样品 B_{26}，2g/L；样品 C_{26}，3g/L；样品 D_{26}，6g/L；

样品 E_{26}，10g/L；样品 F_{26}，20g/L；样品 G_{26}，60g/L；样品 H_{26}，100g/L

反应条件：110℃、2h、50mL 0.01mol/L $Ba(OH)_2$ 溶液

XRD 结果［图 4-102(a)］表明所有的 $BaCO_3$ 晶体都为碳酸钡矿晶相，隶属于斜方晶系（JCPDS 05-0378）。FTIR 谱图可进一步证实该结果。如图 4-102 (b) 所示，692cm^{-1} 和 856cm^{-1} 处的特征峰可分别归属为 CO_3^{2-} 的面外弯曲振动和面内弯曲振动。1450cm^{-1} 和 1050cm^{-1} 处的特征峰分别对应于 C—O 不对称伸缩振动和对称伸缩振动。此外，2815cm^{-1} 和 2964cm^{-1} 处的特征峰可归属为 BDO 和/或 EDA 中的 C—H 伸缩振动，3442cm^{-1} 处的特征峰可归属为羟基伸缩振动。通常，羟基会出现在更高的波数，但氢键的形成会使其向低波数方向移动，有利于晶体自组装。

上述结果表明，改变 CO_2SM 浓度可控制 $BaCO_3$ 晶体的形貌和结构。来自于 CO_2SM 的 CO_2、BDO 和 EDA 可致使 $BaCO_3$ 晶体沿不同方向生长，BDO 和/或 EDA 还可作为反应体系中的共溶剂。在 $BaCO_3$ 晶体合成的过程中，BDO

和/或 EDA 与 BaCO₃ 之间的静电相互作用也发挥着重要作用。因此，BDO 和/或 EDA 可很容易吸附在 BaCO₃ 晶体表面，这可由 FTIR 中 $3442cm^{-1}$、$2964cm^{-1}$、$2815cm^{-1}$ 处特征峰证明 [图 4-102(b)]。

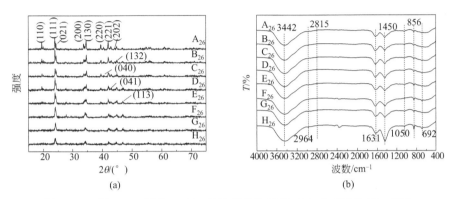

(a)　　　　　　　　　　　　　　　(b)

图 4-102　图 4-101 所示 BaCO₃ 晶体样品的 XRD (a) 和 FTIR (b) 谱图

（2）反应温度的影响

不同反应温度下杆状 BaCO₃ 晶体的 SEM 图见图 4-103。杆状 BaCO₃ 晶体在所有温度下形貌相同，但长度随温度升高而逐渐减小，直径几乎不随温度变化而

(a) 样品A₂₇　　　　　　(b) 样品B₂₇　　　　　　(c) 样品C₂₇

(d) 样品D₂₇　　　　　　(e) 样品E₂₇　　　　　　(f) 样品F₂₇

图 4-103　不同反应温度下杆状 BaCO₃ 晶体的 SEM 图

反应温度：样品 A₂₇，80℃；样品 B₂₇，90℃；样品 C₂₇，100℃；

样品 D₂₇，110℃；样品 E₂₇，120℃；样品 F₂₇，130℃

反应条件：1g/L CO₂SM、2h、50mL 0.01mol/L Ba(OH)₂ 溶液

改变 [图 4-103(a)~(f)]。XRD 结果表明所有 $BaCO_3$ 晶体的晶型均是典型的斜方晶系，无杂质衍射峰 [图 4-104（a）]。同时，所有 $BaCO_3$ 晶体均在 $694cm^{-1}$、$856cm^{-1}$、$1050cm^{-1}$、$1450cm^{-1}$ 处出现特征峰 [图 4-104（b）]，与 $BaCO_3$ 晶体的晶型相符。因此，温度对低 $CO_2 SM$ 浓度下制备的杆状 $BaCO_3$ 晶体形貌影响较小。杆状 $BaCO_3$ 晶体的尺寸随温度升高逐渐减小，这可能由 $CO_2（g）$ 溶解度随温度升高逐渐减小而导致。此外，变化的温度不影响所制备杆状 $BaCO_3$ 晶体的晶型。

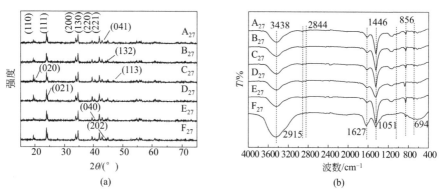

图 4-104　图 4-103 所示 $BaCO_3$ 晶体的 XRD（a）和 FTIR（b）谱图

　　不同反应温度下纺锤状 $BaCO_3$ 晶体的 SEM 图见图 4-105。如图 4-105 所示，高 $CO_2 SM$ 浓度下合成的纺锤状 $BaCO_3$ 晶体受温度影响较大。当反应温度为

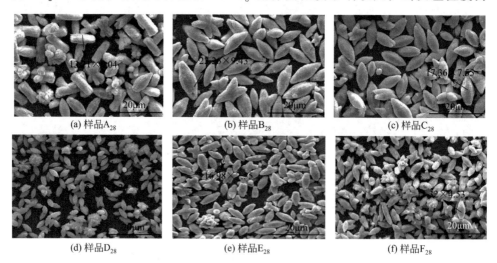

(a) 样品 A_{28}　　　　(b) 样品 B_{28}　　　　(c) 样品 C_{28}

(d) 样品 D_{28}　　　　(e) 样品 E_{28}　　　　(f) 样品 F_{28}

图 4-105　不同反应温度下纺锤状 $BaCO_3$ 晶体样品的 SEM 图

反应温度：样品 A_{28}，80℃；样品 B_{28}，90℃；样品 C_{28}，100℃；

样品 D_{28}，110℃；样品 E_{28}，120℃；样品 F_{28}，130℃

反应条件：100g/L $CO_2 SM$、2h、50mL 0.01mol/L $Ba(OH)_2$ 溶液

80℃时，所制备的 $BaCO_3$ 晶体以柱状或聚集体为主，最大尺寸为 $13.21\mu m \times 6.04\mu m$ ［图 4-105(a)］。继续升高温度至 90℃、100℃、110℃时，可获得均匀的纺锤状 $BaCO_3$ 晶体，最大尺寸由 $22.26\mu m \times 9.43\mu m$ 减小至 $5.66\mu m \times 2.66\mu m$ ［图 4-105(b)~(d)］。进一步将温度升高至 120℃ 及 130℃，所获得的 $BaCO_3$ 晶体仍为纺锤状 ［图 4-105(e)、(f)］。XRD 和 FTIR 结果（图 4-106）表明 $BaCO_3$ 晶体在所有温度下均可索引为典型的碳酸钡矿。由此可见，反应温度对高 CO_2 SM 浓度下制备的 $BaCO_3$ 晶体的形貌和尺寸有一定的影响，对晶型没有影响。最大尺寸随反应温度升高逐渐降低，这可能与体系的过饱和度有关。

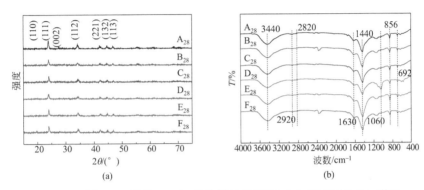

图 4-106　图 4-105 所示 $BaCO_3$ 晶体样品的 XRD (a) 和 FTIR (b) 谱图

（3）反应时间的影响

不同反应时间下杆状 $BaCO_3$ 晶体的 SEM 图见图 4-107。如图 4-107 所示，

(a) 样品 A_{29}　　(b) 样品 B_{29}　　(c) 样品 C_{29}

(d) 样品 D_{29}　　(e) 样品 E_{29}

图 4-107　不同反应时间下杆状 $BaCO_3$ 晶体样品的 SEM 图

反应时间：样品 A_{29}，0.5h；样品 B_{29}，1h；样品 C_{29}，1.5h；样品 D_{29}，2h；样品 E_{29}，3h

反应条件：1g/L CO_2 SM、110℃、50mL 0.01mol/L $Ba(OH)_2$ 溶液

低 CO_2SM 浓度下制备的 $BaCO_3$ 晶体在所有时间下均呈现杆状，杆状 $BaCO_3$ 晶体在 0.5h 或 0.5h 之前已形成 [图 4-107（a）]。当时间进一步延长（1～3h），$BaCO_3$ 晶体的形貌仍为杆状，但长度由 28.30μm 增长至 50.57μm，直径未发生明显变化 [图 4-107（b）～（e）]。$BaCO_3$ 晶体仅有碳酸钡矿一个晶型，与 XRD 所呈现的结果相一致 [图 4-108（a）]。同时，FTIR 结果显示所有杆状 $BaCO_3$ 晶体在 $694cm^{-1}$、$856cm^{-1}$、$1047cm^{-1}$、$1444cm^{-1}$ 处都有碳酸钡矿的典型峰 [图 4-108（b）]。因此，时间对低 CO_2SM 浓度下制备的杆状 $BaCO_3$ 晶体的形貌和晶型影响较小，这源于晶体的快速成核速率。也就是说，杆状 $BaCO_3$ 晶体的成核过程在 0.5h 之内就已完成，然后晶体随时间延长进一步生长。

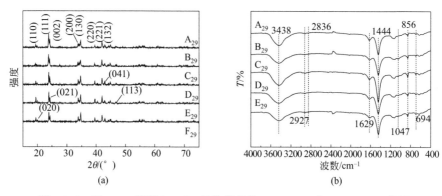

图 4-108　图 4-107 所示 $BaCO_3$ 晶体样品的 XRD（a）和 FTIR（b）谱图

不同反应时间下纺锤状 $BaCO_3$ 晶体样品的 SEM 图如图 4-109 所示，高 CO_2SM 浓度下制备的 $BaCO_3$ 晶体在所有时间下均呈现纺锤状，尺寸随反应时间延长先增大后减小。XRD 和 FTIR 结果（图 4-110）表明所有的 $BaCO_3$ 晶体均可索引为斜方晶系中的碳酸钡矿。由此可见，时间对高 CO_2SM 浓度下所制备的纺锤状 $BaCO_3$ 晶体形貌和晶型影响较小，这可归因于晶体的快速成核速率。因此，延长时间仅有助于晶体的增长，不会改变纺锤状 $BaCO_3$ 晶体的形貌和晶型。

（4）杆状和纺锤状 $BaCO_3$ 晶体的性质

$BaCO_3$ 晶体的 HR-TEM 图见图 4-111。由图 4-111 可知，2 种 $BaCO_3$ 晶体均有清晰的晶格，这表明两种 $BaCO_3$ 晶体有良好的结晶度。杆状 $BaCO_3$ 晶体的晶格间距为 3.22Å 和 3.71Å，分别对应于碳酸钡矿的（002）晶面和（111）晶面。纺锤状 $BaCO_3$ 晶体（111）晶面的晶格间距为 3.71Å，归属为碳酸钡矿的晶格。

$BaCO_3$ 晶体的 TGA-DSC 曲线见图 4-112。由图 4-112 可知，两种 $BaCO_3$ 晶体在 0℃到 820℃之间均有失重，杆状 $BaCO_3$ 晶体的失重率约为 1.8%，纺锤状

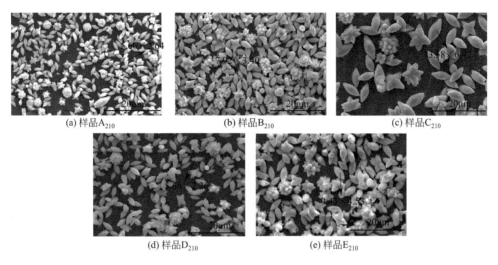

(a) 样品A$_{210}$　　(b) 样品B$_{210}$　　(c) 样品C$_{210}$

(d) 样品D$_{210}$　　(e) 样品E$_{210}$

图 4-109　不同反应时间下纺锤状 BaCO$_3$ 晶体样品的 SEM 图

反应时间：样品 A$_{210}$，0.5h；样品 B$_{210}$，1h；样品 C$_{210}$，1.5h；样品 D$_{210}$，2h；样品 E$_{210}$，3h

反应条件：100g/L CO$_2$SM、110℃、50mL 0.01mol/L Ba(OH)$_2$ 溶液

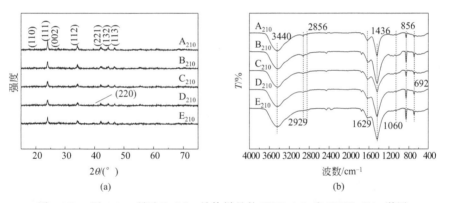

图 4-110　图 4-109 所示 BaCO$_3$ 晶体样品的 XRD（a）和 FTIR（b）谱图

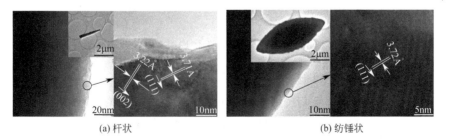

(a) 杆状　　(b) 纺锤状

图 4-111　BaCO$_3$ 晶体的 HR-TEM 图

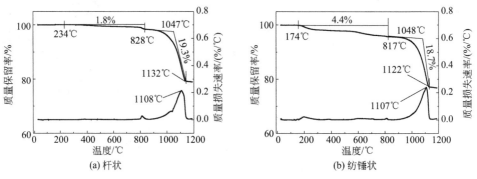

图 4-112　BaCO₃ 晶体的 TGA-DSC 曲线

BaCO₃ 晶体的失重率约为 4.4％。这可归因于吸附在 BaCO₃ 晶体表面的有机物质的挥发，这可由 FTIR 证明（图 4-104）。当温度从 820℃升高至 1132℃，两种 BaCO₃ 晶体的 TGA 曲线出现一个大的吸收热峰，其中杆状 BaCO₃ 晶体的失重率约为 19.3％，纺锤状 BaCO₃ 晶体的失重率约为 18.7％，这源于 BaCO₃ 的热分解（$BaCO_3 \longrightarrow BaO + CO_2 \uparrow$）。此外，由 DSC 曲线可看出两种 BaCO₃ 晶体的热分解速率均在温度为 1107℃时最大。

　　由图 4-113 可知，杆状 BaCO₃ 晶体的平均孔径为 12.48nm，纺锤状 BaCO₃ 晶体的平均孔径为 16.39nm，比表面积分别为 0.316m²/g 和 2.596m²/g。

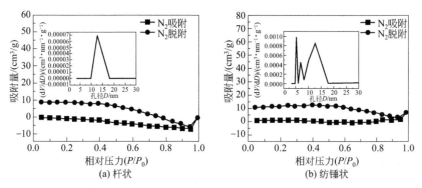

图 4-113　BaCO₃ 晶体的 N₂ 吸附-脱附和孔径分布曲线

（5）BaCO₃ 晶体的可能形成机理

　　上述 SEM、XRD、FTIR 结果表明 CO₂SM 在调控 BaCO₃ 晶体形貌中发挥重要作用。合成过程主要分为三阶段：第一阶段为成核过程，即 Ba^{2+} 与 CO_3^{2-} 反应生成 BaCO₃ 晶核的初始反应；第二阶段为晶体沿（111）晶面长为 BaCO₃ 杆；第三阶段为 BaCO₃ 杆在 EDA 和 BDO 的作用下通过氢键（聚集）自组装为

纺锤状 $BaCO_3$ 晶体，具体过程如图 4-114 所示。

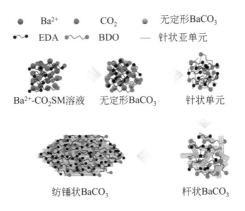

图 4-114　$BaCO_3$ 晶体的可能生长机制

由于体系中 Ba^{2+} 和 CO_3^{2-} 浓度较高，无定形 $BaCO_3$ 首先通过异相成核形成，并通过静电相互作用实现 BDO 和/或 EDA 对 Ba^{2+} 的螯合。当 CO_2SM 浓度进一步增加时，体系可提供更多的 CO_3^{2-}，生成更多的 $BaCO_3$ 无定形颗粒，无定形颗粒进一步转换为晶相。由于 $BaCO_3$ 晶体的晶胞隶属于斜方晶系，故无定形晶相可进一步表现为针状亚单元。当 CO_2SM 浓度较低时，只有少量的 BDO 和/或 EDA 附着在亚单元上。因此，针状亚单元以平行方式堆积进而形成棒状颗粒，同时挤压出部分附着在亚单元上的 BDO 和/或 EDA。这种结晶方式类似于 Cölfen 和 Antonietti 等[64,65] 提出的非经典结晶过程，即结晶过程同时涉及结晶单元的融合与晶体挤压出聚合物两个过程。尽管一些 BDO 和/或 EDA 在非经典结晶过程中被挤出，但仍有一些 BDO 和/或 EDA 依旧附着在杆状 $BaCO_3$ 晶体的表面。未挤出的 BDO 和/或 EDA 所占的体积会防止针状亚单元在平行方向上随机堆砌，进而形成一些小杆状晶体。当 CO_2SM 浓度较高时，体系中 BDO 和/或 EDA 量增多，少量的 BDO 和/或 EDA 附着在杆上，导致了杆的自组装过程。换句话说，杆在 BDO 和/或 EDA 的结构导向作用下沿平行方向（肩并肩）堆积，形成单分散性的纺锤状 $BaCO_3$ 晶体。由于组装过程中可将 BDO 和/或 EDA 从聚集体中挤出，这使得聚集体附近的 BDO 和/或 EDA 浓度增加。由于所有的自组装系统都由能量最小化原理驱动，为了让自组装发生在软体材料中，分子间的作用力必须远弱于将分子结合在一起的共价键。与共价键（约 500kJ/mol）相比，氢键（20kJ/mol）能量较弱，这有利于结构在不经历化学反应的情况下进行自组装。此外，由于氢键能量远大于热能（2.4kJ/mol），故氢键能量足够维持晶体结构所需能量。FTIR 结果也表明杆状 $BaCO_3$ 晶体间的氢键能够维持晶体的超级结构。

(6) 纺锤状 $BaCO_3$ 晶体的循环制备

在制备纺锤状 $BaCO_3$ 晶体之后，可用其滤液循环制备晶型一致的 $BaCO_3$ 晶体。含有 EDA 和 BDO 的滤液再次吸收 CO_2，加入适量的 $Ba(OH)_2$，在 110℃ 下水热反应 2h 后可得晶型一致的 $BaCO_3$ 晶体。重复此过程 5 次后，仍能得到晶型相同的 $BaCO_3$ 晶体，其 XRD 和 FTIR 表征结果如图 4-115 所示。

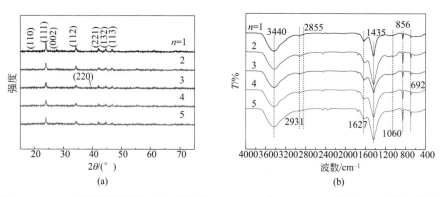

图 4-115　1～5 次循环制备 $BaCO_3$ 晶体的 XRD (a) 和 FTIR (b) 谱图（n 为循环次数）

图 4-115 表明 1～5 次循环制备的 $BaCO_3$ 晶体的晶型均为相同的碳酸钡矿。滤液中含有的 EDA 和 BDO 在重复吸收 CO_2 后可转变为 CO_2SM 的水溶液，该溶液在水热条件可继续与 Ba^{2+} 反应，生成 $BaCO_3$ 晶体。在此过程中，EDA 集固定、活化 CO_2 于一体，还可与 BDO 一起作为晶体调节剂调控 $BaCO_3$ 晶体的结晶过程，为 $BaCO_3$ 晶体的循环制备提供了可行性。

4.2.3　胺的导向作用

先前详细讨论了 CO_2SM 调控制备碱土碳酸盐。在合成过程中，CO_2SM 释放的 CO_2 在溶液中转换为 CO_3^{2-}，与金属离子碰撞成核；余下的 EDA/二元醇作为晶体调节剂调控碱土碳酸盐的生长、组装等过程。由此可看出，该过程为一种 CO_2 间接矿化方式，制备过程中无需外加模板剂，且具有一定的普遍适用性。

与之相比，CO_2 直接矿化，具有工艺简单、操作方便、易于控制等优点，是目前工业化生产的主要方式。为能够高效、快速、稳定地将 CO_2 从混合气体中分离出来，CO_2 直接矿化常常需要添加一些对 CO_2 溶解度大、选择性好、性能稳定的吸收剂。胺类溶液吸收 CO_2 技术始于 1930 年，一直被认为是一项可行技术[66,67]。常用的胺吸收剂主要有乙醇胺（MEA）、二乙醇胺（DEA）、三乙醇胺（TEA）、N-甲基二乙醇胺（MEDA）、2-氨基-2-甲基丙醇（AMP）、氨水等。尽管这些胺在 CO_2 封存方面已经引起人们广泛关注，但它们均未涉及 CO_2 与硅酸盐、氢氧化物和氧化物反应，合成相对无毒无害且化学性质稳定，并且能永久封存的碳酸盐矿物质，进而大大减小后续监测的需要。更为重要的是，在碳酸盐矿物质的结晶过程中，胺的作用及胺介导的调控化学，还尚未进行详细、系统的讨论。另一方面，利用胺在 CO_2 非生物直接矿化过程中进行"晶体设计"和"可持续发展"也鲜有报道。

在胺调控 CO_2 非生物直接矿化过程中，我们着重研究了 EDA 在调控 $BaCO_3$ 晶体成核、组装、生长等过程中的作用[68]。通过系统地研究胺加入量、CO_2 压力、时间、Ba^{2+} 浓度及温度等影响因素，以及反应前后混合体系的 CO_2 压力、pH、电导率变化，结合反应后滤液的组成，明确地提出了胺的调控化学。由于结果相似且考虑到清晰简洁明了，我们在每个影响因素研究中选取一组结果作为代表呈现给读者。通过研究其他胺、金属碳酸盐，发现胺介导的调控化学具有普遍适用性，具体如图 4-116 所示。

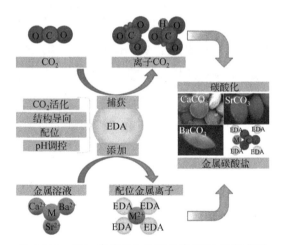

图 4-116 CO_2 直接非生物矿化中 EDA 调控化学

（1）EDA 加入量的影响

不同 EDA 加入量下 $BaCO_3$ 晶体的 SEM 图见图 4-117。由图 4-117 可知，EDA 可显著调控 $BaCO_3$ 晶体的结构形貌。当 EDA 加入量为 2g 时，可制得纺锤状颗粒，平均尺寸为 $4.36\mu m \times 1.55\mu m$［图 4-117（a）］。图 4-117（b）为 4g EDA添加量下获得的纺锤状颗粒，平均尺寸为 $5.42\mu m \times 2.05\mu m$。在 6g EDA 添加量下制得的颗粒呈现杆状形貌，平均尺寸减小至 $3.10\mu m \times 0.95\mu m$［图 4-117（c）］。继续增加 EDA 添加量至 8g，可制得平均尺寸为 $6.98\mu m \times 2.59\mu m$ 的纺锤状颗粒

[图 4-117(d)]。进一步增加 EDA 添加量至 10g，可制得平均尺寸较小的纺锤状颗粒[图 4-117(e)]。当 EDA 加入量为 12g 时，同样可制得杆状颗粒，平均尺寸为 $3.37\mu m \times 0.77\mu m$[图 4-117(f)]。值得注意的是，颗粒形貌随 EDA 加入量增加由纺锤状变为杆状，且具有一定的周期性。换言之，8g、10g 和 12g EDA 加入量下的颗粒形貌变化趋势与 2g、4g 和 6g EDA 加入量下的形貌变化趋势相似，均由纺锤状演变为杆状。这表明 EDA 可作为晶体调节剂参与 $BaCO_3$ 晶体的结晶过程。

图 4-117　不同 EDA 加入量下 $BaCO_3$ 晶体样品的 SEM 图

EDA 加入量：样品 A_{211}，2g；样品 B_{211}，4g；样品 C_{211}，6g；

样品 D_{211}，8g；样品 E_{211}，10g；样品 F_{211}，12g

反应条件：5MPa CO_2，25℃，搅拌 3h，50mL 0.01mol/L Ba $(OH)_2$ (aq) 溶液

进而，我们以 XRD、FTIR、XPS、Raman 等进一步确定不同 EDA 添加量下所制备的 $BaCO_3$ 晶体结构，结果如图 4-118 所示。

XRD 结果[图 4-118(a)]表明所有样品均可索引为典型的斜方晶系，未见其他杂质峰。其中，(111)、(002)、(112)、(221) 四个特征晶面与文献报道一致，样品的 FTIR 谱图可进一步证明该结果。图 4-118(b) 中 694cm^{-1} 和 856cm^{-1} 处的特征可归属为 CO_3^{2-} 的面内弯曲振动和面外弯曲振动，1452cm^{-1} 和 1058cm^{-1} 处的特征可归属为 C—O 的不对称伸缩振动和对称伸缩振动，3446cm^{-1} 处的特征可归属为羟基伸缩振动。此外，XRD 和 FTIR 中的特征峰均不随 EDA 加入量变化而移动，这表明 EDA 虽参与晶体结晶过程，但不影响晶体的晶型。由 Raman 图谱[图 4-118(c)]可知，所得 $BaCO_3$ 晶体均在 135cm^{-1}、

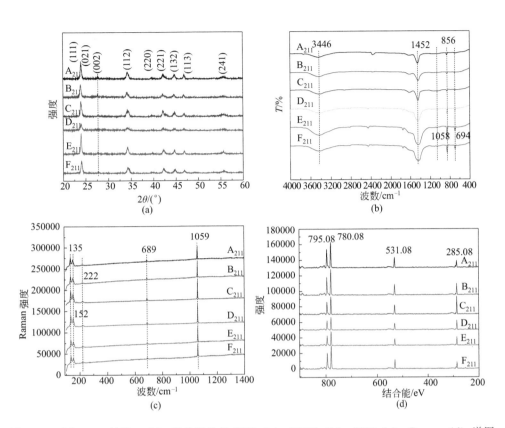

图 4-118 图 4-117 所示 $BaCO_3$ 晶体样品的 XRD (a)、FTIR (b)、XPS (c)、Raman (d) 谱图

$152cm^{-1}$、$222cm^{-1}$、$689cm^{-1}$、$1059cm^{-1}$ 处有 Raman 特征峰，不随 EDA 加入量变化而移动。具有文石结构碳酸盐的 Raman 模式主要分为两类：CO_3^{2-} 的内部振动模式和外部晶格模式。其中，$135cm^{-1}$、$152cm^{-1}$ 和 $222cm^{-1}$ 处的 Raman 特征为碳酸钡晶体的外部晶格模式，$689cm^{-1}$ 和 $1059cm^{-1}$ 波段的特征分别为 CO_3^{2-} 的对称伸缩模式和不对称弯曲模式。同时，这些波段的 Raman 特征表明获得的 $BaCO_3$ 晶体隶属于碳酸钡矿，与先前报道一致。XPS 谱图[图 4-118(c)]中 795.08eV 和 780.08eV 的结合能分别对应于 $BaCO_3$ 中的 Ba $3d_{5/2}$ 和 Ba $3d_{3/2}$，C 1s 和 O 1s 的结合能则分布在 285.08eV 和 531.08eV。Raman 和 XPS 结果表明所得样品均为 $BaCO_3$ 晶体，不随 EDA 加入量变化而改变。图 4-117 所示 $BaCO_3$ 晶体结构、晶型以及形貌尺寸总结列于表 4-14 中。

随着 EDA 加入量逐渐增加，体系的各种相关参数呈现出不同变化趋势。反应体系 CO_2 剩余量随胺加入量增加而逐渐减小，对应着 CO_2 消耗量逐渐增加；初始 pH 和滤液 pH 表现出相同的增加趋势；初始电导率逐渐减小但滤液电导率显著增加。这些结果均表明 EDA 在 $BaCO_3$ 晶体的结晶过程中起着重要作用。值得注意的是，随着 EDA 加入量的增加，晶体形貌表现出从纺锤到棒变化行为，但未观察到晶型随加入量变化而变化。说明即使 EDA 参与 $BaCO_3$ 晶体的结晶过程，但 EDA 不会影响晶体的晶型。

表 4-14　图 4-117 所示 $BaCO_3$ 晶体样品的结构、形貌和尺寸

项目	A_{211}	B_{211}	C_{211}	D_{211}	E_{211}	F_{211}
EDA 加入量/g	2.0	4.0	6.0	8.0	10.0	12.0
反应时间/h	3.0	3.0	3.0	3.0	3.0	3.0
初始 CO_2 压力/MPa	5.0	5.0	5.0	5.0	5.0	5.0
结束 CO_2 压力/MPa	2.0	1.2	0	0	0	0
CO_2 消耗量	0.0671	0.1337	0.2001	0.2667	0.3333	0.3999
初始 pH	12.06	12.23	12.42	12.56	12.69	12.82
过滤 pH	7.13	7.10	7.48	8.35	9.46	10.00
初始电导率/(mS/cm)	4.21	3.92	3.73	3.52	3.14	2.85
滤波电导率/(mS/cm)	16.99	18.19	19.71	12.58	20.2	22.7
形貌	纺锤状	纺锤状	杆状	纺锤状	纺锤状	杆状
多态性	碳酸钡矿	碳酸钡矿	碳酸钡矿	碳酸钡矿	碳酸钡矿	碳酸钡矿
平均尺寸/µm	4.36×1.55	5.42×2.05	3.10×0.95	6.98×2.59	3.86×1.55	3.37×0.77

（2）CO_2 压力的影响

作为反应的重要参与者，CO_2 压力对反应体系影响至关重要。图 4-119 为 4g EDA 添加量、不同 CO_2 压力下制备的 $BaCO_3$ 晶体 SEM 图。当初始 CO_2 压力较低时[图 4-119（a）、（b）]，获得的晶体均呈现杆状形貌，平均尺寸为 $3.30\mu m \times 0.59\mu m$，并且这些晶体很容易聚集。当初始 CO_2 压力变为 3MPa 时，所获得的杆状晶体较低压下尺寸增大[图 4-119（c）]。增大初始 CO_2 压力至 4MPa 时，尽管晶体形貌仍保持杆状，但已有一些纺锤状出现 [图 4-119（d）]。随初始 CO_2 压力升高至 5 MPa 和 6 MPa 时，可获得较均一的纺锤体晶体，平均尺寸比较接近，分别为 $5.42\mu m \times 2.05\mu m$ 和 $5.40\mu m \times 1.99\mu m$[图 4-119（e）、（f）]。XRD 和 FTIR 结果（图 4-120）表明在不同 CO_2 压力下 $BaCO_3$ 晶体均为碳酸钡矿晶相，隶属于斜方晶系。表 4-15 列出了图 4-119 所示 $BaCO_3$ 晶体样品的结构、晶型、形貌尺寸以及反应前后 CO_2 的压力、体系的 pH、电导率变化结果。

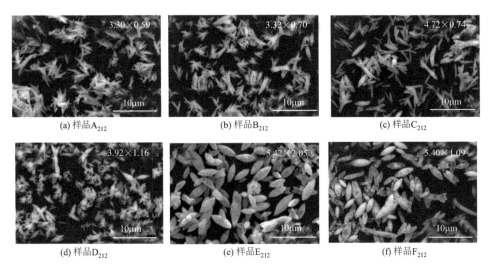

图 4-119　不同 CO_2 压力下 $BaCO_3$ 晶体样品的 SEM 图

CO_2 压力：样品 A_{212}，1MPa；样品 B_{212}，2MPa；样品 C_{212}，3MPa；

样品 D_{212}，4MPa；样品 E_{212}，5MPa；样品 F_{212}，6MPa

反应条件：25℃，搅拌 3h，4g EDA＋50mL 0.01mol/L Ba（OH）$_2$（aq）

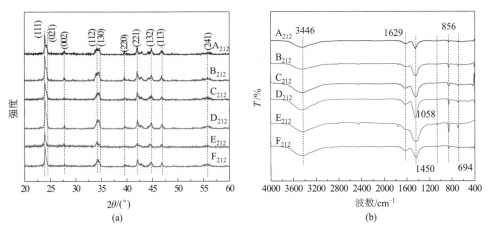

图 4-120　图 4-119 所示 $BaCO_3$ 晶体样品的 XRD（a）和 FTIR（b）谱图

表 4-15　图 4-119 所示 $BaCO_3$ 晶体样品的结构、形貌和尺寸

项目	A_{212}	B_{212}	C_{212}	D_{212}	E_{212}	F_{212}
EDA 添加量/g	4	4	4	4	4	4
反应时间/h	3	3	3	3	3	3
初始 CO_2 压力/MPa	1	2	3	4	5	6

续表

项目	A$_{212}$	B$_{212}$	C$_{212}$	D$_{212}$	E$_{212}$	F$_{212}$
结束 CO$_2$ 压力/MPa	0	0	0	0.3	1.2	2.2
初始 pH	12.23	12.23	12.23	12.23	12.23	12.23
过滤 pH	10.49	9.93	7.98	7.52	7.10	7.44
初始电导率/(mS/cm)	3.92	3.92	3.92	3.92	3.92	3.92
滤液电导率/(mS/cm)	12.64	13.45	10.68	18.72	18.19	18.14
形貌	杆状	杆状	杆状	杆状	纺锤状	纺锤状
多晶型物	碳酸钡矿	碳酸钡矿	碳酸钡矿	碳酸钡矿	碳酸钡矿	碳酸钡矿
平均尺寸/μm	2.86×0.88	2.86×0.88	3.71×1.09	4.00×1.42	5.49×2.00	5.71×2.09

纵观上述结果，BaCO$_3$ 晶体的平均尺寸随 CO$_2$ 压力增加而增大，形貌也由低压下杂乱的杆状逐渐变为均一的纺锤状。体系剩余 CO$_2$ 压力随初始 CO$_2$ 压力升高逐渐增大，暗示着 CO$_2$ 对 Ba（OH）$_2$ 和 EDA 过量。随初始 CO$_2$ 压力升高，滤液的 pH 逐渐减小，滤液的电导率相较于初始电导率显著增大，且随初始 CO$_2$ 压力升高逐渐增加，这在一定程度上说明反应结束后体系中离子化程度显著增强。

（3）反应时间的影响

众所周知，时间是晶体结晶过程中重要影响因素之一。结合 CO$_2$ 压力的影响，我们研究了时间对 CO$_2$ 直接矿化为 BaCO$_3$ 晶体的影响，并深入地分析体系 CO$_2$ 压力、pH 和电导率变化。不同反应时间下 BaCO$_3$ 晶体的 SEM 图见图 4-121。

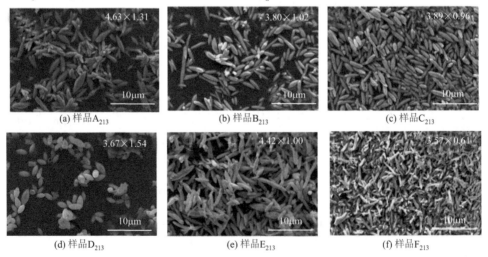

图 4-121　不同反应时间下 BaCO$_3$ 晶体样品的 SEM 图

反应时间：样品 A$_{213}$，0.5h；样品 B$_{213}$，1h；样品 C$_{213}$，2h；样品 D$_{213}$，3h；样品 E$_{213}$，4h；样品 F$_{213}$，5h

反应条件：25℃，6 MPa CO$_2$，搅拌，12g EDA＋50mL 0.01mol/L Ba（OH）$_2$（aq）

由图 4-121 可知，在反应时间较短时（≤2h），获得晶体均为纺锤状，平均尺寸逐渐减小[图 4-121(a)～(c)]。当反应时间延长至 3h 时，可获得具有中空结构的纺锤状颗粒[图 4-121(d)]。进一步延长反应时间至 4h 和 5h 时，可获得杆状 $BaCO_3$ 晶体[图 4-121(e)～(f)]。总体看来，不同时间下获得的 $BaCO_3$ 晶体随反应时间延长具有纺锤状晶体变为杆状晶体的趋势，平均尺寸逐渐减小。XRD 和 FTIR 结果（图 4-122）表明 $BaCO_3$ 晶体在所有时间下都可索引为典型的碳酸钡矿。表 4-16 列出了图 4-121 所示 $BaCO_3$ 晶体样品的结构、晶型、形貌尺寸以及反应前后体系的 CO_2 压力、体系的 pH、电导率变化结果。

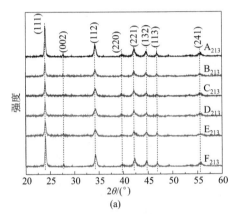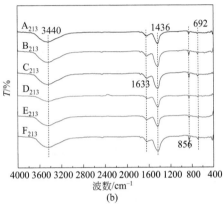

图 4-122　图 4-121 所示 $BaCO_3$ 晶体样品的 XRD（a）和 FTIR（b）谱图

表 4-16　图 4-121 所示 $BaCO_3$ 晶体样品的结构、形貌和尺寸

项目	A_{213}	B_{213}	C_{213}	D_{213}	E_{213}	F_{213}
EDA 添加量/g	12	12	12	12	12	12
反应时间/h	0.5	1.0	2.0	3.0	4.0	5.0
初始 CO_2 压力/MPa	6	6	6	6	6	6
最终 CO_2 压力/MPa	2.0	0	0	0	0	0
初始 pH	12.82	12.82	12.82	12.82	12.82	12.82
过滤 pH	9.98	9.70	9.70	10.25	9.47	9.49
初始电导率/(mS/cm)	2.85	2.85	2.85	2.85	2.85	2.85
滤波电导率/(mS/cm)	23.40	21.00	20.50	22.90	18.25	18.62
形貌	纺锤状	纺锤状	纺锤状	纺锤状	杆状	杆状
多态性	碳酸钡矿	碳酸钡矿	碳酸钡矿	碳酸钡矿	碳酸钡矿	碳酸钡矿
平均尺寸/µm	4.63×1.31	3.80×1.02	3.89×0.96	3.67×1.54	4.42×1.00	3.57×0.61

总的来说，时间延长，$BaCO_3$ 晶体的轴向平均尺寸逐渐减小，径向平均尺

寸几乎未发生变化，其形貌变化呈现一种纺锤状晶体渐变为杆状晶体的趋势。另一方面，体系剩余 CO_2 压力随时间延长逐渐下降。换言之，体系消耗的 CO_2 的量随反应时间延长逐渐增多。与此同时，反应滤液的 pH 较初始的 pH 明显下降，这说明体系消耗很多 EDA，甚至全部消耗掉（pH 在 7 和 8 之间）。此外，滤液的电导率较初始电导率有显著增加的趋势，进一步说明该体系在反应结束后仍有大量游离粒子的存在。

（4）Ba^{2+} 浓度的影响

图 4-123 为不同 Ba^{2+} 浓度下制备的 $BaCO_3$ 晶体 SEM 图。当 Ba^{2+} 浓度小于 0.01mol/L 时，所制备的晶体呈现为杆状和纺锤状[图 4-123（a）、（b）]。随 Ba^{2+} 浓度增大，尽管所得晶体没有呈现出特定形貌，但晶体也没有发生团聚行为[图 4-123（c）~（f）]。XRD 和 FTIR 结果表明晶体的晶型不随 Ba^{2+} 浓度变化而变化，均隶属于斜方晶系（图 4-124）。表 4-17 列出了图 4-123 所示 $BaCO_3$ 晶体样品的结构、晶型、形貌尺寸以及反应前后 CO_2 压力、体系 pH、电导率变化结果。

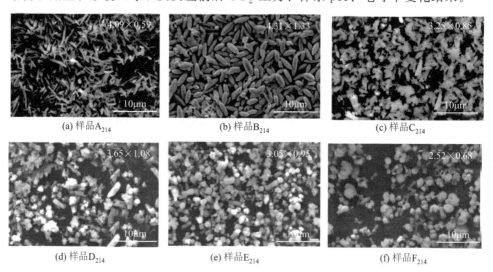

(a) 样品A_{214}　　　　(b) 样品B_{214}　　　　(c) 样品C_{214}

(d) 样品D_{214}　　　　(e) 样品E_{214}　　　　(f) 样品F_{214}

图 4-123　不同 Ba^{2+} 浓度下 $BaCO_3$ 晶体样品的 SEM 图

Ba^{2+} 浓度：样品 A_{214}，0.005mol/L；样品 B_{214}，0.01mol/L；样品 C_{214}，0.03mol/L；

样品 D_{214}，0.05mol/L；样品 E_{214}，0.08mol/L；样品 F_{214}，0.1mol/L

反应条件：25℃，6MPa CO_2，搅拌 2h，10g EDA + 50mL Ba（OH）$_2$（aq）

表 4-17　图 4-123 所示 $BaCO_3$ 晶体样品的结构、形貌和尺寸

项目	A_{214}	B_{214}	C_{214}	D_{214}	E_{214}	F_{214}
EDA 添加量/g	10	10	10	10	10	10
Ba^{2+} 浓度/(mol/L)	0.005	0.01	0.03	0.05	0.08	0.1

续表

项目	A$_{214}$	B$_{214}$	C$_{214}$	D$_{214}$	E$_{214}$	F$_{214}$
反应时间/h	2.0	2.0	2.0	2.0	2.0	2.0
初始 CO_2 压力/MPa	6	6	6	6	6	6
最终 CO_2 压力/MPa	0	0	0	0	0	0
初始 pH	12.52	12.69	12.94	13.14	13.30	13.24
过滤 pH	9.50	9.34	9.45	9.35	9.12	9.24
初始电导率/(mS/cm)	2.19	3.14	7.36	11.62	17.90	21.4
滤波电导率/(mS/cm)	19.48	17.17	19.74	19.00	17.08	17.25
形貌	杆状	纺锤状	杆状	杆状	捆绑状	捆绑状
多态性	碳酸钡矿	碳酸钡矿	碳酸钡矿	碳酸钡矿	碳酸钡矿	碳酸钡矿
平均尺寸/μm	4.09×0.59	4.31×1.33	3.25×0.85	3.65×1.08	3.05×0.95	2.52×0.68

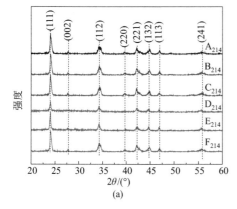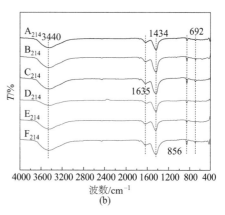

图 4-124　图 4-123 所示 $BaCO_3$ 晶体样品的 XRD（a）和 FTIR（b）谱图

由上述结果可以看出 Ba^{2+} 浓度对 CO_2 直接矿化为 $BaCO_3$ 晶体有一定的影响，尤其表现在形貌以及晶体团聚方面。在低 Ba^{2+} 浓度下，晶体均保持着均一的杆状和纺锤状形貌，随 Ba^{2+} 浓度增大，晶体愈发要发生团聚现象。体系的初始 pH 随 Ba^{2+} 浓度增大而逐渐升高，滤液的 pH 却几乎相同。与此同时，体系的初始电导率均随 Ba^{2+} 浓度增大显著升高，滤液的电导率却缓慢降低。

（5）反应温度的影响

温度是影响气体溶解度、晶体形貌和粒径的重要影响因素。结合 CO_2 压力、反应时间及 Ba^{2+} 浓度的结果，我们改变温度以研究温度对 CO_2 直接矿化为

$BaCO_3$ 晶体反应过程的影响，如图 4-125 所示。

(a) 样品 A_{215} (b) 样品 B_{215} (c) 样品 C_{215}

图 4-125 不同温度下 $BaCO_3$ 晶体样品的 SEM 图

反应温度：样品 A_{215}，20℃；样品 B_{215}，25℃；样品 C_{215}，30℃

反应条件：6MPa CO_2，搅拌 2h，10g EDA + 50mL 0.01mol/L Ba (OH)$_2$ (aq)

如图 4-125 所示，在 20℃下，可得尺寸较小的纺锤状晶体[图 4-125(a)]，在 25℃和 30℃下，晶体的形貌为均一的纺锤状[图 4-125(b)、(c)]。XRD 谱图[图 4-126(a)]中（111）晶面、（002）晶面、（112）晶面和（221）晶面表明所制备的微粒为碳酸钡矿。此外，所有样品的 FTIR 谱图[图 4-126(b)]均在 692cm^{-1}、856cm^{-1} 和 1449cm^{-1} 处出现碳酸钡矿的特征峰，意味着不同温度下制备的样品均为纯的碳酸钡矿微粒。XRD 和 FTIR 结果（图 4-126）表明所得样品晶相较纯，且晶型更稳定，不随温度变化而发生改变。表 4-18 列出了图 4-125 所示 Ba-CO_3 晶体样品的结构、晶型、形貌尺寸以及反应前后 CO_2 的压力、体系的 pH、电导率变化结果。

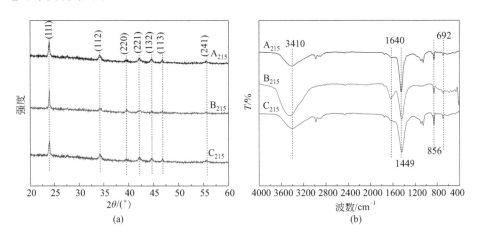

图 4-126 图 4-125 所示 $BaCO_3$ 晶体样品的 XRD（a）和 FTIR（b）谱图

表 4-18　图 4-125 所示 $BaCO_3$ 晶体样品的结构、形貌和尺寸

项目	A_{215}	B_{215}	C_{215}
反应温度/℃	20	25	30
EDA 添加量/g	10	10	10
Ba^{2+} 浓度/(mol/L)	0.01	0.01	0.01
反应时间/h	2.0	2.0	2.0
初始 CO_2 压力/MPa	6	6	6
最终 CO_2 压力/MPa	0	0	0
初始 pH	12.69	12.69	12.69
过滤 pH	9.75	9.34	9.62
初始电导率/(mS/cm)	3.14	3.14	3.14
滤化电导率/(mS/cm)	20.0	17.17	18.80
形貌	纺锤状	纺锤状	纺锤状
多态性	碳酸钡矿	碳酸钡矿	碳酸钡矿
平均尺寸/μm	2.05×0.87	4.31×1.33	2.89×1.20

综上所述，温度对 CO_2 直接矿化为 $BaCO_3$ 晶体有一定的影响。在一定 CO_2 的压力下，反应温度升高，CO_2 溶解度降低，$BaCO_3$ 的溶解度随之增加，导致体系中 $BaCO_3$ 的过饱和度降低。温度升高、过饱和度降低会使得成核速率降低，不利于晶核的形成。从反应动力学角度分析，升高温度会促进反应速率以及晶体生长速率常数增大。同时，温度升高还会增大晶体生长速率常数，故体系合成 $BaCO_3$ 的速率要远大于 $BaCO_3$ 溶解速率。因此，在不同温度下会获得杆状和纺锤状 $BaCO_3$ 晶体。此外，滤液 pH 低于初始体系的 pH，呈弱碱性。同时，反应滤液的电导率相较于初始电导率显著增加。

（6）CO_2 非生物直接矿化过程中胺的调控作用

① EDA 的调控作用　通过系统地研究 EDA 加入量、体系 CO_2 的压力、反应时间、Ba^{2+} 浓度及温度等影响因素，以及反应前后混合体系的 CO_2 压力、pH、电导率变化，我们发现 EDA 在 $BaCO_3$ 晶体的成核、自组装、生长等结晶过程中扮演着重要角色。

由于溶液 pH 可通过改变过饱和状态进而影响晶体的成核，所以我们在相同条件下监测了纯 EDA、$Ba(OH)_2$ 溶液以及二者混合液的 pH，结果列于表 4-19 中。0.01mol/L 纯 $Ba(OH)_2$ 溶液的 pH 为 9.93，而纯 EDA 的 pH 为 13.56。值得注意的是，将不同质量的 EDA 加入到 50mL 0.01mol/L $Ba(OH)_2$ 溶液中后，体系初始的 pH 介于两种纯溶液之间，并且随 EDA 加入量增加由 12.06 缓慢增大至 12.82。这可归因于游离的 EDA 在水溶液中形成质子化 EDA 和氢氧根离子。也就是说，EDA 加入量越多，溶液中会产生越多的氢氧根离子，进而导致 pH 逐渐增大。反应结束后，滤液的 pH 随 EDA 加入量增加由 7.13 增大至 10.00，EDA 加入量为 2g、4g、6g 时滤液接近中性，其他 EDA 加入量下滤液偏弱碱性。这在一定程度上说明添加的 EDA 对溶液 pH 具有缓冲作用，进而影响 CO_2 非生物直接矿化 $BaCO_3$ 晶体的结晶过程。

电导率是反应电离程度的重要参数，可以反映出混合体系中离子电离度的变化。如表 4-19 所示，50mL 0.01mol/L $Ba(OH)_2$ 溶液的电导率为 4.57mS/cm，EDA 的电导率为 6.7×10^{-3} mS/cm。令人惊奇的是，当两者混合后，体系初始的电导率远大于 EDA 的电导率，接近 0.01mol/L $Ba(OH)_2$ 溶液的电导率，并且随 EDA 加入量增加逐渐减小。也就是说，当 EDA 加入到 $Ba(OH)_2$ 溶液中，两者发生了某种作用，导致体系的电导率降低，而且这种作用随 EDA 加入量增加逐渐增强。EDA 由于其氨基配位能力较强而广泛用作无机螯合配体，故两者可能发生螯合作用，即 EDA 螯合 Ba^{2+}。Zagler 等[69] 研究了 EDA 六配位以及九配位螯合 Ba^{2+}。König 等[70] 发现 EDA 可八配位螯合 Ba^{2+}。由此可知，EDA 与 Ba^{2+} 两者之间在通入 CO_2 之前存在配位螯合作用。为此，实验计算了体系中 EDA 分子数、$Ba(OH)_2$ 分子数以及 EDA 配位螯合 Ba^{2+} 的分子数，结果如表 4-20 所示。由表 4-20 可知，50mL 0.01mol/L $Ba(OH)_2$ 溶液含有 3.01×10^{20} 个 Ba^{2+}，相比之下，EDA 分子数远远多于 $Ba(OH)_2$ 分子数。按照 EDA 九配位螯合 Ba^{2+}，3.01×10^{20} 个 Ba^{2+} 则需要 1.355×10^{21} 个 EDA 分子。在配位螯合 Ba^{2+} 后，体系中还有大量 EDA 剩余，且剩余量随 EDA 加入量增加而增多。这些剩余的游离 EDA 除调节 pH 之外还继续在 CO_2 矿化过程中发挥其他的重要作用。

表 4-19 不同 EDA 加入量下初始体系的 pH 和电导率变化

序号	溶液	初始 pH	初始电导率/(mS/cm)
I	50mL 0.01mol/L $Ba(OH)_2$	9.93	4.57
II	2g EDA+50mL 0.01mol/L $Ba(OH)_2$	12.06	4.21
III	4g EDA+50mL 0.01mol/L $Ba(OH)_2$	12.23	3.92
IV	6g EDA+50mL 0.01mol/L $Ba(OH)_2$	12.42	3.73
V	8g EDA+50mL 0.01mol/L $Ba(OH)_2$	12.56	3.52
VI	10g EDA+50mL 0.01mol/L $Ba(OH)_2$	12.69	3.14
VII	12g EDA+50mL 0.01mol/L $Ba(OH)_2$	12.82	2.85
VIII	纯 EDA	13.56	6.7×10^{-3}

表 4-20　EDA 配位螯合 Ba^{2+} 过程中的分子数计算

溶液[①]	分子数	EDA 配位螯合 Ba^{2+} 的分子数[②]	剩余 EDA 分子数
Ⅱ	2.003×10^{22}	1.355×10^{21}	1.868×10^{22}
Ⅲ	4.007×10^{22}	1.355×10^{21}	3.872×10^{22}
Ⅳ	6.010×10^{22}	1.355×10^{21}	5.875×10^{22}
Ⅴ	8.013×10^{22}	1.355×10^{21}	7.878×10^{22}
Ⅵ	1.002×10^{23}	1.355×10^{21}	9.885×10^{22}
Ⅶ	1.202×10^{23}	1.355×10^{21}	1.188×10^{23}
Ⅰ	3.010×10^{20}		

①序号所代表的溶液组成同表 4-19。

②根据 EDA 九配位 Ba^{2+} 计算。

当 CO_2 通入至混合体系中，CO_2 可与混合液中的水作用进而转换成碳酸氢根/碳酸根。此外，由表 4-14 可知，反应初始 CO_2 压力均为 5MPa，但反应结束后 CO_2 压力不尽相同。在 EDA 加入量为 2g 和 4g 时，最终 CO_2 压力分别为 2MPa 和 1.2MPa，而其他 EDA 加入量下的压力均变为 0 MPa，这说明 EDA 还可作为反应试剂与 CO_2 发生反应。CO_2 为酸性气体，而 EDA 为碱性溶液且具有两个氨基，导致 CO_2 与 EDA 经酸碱反应生成两性的氨基甲酸盐。氨基甲酸盐在水溶液中不稳定，易水解转换成碳酸氢盐，碳酸氢盐在碱性条件下进一步转换成碳酸根，与 Ba^{2+} 反应生成 $BaCO_3$ 晶核，体系中还存有剩余的 EDA 或氨基甲酸盐水解产生的 EDA。为证实上述过程，实验测定了滤液的 ^{13}C-NMR，结果如图 4-127 所示。图 4-127(a)、(d)中 164.690 和 164.543 处的单重峰为氨基甲酸盐的特征碳峰，这说明 CO_2 直接矿化过程中有且有过量氨基甲酸盐生成。图 4-127(b) 中 $160\leqslant\delta\leqslant162$ 范围内的单重峰为碳酸盐/碳酸氢盐的特征碳峰，由于这些碳酸盐/碳酸氢盐的快速平衡致使尚不能明确区分。但可以明确指出这些碳酸盐和碳酸氢盐一部分来自于氨基甲酸盐的水解，另一部分来自于 CO_2 的溶解。此外，40.277[图 4-127(c)]和 40.379[图 4-127(d)]为亚甲基中的碳原子，这表明反应结束后还有游离 EDA 的存在。这些结果表明 EDA 能够活化 CO_2 并且将其以氨基甲酸盐形式捕集下来，不稳定的氨基甲酸盐在碱性环境中进一步转化成为碳酸盐/碳酸氢盐，进而与 Ba^{2+} 碰撞成核。另一方面，氨基甲酸盐水解释放的 EDA 以及体系游离的 EDA 继续活化新 CO_2 分子，并在体系中发挥其他重要作用。

此外，在不同的反应条件下，均可获得均一的杆状、纺锤状 $BaCO_3$ 晶体。而在没有加入 EDA 的对照实验中，将 CO_2 引入 $Ba(OH)_2$ 后最终得到澄清的溶液，并未获得 $BaCO_3$ 晶体。分析其原因，CO_2 过量将导致先形成的 $BaCO_3$ 进一

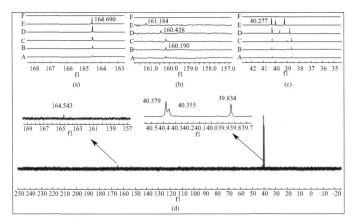

图 4-127 不同 EDA 加入量下制备 $BaCO_3$ 晶体后滤液的 ^{13}C-NMR 图谱

[（d）为 F 曲线的放大图]

EDA 加入量：A—2g；B—4g；C—6g；D—8g；E—10g；F—12g

反应条件：5 MPa CO_2，25℃，搅拌 3h，50mL 0.01mol/L Ba（OH）$_2$ 溶液

步转化为 Ba（HCO$_3$）$_2$。为进一步验证反应液是 Ba（HCO$_3$）$_2$ 溶液，向反应液中滴加 NaOH 溶液，发现反应液由澄清变浑浊，这归因于 Ba（HCO$_3$）$_2$ 与 NaOH 反应生成 $BaCO_3$ 沉淀。但将不同质量的 EDA 添加到 Ba（OH）$_2$ 溶液中（其他条件不变），实验在反应结束后即可获得 $BaCO_3$ 沉淀，在 2g、4g、8g、10g 添加量下获得纺锤状颗粒，在 6g、12g 添加量下获得杆状颗粒。这表明 EDA 在 $BaCO_3$ 晶体的成核、自组装、生长等结晶过程中扮演着晶体调节剂的角色。另外，EDA 与 Ba^{2+} 之间的配位螯合作用不可忽略。在 CO_2 未通入 EDA-Ba^{2+} 混合溶液之前，EDA 可和 Ba^{2+} 发生配位螯合作用，使得 Ba^{2+} 包含于 EDA 分子的立体结构中，导致 Ba^{2+} 周围存在不同的空间位阻。这种空间位阻对 $BaCO_3$ 晶体的成核、自组装、生长有着重大的影响。一方面，位阻会导致 Ba^{2+} 不能完全、任意地接触碳酸根成核。另一方面，位阻也会影响晶核的生长、自组装等过程，导致 $BaCO_3$ 晶体具有不同形貌和结构。

综上所述，EDA 首先作用于 Ba（OH）$_2$ 溶液以改变反应体系性质，然后活化 CO_2、参与 CO_2 矿化过程，并进一步调控 $BaCO_3$ 晶体的结晶过程。这种调控化学主要包括配位螯合 Ba^{2+}、活化 CO_2、调控体系的 pH 以及晶体的结晶过程。以上 EDA 调控化学的系统研究未见报道。通过分析反应前后 CO_2 压力、体系 pH 以及电导率变化可知，CO_2 可经溶解过程和氨基甲酸盐反应历程变为碳酸根和碳酸氢根，与 Ba^{2+} 生成 $BaCO_3$ 晶核，剩余游离的 EDA 调控体系 pH 和 BaCO_3 晶核生长，组装成不同形貌的 $BaCO_3$ 晶体。

② 其他胺的调控作用　应用于烟气中脱除 CO_2 的胺（氨）还包括单乙醇胺（MEA）、二乙醇胺（DEA）、三乙醇胺（TEA）、N-甲基二乙醇胺（MEDA）、2-氨基-2-甲基丙醇（AMP）和氨水（$NH_3 \cdot H_2O$），这些胺在 CO_2 非生物直接矿化过程中是否也具有类似于 EDA 介导的调控作用？为此，我们借助于 CO_2 非生物直接矿化为 $BaCO_3$ 晶体研究了这些胺的调控作用，进而为胺调控提供更丰富的理论依据。

加入不同胺（氨）时 $BaCO_3$ 晶体的 SEM 图见图 4-128。如图 4-128 所示，在 10g MEA 加入量下，$BaCO_3$ 晶体呈现出均一的纺锤状形貌，平均尺寸为 $4.95\mu m \times 0.98\mu m$[图 4-128(a)]。当加入 6g DEA 时，可获得单分散的捆绑状晶体，其平均尺寸为 $4.15\mu m \times 5.85\mu m$[图 4-128(b)]。当将 12g TEA 引入体系中，$BaCO_3$ 晶体的平均尺寸为 $9.41\mu m \times 1.30\mu m$，并且表现为条状结构[图 4-128(c)]。在 12g MEDA 加入量下，可获得平均尺寸为 $7.07\mu m \times 0.54\mu m$ 的 $BaCO_3$ 棒[图 4-128(d)]。而用 12g AMP 替代 MEDA 后，形成了清晰的 $BaCO_3$ 晶须，平均尺寸为 $10.06\mu m \times 0.44\mu m$[图 4-128(e)]。在 2g $NH_3 \cdot H_2O$ 加入量下，则可得到平均尺寸为 $11.21\mu m \times 2.51\mu m$ 的哑铃状 $BaCO_3$ 晶体[图 4-128(f)]。不同胺（氨）与 $Ba(OH)_2$ 反应前后溶液的 pH 和电导率变化列于表 4-21。

图 4-128　加入不同胺（氨）时的 $BaCO_3$ 晶体样品的 SEM 图

加入胺（氨）的品种及加入量：A_{216}，10g MEA；B_{216}，6g DEA；C_{216}，12g TEA；D_{216}，12g MEDA；E_{216}，12g AMP；F_{216}，2g $NH_3 \cdot H_2O$

反应条件：5 MPa CO_2，25℃，搅拌 3h，50mL 0.01mol/L $Ba(OH)_2$ (aq)

表 4-21　不同胺-Ba(OH)$_2$ 混合液反应前后 pH 和电导率变化

溶液	pH		电导率/(mS/cm)	
	初始	过滤	初始	过滤
50mL 0.01mol/L Ba(OH)$_2$	9.93	—	3.93	—
50mL MEA	13.94	—	0.01341	—
2g MEA + 50mL 0.01mol/L Ba(OH)$_2$	11.96	7.39	3.86	26.6
4g MEA + 50mL 0.01mol/L Ba(OH)$_2$	12.22	7.40	3.60	超出量程
6g MEA + 50mL 0.01mol/L Ba(OH)$_2$	12.23	7.39	3.20	超出量程
8g MEA + 50mL 0.01mol/L Ba(OH)$_2$	12.32	7.41	2.92	超出量程
10g MEA + 50mL 0.01mol/L Ba(OH)$_2$	12.34	7.45	2.68	超出量程
12g MEA + 50mL 0.01mol/L Ba(OH)$_2$	12.39	7.60	2.63	超出量程
50mL DEA	12.32	—	0.0000373	—
2g DEA + 50mL 0.01mol/L Ba(OH)$_2$	11.89	7.65	1.983	16.27
4g DEA + 50mL 0.01mol/L Ba(OH)$_2$	11.99	7.46	2.66	26.2
6g DEA + 50mL 0.01mol/L Ba(OH)$_2$	12.09	7.47	2.77	27.3
8g DEA + 50mL 0.01mol/L Ba(OH)$_2$	12.02	7.54	2.08	超出量程
10g DEA + 50mL 0.01mol/L Ba(OH)$_2$	12.04	7.56	1.929	超出量程
12g DEA + 50mL 0.01mol/L Ba(OH)$_2$	11.90	7.44	2.06	超出量程
50mL TEA	11.37	—	0.00297	—
2g TEA + 50mL 0.01mol/L Ba(OH)$_2$	12.06	7.31	3.39	10.59
4g TEA + 50mL 0.01mol/L Ba(OH)$_2$	11.99	7.31	2.74	17.81
6g TEA + 50mL 0.01mol/L Ba(OH)$_2$	12.03	7.30	1.904	21.0
8g TEA + 50mL 0.01mol/L Ba(OH)$_2$	11.94	7.32	2.01	20.8
10g TEA + 50mL 0.01mol/L Ba(OH)$_2$	11.97	7.36	1.754	21.4
12g TEA + 50mL 0.01mol/L Ba(OH)$_2$	11.97	7.43	1.537	23.7
50mL MEDA	11.45	—	0.001031	—
2g MEDA + 50mL 0.01mol/L Ba(OH)$_2$	12.20	7.69	3.49	14.85
4g MEDA + 50mL 0.01mol/L Ba(OH)$_2$	12.05	7.66	1.68	20.9
6g MEDA + 50mL 0.01mol/L Ba(OH)$_2$	12.08	7.71	2.52	25.6
8g MEDA + 50mL 0.01mol/L Ba(OH)$_2$	12.16	7.72	2.20	超出量程
10g MEDA + 50mL 0.01mol/L Ba(OH)$_2$	12.17	7.82	1.936	超出量程
12g MEDA + 50mL 0.01mol/L Ba(OH)$_2$	12.12	7.87	1.319	超出量程
50mL NH$_3$ · H$_2$O	12.29	—	1.822	—
2g NH$_3$ · H$_2$O + 50mL 0.01mol/L Ba(OH)$_2$	12.23	7.88	4.03	超出量程

续表

溶液	pH		电导率/(mS/cm)	
	初始	过滤	初始	过滤
4g NH$_3$·H$_2$O + 50mL 0.01mol/L Ba(OH)$_2$	12.30	7.88	3.74	2.58
6g NH$_3$·H$_2$O + 50mL 0.01mol/L Ba(OH)$_2$	12.36	8.01	3.59	2.47
8g NH$_3$·H$_2$O + 50mL 0.01mol/L Ba(OH)$_2$	12.38	7.89	3.44	2.71
10g NH$_3$·H$_2$O + 50mL 0.01mol/L Ba(OH)$_2$	12.46	7.93	3.36	2.57
12g NH$_3$·H$_2$O + 50mL 0.01mol/L Ba(OH)$_2$	12.42	8.99	3.35	2.49
50mL AMP	13.44	—	0.001147	—
2g AMP + 50mL 0.01mol/L Ba(OH)$_2$	12.18	7.89	3.73	17.77
4g AMP + 50mL 0.01mol/L Ba(OH)$_2$	12.35	7.86	3.76	24.8
6g AMP + 50mL 0.01mol/L Ba(OH)$_2$	12.37	7.93	3.08	超出量程
8g AMP + 50mL 0.01mol/L Ba(OH)$_2$	12.44	7.95	2.69	超出量程
10g AMP + 50mL 0.01mol/L Ba(OH)$_2$	12.42	7.96	2.52	超出量程
12g AMP + 50mL 0.01mol/L Ba(OH)$_2$	12.59	9.01	2.38	27.3

这些结果表明所有研究的胺（氨）均可介导 CO_2 非生物直接矿化过程，以及制备具有有序结构的 $BaCO_3$ 晶体。通过监测反应前后 pH 和电导率变化，这些胺均具有类似 EDA 调控化学的功能，主要体现在配位螯合 Ba^{2+}、活化 CO_2、调控体系 pH 以及晶体结晶过程。这也进一步说明胺调控化学不受胺的种类限制，具有一定的广泛适用性。

（7）胺调控 CO_2 非生物直接矿化其他碳酸盐

EDA 可协同作为初始反应物、配位螯合剂、结构导向剂和 pH 调节剂调控 CO_2 直接矿化为 $BaCO_3$ 晶体。由此提出的胺介导的调控化学主要表现在配位螯合 Ba^{2+}、活化 CO_2、调控体系 pH 以及晶体结晶过程，并且不受胺的种类限制。本节则用胺介导的调控化学研究金属离子的种类，进而研究胺调控化学对金属离子的普遍适用性。适宜矿化条件下 MCO_3 晶体的 SEM 图见图 4-129。

很显然，在胺介导的调控化学作用下，所有金属碳酸盐都呈现出特定的结构，如图 4-129 所示。在适宜的矿化条件下，具有粗糙表面、纳米粒子组装而成的 $CaCO_3$ 晶体呈现出圆盘状形貌[图 4-129（a）]。对于纺锤状 $SrCO_3$ 晶体来说，也是由 50nm 左右的纳米粒子组装而成[图 4-129（b）]。当金属离子为 Mn^{2+} 时，所得 $MnCO_3$ 晶体具有纳米尺度，平均尺寸为 231nm×102nm[图 4-129（c）]。Pb^{2+} 引入反应体系后，可获得尺寸较大的金刚石状 $PbCO_3$ 晶体[图 4-129（d）]。同样，较均一的杆状 $CdCO_3$ 晶体在适宜的矿化条件下也可获得[图 4-129（e）]。

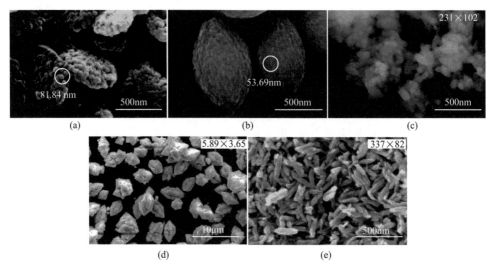

图 4-129　适宜矿化条件下 MCO_3 晶体的 SEM 图

(a) $CaCO_3$ 12g EDA，6MPa CO_2，3h；(b) $SrCO_3$ 10g EDA，5MPa CO_2，2h；(c) $MnCO_3$ 2g EDA，

6MPa CO_2，1h；(d) $PbCO_3$ 6g EDA，6MPa CO_2，1h；(e) $CdCO_3$ 4g EDA，5 MPa CO_2，3h

其他条件：25℃，50mL 0.01mol/L M^{2+}

　　结合前一节的 Ba^{2+}，上述六种金属离子在胺介导的调控化学作用下均可定向组装或直接矿化为具有不同尺寸、特定形貌结构的碳酸盐晶体。由此可知，胺介导的调控化学在 CO_2 非生物直接矿化过程不受胺的种类和金属离子种类限定，并且具有普遍适用性。

4.2.4　基于胺导向作用碳酸盐的制备

　　随着全球变暖的缓解和不可避免的碳经济的可持续发展，绿色和可持续的 CO_2 捕获和利用（CCU）已经成为一个非常重要的主题，也引起了人们对绿色和可持续化学的浓厚兴趣。各种 CCU 技术的主要障碍是 CO_2 转化为高附加值化学品时缺乏经济性，并最终提供环保的 C_1 原料。由于 CO_2 中的碳处于最热力学稳定的氧化态，因此 CCU 通常需要反应物质或电还原过程在催化剂和/或高能量下通过化学反应来活化 CO_2。与此同时，将 CO_2 非生物矿化为 MCO_3 晶体不仅可以直接消耗大量的 CO_2，而且还产生有价值的化学物质，因此该过程受到广泛关注。然而，矿化通常需要模板或添加剂、高温或很长的反应时间。

　　在此，我课题组设计了胺相转移方法[71]（图 4-130），在室温和大气压下，将 CO_2 循环非生物矿化转化为 MCO_3 晶体。

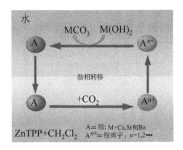

图 4-130　基于胺的相转移催化的 CO_2 的非生物矿化过程

该过程主要包括胺/铵离子可循环的相转移过程和胺与铵离子之间的可控转化。首先，将胺从水相（水）转移到 CH_2Cl_2 相中，与 ZnTPP 形成有色配位络合物（图 4-131）。然后通入 CO_2，CO_2 与 ZnTPP 竞争，并在水存在的条件下与胺形成氨基甲酸酯和碳酸氢盐，并在 CH_2Cl_2 相中释放 ZnTPP 用于下一循环。然后，将氨基甲酸盐和碳酸氢盐水溶液与适量的 M $(OH)_2$（M = Ca、Sr 和 Ba）混合，便可在室温下沉淀出具有均匀多晶型的 MCO_3 纳米晶体。过滤 MCO_3 纳米晶体后，含有游离胺的滤液可重复用于下一个循环。工作中，研究尝试用 5 种胺和三种 M $(OH)_2$ 对系统进行了研究。为此，提供的绿色和可持续的 CCU 方法，具有高效率和低成本的特点。

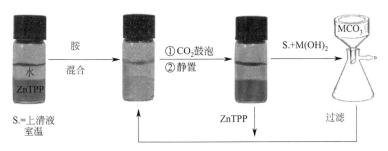

图 4-131　金属卟啉固胺、捕获 CO_2 及矿化过程

在典型的方法中，当胺（表 4-22）从水相转移至含有 ZnTPP 作为胺受体的 CH_2Cl_2 中，CH_2Cl_2 相的颜色从粉红色变为海蓝宝石色，并且 ZnTPP 的 Soret 带由于 ZnTPP-胺复合物的形成而导致 $\Delta\lambda = 6\sim10\mathrm{nm}$ 的红移。当 CO_2 气体鼓泡进入 CH_2Cl_2 相时，迅速恢复为粉红色，并且 Soret 带回到了游离 ZnTPP 的原始位置。这种现象的变化可以解释为：CO_2 会和 ZnTPP 竞争与胺发生反应，CO_2 的存在使 ZnTPP-胺络合物解离，并在水的条件下形成氨基甲酸酯和碳酸氢根。

表 4-22　ZnTPP-胺络合物的缔合常数 (K_{assoc}) 以及二氧化碳
与胺的平衡常数 ($K_{eq}^{\ominus}$ 为 298.15K)

胺	K_{assoc}	$K_{eq}^{\ominus}$(正向反应速率常数/[L/(mol·s)])
乙二胺(EDA)	65.4	(1.2×10^4)[72]
二乙醇胺(DEA)	65.0	4.52×10^3[$(1.41$ 或 $5.79)\times10^3$][73,74]
乙醇胺(MEA)	137	$1.75\times10^5(4.89-5.72\times10^3)$[73,74]
二乙胺(DEYA)	681	—
三乙醇胺(TEA)	8.11	(3.9)[75]

注：$K_{eq}^{\ominus}=K_{eq}c^{\ominus}(c^{\ominus}=1\text{mol/L})$。

之后，将水相分离并在室温下与适量的 M (OH)$_2$ 反应 30 min，便会使 CO_2 非生物地矿化成具有均匀多晶型的 MCO_3 晶体。将矿化后的 MCO_3 晶体分离，剩余滤液中含有胺，可再循环用于下一次的 CO_2 固定和转化。在室温和大气压下，该过程可被成功地重复 6 次。其他化合物包括 CH_4、CO、NO、O_2、H_2O 和 N_2，它们通常与 CO_2 气体共存在工业废气和脱硫烟道气中，这些化合物在电子条件下无法与 ZnTPP 竞争，因此没有检测到可见的光谱变化。

基于液体胺的各种 CO_2 捕获系统，包括 MEA、DEA、TEA 和甲基二乙胺 (MDEA)，可以去除 CO_2。然而，这些体系的溶剂再生通常需要以高能量成本 (100℃至120℃)，并且在吸收-解吸循环期间由蒸发和热降解引起溶剂的损失，会影响其实际应用。此外，释放的 CO_2 也无法充分利用。最近，Kang 等人使用 2-氨基-2-甲基丙醇 (AMP) 作为 CO_2 吸收剂，来测试其再生性能。当钙源是 $CaCl_2$ 和 Ca (OH)$_2$ 时，发现该系统可以将 CO_2 从胺中解吸并将 CO_2 以 $CaCO_3$ 的形式永久地封存。研究结果表明，该方法具有很高的解吸效率。结合实验及表征结果得出的结论是，化学再生是在胺吸收剂的 pH 值摆动下进行的，而不是典型的热再生程序的温度摆动，因此降低了再生能量。同时，Leontiev 和 Rudkevich[76] 发现 ZnTPP 可与仲胺或叔胺形成稳定的配位络合物，这使得 ZnTPP 成为胺的优良受体，且 CO_2 不能与卟啉竞争胺。然而，ZnTPP 通常仅可溶于高挥发性的有机溶剂中。

因此，我们设计了水和含有 ZnTPP 的 CH_2Cl_2 的两相体系来固定胺以捕获 CO_2，其中水可被用作 CH_2Cl_2 相的密封液体。为了评估这种系统在 CO_2 捕获和利用中的可能性，使用 EDA 作为代表性胺来研究 CH_2Cl_2 相中胺-ZnTPP 的光谱特征。将 EDA 水溶液逐步加入到 ZnTPP CH_2Cl_2 溶液中并监测 ZnTPP 溶液对胺的吸收。结果表明，EDA 的加入导致 ZnTPP 的 Soret 谱带特征峰发生 $\Delta\lambda=10$nm 的红移，从 418nm 变为 428nm[图 4-132 (a)]，Q 波段的特征峰从 547nm 移动到 563nm，并且游离 ZnTPP 在 550nm 处的特征峰消失。此外，

ZnTPP 溶液的颜色从粉红色明显地变为海蓝宝石色。这些结果表明形成了 ZnT-PP-胺络合物，其中胺氮与 Zn 原子配位。

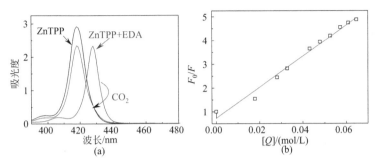

图 4-132　ZnTPP 和复合 ZnTPP-EDA 的吸光度谱（a）和 ZnTPP-EDA 的结合关系（b）

荧光数据可以支持测试胺和 ZnTPP 之间的 1∶1 化学计量，胺包括 EDA（图 4-132），DEA、MEA、DEYA 和 TEA，其结合常数范围为 8 至 681（表 4-22），这比胺和水之间的氢键高很多。因此，胺可以容易地从水相转移到 CH_2Cl_2 相中，与 ZnTPP 以形成 ZnTPP-胺络合物。相关报告指出实验中测试的 EDA 和 MEA 与 CO_2 形成氨基甲酸铵（$-NH_2CO_2-$）的平衡常数为 4.52×10^3 和 1.75×10^5，明显高于胺和 ZnTPP 之间的缔合常数。

同时，目前没有发现 EDA、EDYA 和 TEA 与 CO_2 的平衡常数。

因此，CO_2 可以替代 ZnTPP-胺络合物中的 ZnTPP 与胺形成氨基甲酸酯，并从 CH_2Cl_2 相转移到水相中，使 ZnTPP 的 Soret 带和 Q 带分别恢复到 418nm 和 547nm 处的原始位置[图 4-132(a)]。CH_2Cl_2 相的颜色也变为粉红色（图 4-131）。

数十年来人们都知道 CO_2 可与胺反应生成稳定的氨基甲酸酯。然而，在水存在的条件下，它可与胺形成更为稳定的氨基甲酸铵和碳酸氢铵，HCO_3^- 在 FTIR 光谱平面外振动处的 $822cm^{-1}$ 的峰值，和 HCO_3^- 在 13C-NMR 中 164.0 处的典型化学位移峰。同时，HCO_3^- 的典型 13C-NMR 化学位移峰是在 164.0 处。

氨基甲酸酯和碳酸氢盐在水中的溶解度比在 CH_2Cl_2 中的溶解度强，因此它们容易相转移到水相中。这个过程是可控的并适用于所有的测试胺，表明其广泛的应用。该反应的反应机理和过程如图 4-133 所示。

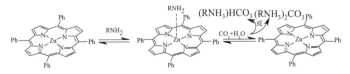

图 4-133　胺固定和 CO_2 捕获的反应机理和过程

　　然后分离含有氨基甲酸铵和碳酸氢铵水相和含有游离 ZnTPP 的 CH_2Cl_2 相。无需任何处理，CH_2Cl_2 相可以直接用于下一循环，并且在 25 个循环中都表现出良好的性能。含有氨基甲酸铵和碳酸氢铵水溶液与 30mL 0.02mol/L 的 M$(OH)_2$ 混合，在室温下通过简单的静态方法反应 30 min，便会形成具有均匀多晶型的 MCO_3 晶体其 SEM 照片见图 4-134；被释放出来的胺可用于下一步的循环。此外，由于 EDA 中氮原子上的孤对电子，EDA 和 M^{2+}（M＝Ca、Sr 和 Ba）之间存在强烈的静电相互作用，因此 EDA 可以与 M^{2+} 结合，附着在 MCO_3 晶体的表面。也就是说，吸附的 EDA 分子形成的层可以作为 MCO_3 结晶的有效模板。因此，MCO_3 晶体的形成过程可能如下所示：

$$M(OH)_2 \longrightarrow M^{2+} + 2OH^- \tag{4-5}$$

$$RNH_2 + CO_2 + H_2O \longrightarrow RNH_3^+ HCO_3^- (RNH_3^+ CO_2^-) \tag{4-6}$$

$$RNH_3^+ HCO_3^- (RNH_3^+ CO_2^-) + OH^- \longrightarrow RNH_3^+ OH^- + HCO_3^- \tag{4-7}$$

$$HCO_3^- \longrightarrow H^+ + CO_3^{2-} \tag{4-8}$$

$$CO_3^{2-} + M^{2+} \longrightarrow MCO_3 \downarrow \tag{4-9}$$

$$H^+ + OH^- \longrightarrow H_2O \tag{4-10}$$

$$RNH_3^+ OH^- \longrightarrow RNH_2 + H_2O \tag{4-11}$$

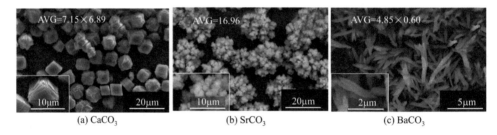

(a) $CaCO_3$　　　　　　(b) $SrCO_3$　　　　　　(c) $BaCO_3$

图 4-134　由氨基甲酸铵和碳酸氢铵与 30mL 0.02mol/L M$(OH)_2$
[Ca$(OH)_2$、Sr$(OH)_2$ 或 Ba$(OH)_2$] 反应 30min 获得的 SEM 照片

　　不含 MCO_3 沉淀的胺的滤液可以被 ZnTPP 重新固定，以进一步捕获 CO_2。所有 MCO_3 晶体均具有均匀的多晶型和相同的晶相，可在进一步加工后应用于催化和吸附领域。该方法可以有效地克服胺的挥发性，并将 CO_2 转化为具有高附加值的 MCO_3。胺和有机相都可以再循环用于 CO_2 捕获和转化。

4.3　二氧化碳储集材料调控碳酸铈的制备及表征

　　化石燃料燃烧排放的 CO_2，占 CO_2 总排放量的 87%[77]，是导致全球变暖、海平面上升，以及极端天气事件的重要因素之一。为了减少 CO_2 排放对环境造成的影响，CO_2 的捕集方法应运而生，如液体吸收法、固体吸附法和膜分离法等，其中吸附法常用于 CO_2 的捕集，CeO_2 常用作吸附剂。有学者提出[78]，CO_2 捕获能力取决于 CeO_2 的比表面积，CeO_2 的最大吸附 CO_2 量为 $50mg/g$，比表面积为 $200m^2/g$，这些材料可通过近临界醇和超临界醇制备。例如，Liu 等[79] 报道，CO_2 在 CeO_2 纳米材料上的吸附性能主要归因于材料暴露的不同晶面。Lykhach 等[80] 发现 CeO_2 活化导致碳酸盐和表面羧酸盐的快速形成。同时，通过溶液沉淀、溶胶-凝胶、微乳液、声化学和水热法等制备 $CeCO_3OH$，焙烧制得各种一维、二维纳米结构的 CeO_2，包括纳米棒、纳米线、纳米管、纳米带和其他形态。然而，反应原料需要价格较高的模板和添加剂，制备过程较为复杂，合成成本较高。

基于我课题组先前的研究，通过 EG + EDA 体系捕集、活化 CO_2 最终制得白色固体粉末 CO_2SM，在加热条件下可以释放 CO_2，这为以后的研究提供了重要思路。本节主要以 CO_2SM 和 $CeCl_3$ 为原料，利用水热法合成 $CeCO_3OH$，进一步焙烧制备 CeO_2 晶体。在合成过程中不需要添加额外的导向剂、模板剂和碳酸根离子。由于原料的用量和反应条件的不同会影响材料的结晶过程，本节重点考察了 4 个因素（CO_2SM 用量、氯化铈的浓度、反应的温度和反应时间）对材料的成核、生长、组装、形貌、尺寸和晶型等的影响，并对过滤后的滤液进行了循环制备研究，研究了 CeO_2 吸附 CO_2 的性能[81]。

我研究组利用 EG+EDA 将 CO_2 活化为 CO_2SM 并制得 $CaCO_3$ 晶体，过程中 CO_2SM 加热释放的 CO_2 转化为 CO_3^{2-}，与 Ca^{2+} 结合形成 $CaCO_3$ 沉淀，考察了 CO_2SM 的普遍适用性。基于先前的研究，本节制得碳酸铈，经焙烧制得氧化铈，并考察了 CO_2SM 的用量、反应时间、反应温度和铈离子浓度等 4 个方面对 $CeCO_3OH$ 形貌和晶相组成的影响，提出了 $CeCO_3OH$ 的生长机理，并考察了滤液吸收 CO_2 循环制备 $CeCO_3OH$ 的性能。期间，CO_2SM 加热释放的 EDA 和 EG 残留在滤液中，滤液中含有的 EDA 和 EG 可吸收 CO_2，形成新的 CO_2SM 水溶液，再次用于 $CeCO_3OH$ 的制备，制备过程如图 4-135 所示。

（1）CO_2SM 用量的影响

为了研究 CO_2SM 用量对 $CeCO_3OH$ 形貌和结晶过程的影响，研究选择不同的 CO_2SM 用量添加到 $50mL$ $0.03mol/L$ 的氯化铈溶液中，在 $100℃$ 下反应 $2h$，制得 $CeCO_3OH$，SEM 表征结果如图 4-136 所示。

由图 4-136 中可以看出，不同的 CO_2SM 用量对 $CeCO_3OH$ 形貌有着显著影响。由 SEM 照片可以观察到其形貌，当 CO_2SM 用量较少时，图 4-136(a)~(d)

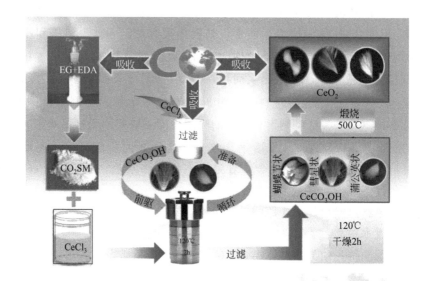

图 4-135　利用 EG ＋ EDA 体系捕集 CO_2 制得形貌可控的 $CeCO_3OH$

通过焙烧制备 CeO_2 并吸附 CO_2。过滤后的溶液不仅可以再次吸收 CO_2，可以循环制备相同晶相的 $CeCO_3OH$

(a) 样品A_{31}　　　(b) 样品B_{31}　　　(c) 样品C_{31}

(d) 样品D_{31}　　　(e) 样品E_{31}　　　(f) 样品F_{31}

(g) 样品G_{31}　　　(h) 样品H_{31}　　　(i) 样品I_{31}

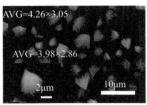

(j) 样品J$_{31}$　　　　　　(k) 样品K$_{31}$　　　　　　(l) 样品L$_{31}$

图 4-136　不同 CO$_2$SM 用量下与 50mL 0.03mol/L Ce^{3+} 溶液在 100℃下反应 2h 后获得的

不同形貌的 CeCO$_3$OH 的 SEM 照片

CO$_2$SM 用量：样品 A$_{31}$，0.6g/L；样品 B$_{31}$，1g/L；样品 C$_{31}$，1.6g/L；样品 D$_{31}$，3g/L；

样品 E$_{31}$，10g/L；样品 F$_{31}$，20g/L；样品 G$_{31}$，40g/L；样品 H$_{31}$，60g/L；样品 I$_{31}$，80g/L；

样品 J$_{31}$，100g/L；样品 K$_{31}$，120g/L；样品 L$_{31}$，140g/L

呈现出领结形貌；当 CO$_2$SM 用量增加到 10g/L 时，未见均匀形貌晶体，如图 4-136(e)。随着 CO$_2$SM 用量的继续增加，图 4-136(f)～(h)出现彗星形貌样品。当 CO$_2$SM 用量从 80g/L 增加到 140g/L 时，彗星形貌转变为蒲公英形貌，这些形貌材料鲜有报道。特别地，当 CO$_2$SM 用量分别在 3g/L，60g/L 和 140g/L 下制得形貌均一的领结形貌、彗星形貌和蒲公英形貌样品。当 CO$_2$SM 用量为 3g/L 时[图 4-136(d)]，通过电镜照片可以发现领结形貌样品的平均粒径尺寸为 7.01μm×1.64μm，可以观察到单个的领结形貌的尺寸为 6.59μm×1.33μm。当 CO$_2$SM 用量为 60g/L 时[图 4-136(h)]，通过电镜照片可以发现，彗星形貌样品的平均粒径尺寸为 13.85μm×5.53μm，单个的彗星形貌样品的尺寸为 13.67μm×5.32μm。通过进一步放大单个的彗星形貌样品，可以观察到样品由许多 30.32～55.69nm 纳米线构成。继续增加 CO$_2$SM 用量到 140g/L 时[图 4-136(l)]，由电镜照片可知蒲公英形貌样品的平均粒径尺寸为 4.26μm×3.05μm，单个蒲公英形貌样品的尺寸为 3.98μm×2.86μm。通过对比发现蒲公英形貌样品由更细的纳米线构成，直径范围为 11.21～18.82nm。

由表 4-23 可以看出，随着 CO$_2$SM 用量的增加，溶液 pH 值逐渐增大，CO$_2$SM 用量越多，加热下释放的 EDA 越多，导致溶液 pH 值增大。通过电镜照片可以得出领结形貌样品的尺寸在逐渐增大，而彗星形貌样品和蒲公英形貌样品的尺寸随着 CO$_2$SM 用量的增加而减小。

表 4-23　图 4-136 所示 CeCO$_3$OH 样品的 pH、形貌和尺寸

样品	pH	形貌	尺寸/μm
A$_{31}$	5.24	领结状	5.39×1.78
B$_{31}$	5.31	领结状	6.13×1.72
C$_{31}$	5.36	领结状	6.18×1.68

续表

样品	pH	形貌	尺寸/μm
D_{31}	5.53	领结状	7.01×1.64
E_{31}	6.66	没有均匀形貌	—
F_{31}	7.15	彗星状	35.51×8.17
G_{31}	7.68	彗星状	16.67×6.39
H_{31}	7.90	彗星状	13.85×5.53
I_{31}	8.01	蒲公英状	9.04×3.81
J_{31}	8.13	蒲公英状	5.49×3.14
K_{31}	8.29	蒲公英状	4.67×3.09
L_{31}	8.35	蒲公英状	4.26×3.05

为了进一步表征所制备的样品，本节对样品 D_{31}、H_{31}、L_{31}、E_{31} 进行 XRD 和 FTIR 光谱研究。

图 4-137 显示了图 4-136 所示样品 D_{31}、E_{31}、H_{31}、L_{31} 的 XRD 图谱。当 CO_2SM 用量为 3g/L，领结形貌样品 D_{31} 在 $2\theta = 15.801$、20.499、20.683、23.901、23.999、26.402、30.105、33.705、35.802、38.100、43.494、44.996 和 46.308 的峰分别对应 $CeCO_3OH$ 的（011）、（110）、（020）、（111）、（021）、（012）、（121）、（031）、（200）、（131）、（221）、（212）和（123）晶面，与纯正交晶相卡片相匹配（JCPDS 41-0013）。当 CO_2SM 用量达到 10g/L 时，样品 E 中未见衍射峰，表明其结晶度不高，与图 4-136(e) 的电镜照片相一致。随着 CO_2SM 用量增加到 60g/L 和 140g/L，图 4-137 中的彗星形貌样品 H_{31} 和蒲公英形貌样品 L_{31} 虽然有很强的衍射峰，但不能与标准卡片 JCPDS 相匹配。因此，可以推测彗星形貌样品 H_{31} 和蒲公英形貌样品 L_{31} 是 $CeCO_3OH$ 样品的其他晶体形式，可以通过 FTIR 光谱进一步证实。

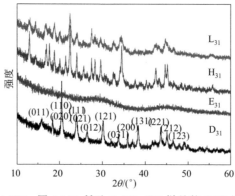

图 4-137　图 4-136 所示 $CeCO_3OH$ 样品的 XRD 图谱

图 4-138 显示了图 4-136 所示样品 D_{31}、E_{31}、H_{31}、L_{31} 的 FTIR 光谱。$3460cm^{-1}$ 处的特征峰归因于 O—H 伸缩振动。由于在 $1600cm^{-1}$ 附近没有特征峰出现，表明此—OH 基团的伸缩振动不是由水的—OH 基团引起的。在 $2800cm^{-1}$ 和 $3000cm^{-1}$ 之间存在微弱的特征峰归因于 C—H 振动，这是由于材料中含有残留的 EG 和 EDA 造成的。在 $1481cm^{-1}$ 到 $1496cm^{-1}$ 范围内的 FTIR 特征峰归因于 CO_3^{2-} 基团的 ν_3 不对称伸缩振动，$1074cm^{-1}$、$850cm^{-1}$ 和 $754cm^{-1}$ 处的 FTIR 特征峰分别与 CO_3^{2-} 基团的 ν_1 对称伸缩振动、ν_2 面外弯曲振动和 ν_4 面内弯曲振动相匹配。在 $694cm^{-1}$ 处的 FTIR 特征峰可以归属于 CO_3^{2-} 基团的振动。FTIR 光谱的分析结果显示材料中含有—OH 基团和 CO_3^{2-} 基团，与 XRD 图谱分析的结果相一致，进一步证明材料为 $CeCO_3OH$ 晶体。

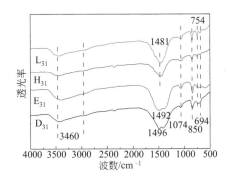

图 4-138　图 4-136 所示 $CeCO_3OH$ 样品 D_{31}、E_{31}、H_{31}、L_{31} 的 FTIR 光谱

上述结果表明不同的 CO_2SM 用量不仅导致 $CeCO_3OH$ 样品产生不同的形貌，而且导致不同晶相的形成。由于在 3g/L、60g/L 和 140g/L 下制得形貌均一的领结形貌、彗星形貌和蒲公英形貌的 $CeCO_3OH$ 样品，因此选择 CO_2SM 用量为 3g/L、60g/L 和 140g/L 进一步考察。

（2）反应温度的影响

为了研究反应温度对 $CeCO_3OH$ 样品形貌和结晶过程的影响，研究选择 CO_2SM 用量在 3g/L、60g/L 和 140g/L 时，在不同的温度（80℃、90℃、100℃、110℃、120℃和 130℃）下将 CO_2SM 与 50mL 0.03mol/L Ce^{3+} 溶液混合，反应 2h。

① 3g/L CO_2SM 用量　对 CO_2SM 用量为 3g/L 时制备的 $CeCO_3OH$ 样品进行 SEM 表征，结果如图 4-139 所示。如图 4-139(a)～(e)所示，随着温度从 80℃增加到 120℃，领结形貌样品 A_{32}～E_{32} 的尺寸从 $5.04\mu m \times 1.77\mu m$ 逐渐增加到 $9.84\mu m \times 1.50\mu m$。当温度升高到 130℃时，图 4-139(f) 中样品 F_{32} 的领结形貌明显受到破坏，尺寸减小到 $5.87\mu m \times 1.43\mu m$。具体的反应条件、形貌和尺寸见

图 4-139　不同温度下，CO_2SM 用量为 3g/L 时 $CeCO_3OH$ 样品的 SEM 照片

表 4-24。从图 4-139 中可知，在 120℃时最适合晶体生长，能得到形貌均一的领结形貌 $CeCO_3OH$ 样品。

表 4-24　图 4-139 所示 $CeCO_3OH$ 样品的反应条件、形貌、尺寸

样品	$CO_2SM/(g/L)$	pH	温度/℃	形貌	尺寸/μm
A_{32}			80		5.04×1.77
B_{32}			90		5.10×1.72
C_{32}	3	5.53	100	领结状	7.01×1.64
D_{32}			110		8.91×1.59
E_{32}			120		9.84×1.50
F_{32}			130		5.87×1.43

图 4-140(a) 显示了图 4-139 所示样品的典型 XRD 图谱。领结形貌样品的衍射峰归属于纯正交晶相，与标准卡片 JCPDS No. 41-0013.60 相一致。根据图 4-140(b) 中图 4-139 所示样品的典型 FTIR 光谱，在 3460cm^{-1} 处的红外特征峰归因于羟基的伸缩振动。碳酸根离子伸缩振动导致 1496～1417cm^{-1} 之间出现强的特征峰。694cm^{-1}、725cm^{-1} 和 850cm^{-1} 尖锐的吸收峰归因于碳酸根离子的弯曲振动。

② 60g/L CO_2SM 用量　在 60g/L CO_2SM 用量时，研究温度对彗星形貌样品的影响，结果如图 4-141 所示，表明温度对彗星形貌样品的尺寸有显著影响。当反应温度从 80℃升高到 120℃时，彗星形貌样品的尺寸从 13.17μm×5.40μm（样品 G_{32}）逐渐增加到 18.14μm×6.15μm（样品 K_{32}）。将反应温度继续升温至

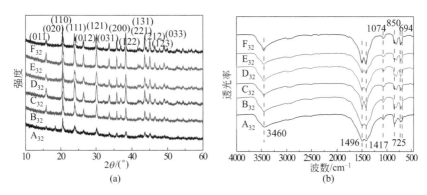

图 4-140　图 4-139 所示 $CeCO_3OH$ 样品的 XRD 图谱（a）和 FTIR 谱图（b）

130℃时，样品的尺寸减小到 $14.06\mu m \times 5.81\mu m$（样品 L_{32}）。具体的反应条件和形貌尺寸见表 4-25。由图 4-141 可知，在 120℃时最适晶体生长且能得到均一的彗星形貌 $CeCO_3OH$ 样品。

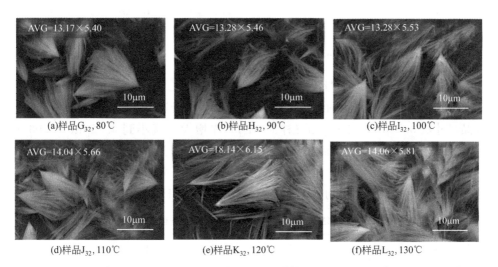

图 4-141　不同温度下，CO_2SM 用量为 60g/L 时制得的 $CeCO_3OH$ 样品的 SEM 照片

表 4-25　图 4-141 所示 $CeCO_3OH$ 样品的反应条件、形貌、尺寸

样品	CO_2SM 用量/(g/L)	pH	温度/℃	形貌	尺寸/μm
G_{32}			80		13.17×5.40
H_{32}			90		13.28×5.46
I_{32}	60	7.90	100	彗星状	13.85×5.53
J_{32}			110		14.04×5.66
K_{32}			120		18.14×6.15
L_{32}			130		14.06×5.81

图 4-142(a) 显示了图 4-141 所示样品的典型 XRD 图谱。尽管 XRD 图谱的衍射峰较为明显，但衍射峰未能与标准 JCPDS 卡片相匹配。根据图 4-142(b) 中图 4-141 所示样品的 FTIR 光谱，$3460cm^{-1}$ 处特征峰可归属于—OH 伸缩振动，在 $1481cm^{-1}$ 附近出现密集的特征峰可归属为 CO_3^{2-} 基团的振动峰，在 $850cm^{-1}$ 和 $754cm^{-1}$ 处的特征峰分别归属于 CO_3^{2-} 基团的面外弯曲振动和面内弯曲振动。在 $694cm^{-1}$ 处的特征峰归属为 CO_3^{2-} 基团振动峰，与文献报道一致。

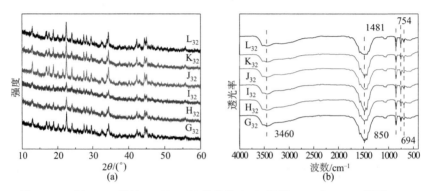

图 4-142　图 4-141 所示 $CeCO_3OH$ 样品的 XRD 图谱 (a) 和 FTIR 谱图 (b)

③ $140g/LCO_2SM$ 用量　CO_2SM 用量为 140g/L 时所得 $CeCO_3OH$ 样品的 SEM 照片见图 4-143。由图可见，随着温度从 80℃ 升高到 130℃，蒲公英形貌的样品尺寸从 $3.72\mu m \times 2.61\mu m$（样品 M_{32}）先增大后减小到 $4.52\mu m \times 3.06\mu m$（样品 R_{32}）；在 120℃ 时，蒲公英形貌的样品尺寸达到最大值 $4.81\mu m \times 3.21\mu m$（样品 Q_{32}）。具体反应条件和形貌、尺寸见表 4-26。由图 4-143 可知，120℃ 时更适合晶体生长，可制得均一的蒲公英形貌 $CeCO_3OH$ 样品。

表 4-26　图 4-143 所示 $CeCO_3OH$ 样品的反应条件、形貌、尺寸

样品	CO_2SM 用量/(g/L)	pH	温度/℃	形貌	尺寸/μm
M_{32}			80		3.72×2.61
N_{32}			90		4.13×2.74
O_{32}			100		4.26×3.05
P_{32}	140	8.35	110	蒲公英状	4.69×3.11
Q_{32}			120		4.81×3.21
R_{32}			130		4.52×3.06

图 4-143 不同温度下，CO_2SM 用量为 $140g/L$ 时制得的 $CeCO_3OH$ 样品的 SEM 照片

图 4-144(a) 是图 4-143 所示样品的 XRD 图谱。由图 4-142 和图 4-144 可知，蒲公英形貌样品的 XRD 衍射峰与彗星形貌样品的 XRD 衍射峰的位置一致，且衍射峰的较强，但蒲公英形貌样品的 XRD 衍射峰同样未能与标准 JCPDS 卡片相匹配。可以推测蒲公英形貌样品的 XRD 衍射峰是一种未知的 $CeCO_3OH$ 样品晶型。由图 4-144(b) 中 FTIR 光谱分析可知，在 $1481cm^{-1}$ 处出现强的特征峰归因于 CO_3^{2-} 基团的不对称伸缩振动，在 $694cm^{-1}$、$754cm^{-1}$ 和 $850cm^{-1}$ 处尖峰归因于 CO_3^{2-} 基团的面内弯曲振动和面外弯曲振动。在 $3460cm^{-1}$ 处的特征峰值是由于 OH-基团的 O—H 伸缩振动引起的。

从以上对 $CeCO_3OH$ 样品的表征中，可以看出温度不会改变样品的形貌，但对样品尺寸有较大影响。晶体尺寸均是先增大后减小，并在 $120℃$ 时达到最大尺寸。通过样品的 XRD 和 FTIR 谱图，可知温度不会影响样品的晶型，均含有碳酸根。根据以上分析，选择 $120℃$ 进行下一步考察。

（3）反应时间的影响

为了研究反应时间对 $CeCO_3OH$ 样品的形貌和结晶过程的影响，研究选择 CO_2SM 用量在 $3g/L$、$60g/L$ 和 $140g/L$ 时，在不同的反应时间（1h、2h、4h、6h 和 8h），将 CO_2SM 与 $50mL$ $0.03mol/L$ Ce^{3+} 溶液混合，$120℃$ 下反应。

① $3g/L$ CO_2SM 剂量 对 CO_2SM 用量为 $3g/L$ 时所得 $CeCO_3OH$ 样品进行 SEM 表征，结果如图 4-145 所示。当反应时间为 1h 时，领结形貌样品的尺寸达到 $8.38\mu m \times 1.67\mu m$[图 4-145(a)]。随着反应时间的延长，领结形貌样品的尺寸

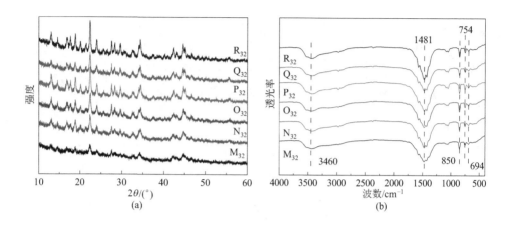

图 4-144　图 4-143 所示 $CeCO_3OH$ 样品的 XRD 图谱（a）和 FTIR 谱图（b）

达到最大值 $9.84\mu m \times 1.50\mu m$［图 4-145(b)］。延长反应时间后，领结形貌样品的尺寸逐渐减小。反应时间增加到 8h 时，领结形貌样品的尺寸减小到 $7.16\mu m \times 1.61\mu m$［图 4-145(e)］，具体的反应条件和形貌尺寸见表 4-27。由图 4-145 可知，2h 的反应时间更适合晶体生长且能得到形貌均一的领结形貌 $CeCO_3OH$ 样品。

图 4-145　不同反应时间下，3g/L CO_2 SM 和 50mL 0.03mol/L Ce^{3+} 溶液在 120℃下获得的 $CeCO_3OH$ 样品的 SEM 图像

表 4-27　3g/L CO$_2$SM 在不同时间（1～8h）下制备的领结形貌的 CeCO$_3$OH 样品

样品	CO$_2$SM 用量/(g/L)	pH	时间/h	形貌	尺寸/μm
A$_{33}$			1		8.38×1.67
B$_{33}$			2		9.84×1.50
C$_{33}$	3	5.53	4	领结状	7.76×1.71
D$_{33}$			6		7.32×1.65
E$_{33}$			8		7.16×1.61

图 4-146(a) 显示了图 4-145 所示 CeCO$_3$OH 样品的 XRD 图谱。可以看到在 1h 时，领结形貌样品的 XRD 谱图无衍射峰；当反应时间增加到 2h 时，出现衍射峰；在 2h 之后均出现非常明显的衍射峰，表明制得的领结形貌样品具有良好的结晶相，为斜方晶相结构的 CeCO$_3$OH 样品（JCPDS No.41-0013）。图 4-146 (b) 记录了图 4-145 所示 CeCO$_3$OH 样品的 FTIR 光谱。通过对比发现：在 2h 后出现了 856cm^{-1} 和 812cm^{-1} 新的特征峰，表明领结形貌 CeCO$_3$OH 样品含有碳酸根，表征结果与 XRD 相一致。

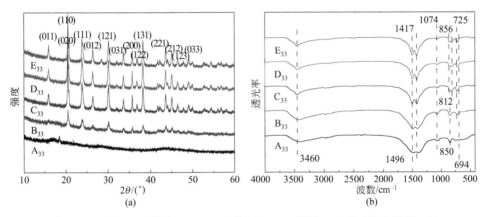

图 4-146　图 4-145 所示 CeCO$_3$OH 样品的 XRD 图谱（a）和 FTIR 谱图（b）

② 60g/L CO$_2$SM 剂量　图 4-147 为 CO$_2$SM 用量为 60g/L 时在不同反应时间制得的 CeCO$_3$OH 样品的 SEM 照片。反应 1h 后，制得的样品 F$_{33}$ 出现了 17.37μm×5.36μm 的彗星形貌。反应进行 2h 时，制得的样品 G$_{33}$ 展示出最大的平均尺寸为 18.14μm×6.15μm 的彗星形貌。随着反应时间增加到 8h，彗星形貌样品的尺寸最终减小到 13.83μm×4.51μm［图 4-147(e)］。具体的反应条件和形貌尺寸见表 4-28。从图 4-147 中可知，2h 的反应时间更适合晶体生长且能得到均一的彗星形貌。

(a) 样品F_{33},1h   (b) 样品G_{33},2h   (c) 样品H_{33},4h

(d) 样品I_{33},6h   (e) 样品J_{33},8h

图 4-147   不同反应时间，60g/L CO_2 SM 和 50mL 0.03mol/L Ce^{3+}
溶液在 120℃下获得的 $CeCO_3OH$ 样品的 SEM 照片

表 4-28   图 4-147 所示 $CeCO_3OH$ 样品的反应条件、形貌、尺寸

样品	CO_2SM/(g/L)	pH	时间/h	形貌	尺寸/μm
F_{33}			1		17.37×5.36
G_{33}			2		18.14×6.15
H_{33}	60	7.90	4	彗星状	14.73×5.93
I_{33}			6		14.04×4.96
J_{33}			8		13.83×4.51

图 4-148(a) 为图 4-147 所示 $CeCO_3OH$ 样品的 XRD 图谱。当反应时间为

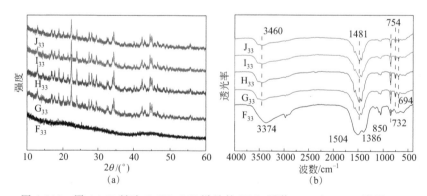

图 4-148   图 4-147 所示 $CeCO_3OH$ 样品的 XRD 图谱（a）和 FTIR 谱图（b）

1h 时，未见衍射峰出现，表明彗星形貌样品未形成晶体。当反应时间为 2～8h 时，XRD 出现与之前相一致的强衍射峰，未能与标准卡片相匹配。FTIR 光谱 [图 4-148(b)] 呈现的峰位置与彗星形貌样品的红外光谱结果表征一致。

③ 140g/L CO_2SM 用量　图 4-149 为 CO_2SM 用量为 140g/L 时制得的 $CeCO_3OH$ 样品的 SEM 照片。反应 1h 时，形成了尺寸为 $4.18\mu m \times 2.45\mu m$ 的蒲公英形貌样品（样品 K_{33}）。反应进行 2h 时，样品 L_{33} 展示出最大平均尺寸为 $4.81\mu m \times 3.21\mu m$ 的蒲公英形貌。随着反应时间延长至 8h 时，蒲公英形貌样品的尺寸最终减小到 $4.39\mu m \times 2.54\mu m$（样品 O_{33}）。具体的反应条件和形貌、尺寸见表 4-29。由图 4-149 可知，2h 的反应时间更适合晶体生长且能制得形貌均一的蒲公英形貌 $CeCO_3OH$ 样品。

图 4-149　不同的反应时间，140g/L CO_2SM 和 50mL 0.03mol/L Ce^{3+} 溶液在 120℃ 下制得的 $CeCO_3OH$ 样品的 SEM 照片

表 4-29　图 4-149 所示 $CeCO_3OH$ 样品的反应条件、形貌、尺寸

样品	CO_2SM 用量/(g/L)	pH	时间/h	形貌	尺寸/μm
K_{33}			1		4.18×2.45
L_{33}			2		4.81×3.21
M_{33}	140	8.35	4	蒲公英状	4.55×2.80
N_{33}			6		4.48×2.69
O_{33}			8		4.39×2.54

图 4-150(a) 为图 4-149 所示 $CeCO_3OH$ 样品的 XRD 图谱。在 1h 时没有衍射峰出现表明未形成晶体。当反应时间增加到 2～8h 时出现明显的衍射峰，但未

能与标准卡片相匹配。FTIR 光谱[图 4-150(b)]峰位置与先前报道的彗星形貌 $CeCO_3OH$ 样品的红外光谱结果一致。

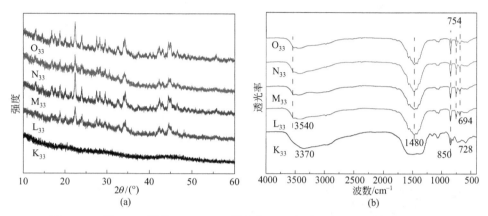

图 4-150　图 4-149 所示 $CeCO_3OH$ 样品的 XRD 图谱 (a) 和 FTIR 谱图 (b)

基于上述对 $CeCO_3OH$ 样品的表征发现：反应时间的变化对样品影响较小。反应时间只会影响样品尺寸的大小，并不会影响样品的形态。由电镜照片可以看出，不同 CO_2SM 用量时，样品的尺寸均在 2h 时达到最大值，这可能是由成核速度快和热力学控制引起的[82,83]，即样品的成核过程在时间达到 1h 前就已经完成。随着反应时间的延长，小颗粒逐渐生长。通过样品的 XRD 和 FTIR 谱图可知，反应时间不会改变样品的晶型，样品均含有碳酸根。根据以上分析，选择 2h 进行下一步考察。

（4）铈离子浓度的影响

为了研究铈离子浓度对 $CeCO_3OH$ 样品的形貌和结晶过程的影响，研究选择 CO_2SM 用量在 3g/L、60g/L 和 140g/L 时，在不同的铈离子浓度（0.005mol/L、0.01mol/L、0.03mol/L、0.05mol/L 和 0.08mol/L）下将 CO_2SM 与 50mL Ce^{3+} 溶液混合，搅拌均匀后密封在反应釜中放在 120℃烘箱里反应 2h。

① 3g/L CO_2SM 用量　图 4-151 为 CO_2SM 用量为 3g/L 时在不同铈离子浓度下制备的 $CeCO_3OH$ 样品的 SEM 照片。如图 4-151(a) 所示，在铈离子浓度为 0.005mol/L 时，样品未见均一的形貌出现。如图 4-151(b) 所示，在铈离子浓度为 0.01mol/L 时，获得具有细长棒状形貌的样品。如图 4-151(c) 所示，当继续增加铈离子浓度到 0.03mol/L 时，出现均一的领结形貌样品。当铈离子浓度从 0.03mol/L 增加到 0.08mol/L 时，样品的形貌未发生变化，但样品的尺寸从 $9.84\mu m \times 1.50\mu m$ 减小到 $5.58\mu m \times 1.33\mu m$[图 4-151(c)～(e)]。具体的反应

(a)样品A_{34},0.005mol/L

(b)样品B_{34},0.01mol/L

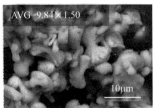
(c)样品C_{34},0.03mol/L

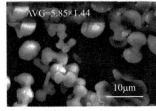
(d)样品D_{34},0.05mol/L

(e)样品E_{34},0.08mol/L

图 4-151　不同的铈离子浓度下，3g/L CO_2 SM 和 50mL Ce^{3+} 溶液在 120℃下反应 2h 获得的 $CeCO_3OH$ 样品的 SEM 照片

条件和形貌、尺寸在表 4-30 中。由图 4-151 可知，铈离子浓度为 0.03mol/L 时，更适合晶体生长，且能得到均一的领结形貌 $CeCO_3OH$ 样品。

表 4-30　图 4-151 所示 $CeCO_3OH$ 样品的反应条件、形貌、尺寸

样品	CO_2 SM 用量/(g/L)	pH	浓度/(mol/L)	形貌	尺寸/μm
A_{34}			0.005		—
B_{34}			0.01		0.31~1.48
C_{34}	3	5.53	0.03	领结状	9.84×1.50
D_{34}			0.05		5.85×1.44
E_{34}			0.08		5.58×1.33

图 4-152（a）为图 4-151 所示 $CeCO_3OH$ 样品的 XRD 图谱。在低浓度 0.005mol/L 时，领结形貌样品的 XRD 图谱虽然出现了少数的衍射峰，但未能与标准卡片 JCPDS 相匹配。当铈离子浓度从 0.01mol/L 增加到 0.08mol/L 时 [图 4-152(a)B～E]，领结形貌样品的 XRD 图谱出现多个衍射峰，且与 $CeCO_3OH$ 标准卡（JCPDS No. 41-0013）相匹配。图 4-151 所示样品的 FTIR 光谱 [图 4-152(b)]表明样品中含有羟基和碳酸根等基团。

② 60g/L CO_2 SM 剂量　图 4-153 为 CO_2 SM 加入量为 60g/L 时，在不同的铈离子浓度下反应制备的 $CeCO_3OH$ 样品的 SEM 照片。如图 4-153 所示，当铈离子浓度从 0.005mol/L 变为 0.08mol/L 时，样品的彗星形貌未见明显变化，而

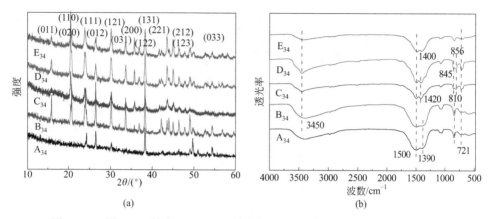

图 4-152　图 4-151 所示 $CeCO_3OH$ 样品的 XRD 图谱（a）和 FTIR 谱图（b）

样品的尺寸先从 $4.83\mu m \times 1.55\mu m$ 增加到 $18.14\mu m \times 6.15\mu m$，然后下降到 $8.39\mu m \times 3.31\mu m$。具体的反应条件和形貌、尺寸在表 4-31 中。由图 4-153 可知，铈离子浓度为 $0.03mol/L$ 时最适合晶体生长，且能得到均一的彗星形貌 $CeCO_3OH$ 样品。

图 4-153　不同铈离子浓度下，$60g/L\ CO_2\ SM$ 和 $50mL\ Ce^{3+}$ 溶液在 $120℃$ 下反应 2h 获得的 $CeCO_3OH$ 样品的 SEM 照片

图 4-154(a) 为图 4-153 所示 $CeCO_3OH$ 样品的 XRD 图。当铈离子浓度从 $0.005mol/L$ 增加到 $0.08mol/L$ 时，彗星形貌样品的 XRD 图虽然出现了很多强的衍射峰，但无法与标准卡片 JCPDS 相匹配。彗星形貌样品的 FTIR 光谱[图 4-154(b)]表明样品中含有羟基和碳酸根。

表 4-31　图 4-153 所示 $CeCO_3OH$ 样品的反应条件、形貌、尺寸

样品	$CO_2SM/(g/L)$	pH	浓度/(mol/L)	形貌	尺寸/μm
F_{34}			0.005		4.83×1.55
G_{34}			0.01		5.74×2.51
H_{34}	60	7.90	0.03	彗星状	18.14×6.15
I_{34}			0.05		16.20×3.88
J_{34}			0.08		8.39×3.31

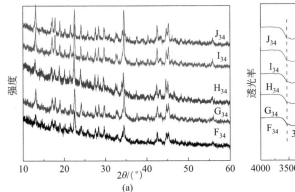
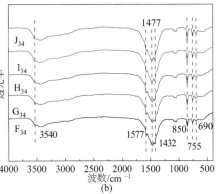

图 4-154　图 4-153 所示 $CeCO_3OH$ 样品的 XRD 图谱（a）和 FTIR 谱图（b）

③ 140g/LCO_2SM 用量　图 4-155 为 CO_2SM 加入量为 140g/L 时在不同铈离子浓度下制得的 $CeCO_3OH$ 样品的 SEM 照片。如图 4-155 所示，当铈离子浓度从 0.005mol/L 增加到 0.08mol/L 时，样品的蒲公英形貌未见明显变化，但样品尺寸先从 $3.05\mu m\times1.72\mu m$ 增加到 $4.81\mu m\times3.21\mu m$，然后下降到 $3.13\mu m\times2.03\mu m$。具体的反应条件和形貌尺寸在表 4-32 中。由图 4-155 可知，铈离子浓度为 0.03mol/L 时更适合晶体生长，且能制得均一的蒲公英形貌 $CeCO_3OH$ 样品。

表 4-32　图 4-155 所示 $CeCO_3OH$ 样品的反应条件、形貌、尺寸

样品	CO_2SM 用量/(g/L)	pH	浓度/(mol/L)	形貌	尺寸/μm
K_{34}			0.005		3.05×1.72
L_{34}			0.01		3.08×1.88
M_{34}	140	8.35	0.03	蒲公英状	4.81×3.21
N_{34}			0.05		3.52×2.22
O_{34}			0.08		3.13×2.03

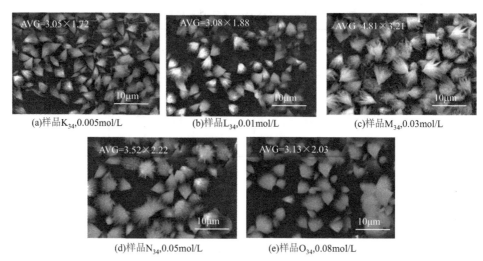

(a)样品K$_{34}$,0.005mol/L　　(b)样品L$_{34}$,0.01mol/L　　(c)样品M$_{34}$,0.03mol/L

(d)样品N$_{34}$,0.05mol/L　　(e)样品O$_{34}$,0.08mol/L

图 4-155　不同的铈离子浓度下，140g/L CO$_2$SM 和 50mL Ce^{3+} 溶液在 120℃下反应 2h
获得 CeCO$_3$OH 样品的 SEM 照片

图 4-156(a) 为图 4-155 所示 CeCO$_3$OH 样品的 XRD 图谱。当铈离子浓度从
0.005mol/L 增加到 0.08mol/L 时，样品的 XRD 图谱未能与标准卡片 JCPDS 相
匹配。样品的 FTIR 光谱[图 4-156(b)]表明样品是 CeCO$_3$OH。

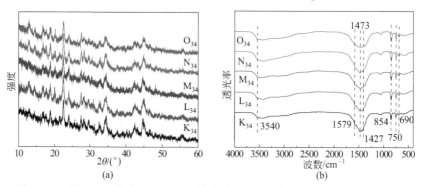

图 4-156　图 4-155 所示 CeCO$_3$OH 样品的 XRD 图谱 （a） 和 FTIR 谱图 （b）

根据以上对 CeCO$_3$OH 样品的表征，可以得出铈离子浓度对领结形貌样品
影响较大，在低浓度时，样品的形貌和晶型均发生变化。彗星形貌和蒲公英形貌
样品受浓度影响较小，形貌和晶型均未发生变化。根据以上分析，选择铈离子浓
度为 0.03mol/L 为最适的浓度。

（5）选定最佳制备条件

通过考察以上 4 种因素，确定最佳的制备条件为 3g/L CO$_2$SM、60g/L
CO$_2$SM、140g/L CO$_2$SM 和 50mL 0.03 Ce^{3+} 溶液在 120℃下反应 2h。

（6）碱式碳酸铈的性质

采用最佳制备条件，获得领结形貌样品 A_{35}（3g/L CO_2 SM、0.0.3 Ce^{3+}、120℃、2h）、彗星形貌样品 B_{35}（60g/L CO_2 SM、0.0.3 Ce^{3+}、120℃、2h）和蒲公英形貌样品 C_{35}（140g/L CO_2 SM、0.0.3 Ce^{3+}、120℃、2h）三种均一形貌的 $CeCO_3OH$ 样品。为了更好地了解样品的表面结构、热稳定性与价态组成，对上述三种样品进行了 HR-TEM、XPS、TG-DSC 和 N_2 吸附-脱附等温线表征。

① HR-TEM 分析

a. 领结形貌样品　如图 4-157（a）所示，领结形貌样品 A_{35} 的尺寸为 $5.69\mu m \times 1.63\mu m$，1.9Å 和 2.3Å 晶格间距分别对应于（141）和（131）晶面，SEAD 图由一系列的衍射环组成。

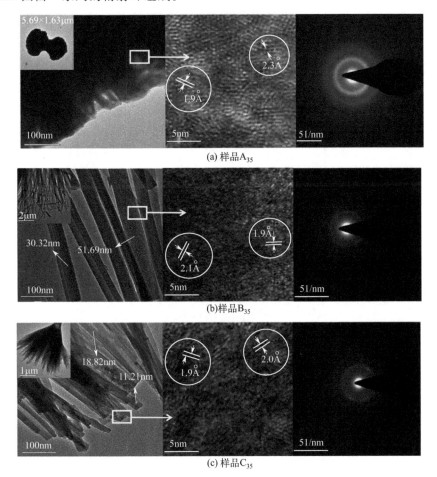

(a) 样品A_{35}

(b) 样品B_{35}

(c) 样品C_{35}

图 4-157　不同 CO_2 SM 用量制备的 $CeCO_3OH$ 样品的 HR-TEM 照片

b. 彗星形貌样品　如图 4-157(b) 所示，彗星形貌样品 B_{35} 是由一些纳米线堆积而成，宽度在 30.32～50.69nm 的范围内，两个晶格间距 1.9Å 和 2.1Å；SEAD 图也具有一系列衍射环[图 4-157(f)]。

c. 蒲公英形貌样品　如图 4-157(c) 所示，蒲公英形貌样品是由一些更加细的纳米线堆积而成，平均宽度为 14.34nm，两个晶格间距 1.9Å 和 2.0Å；SEAD 图具有一系列衍射环。

② XPS 分析　以 XPS 研究三种形貌的 $CeCO_3OH$ 样品中不同元素的化学价态，结果如图 4-158。领结形貌样品 A_{35} 的 XPS 光谱主要包含 Ce 元素的 3d 轨道、O 元素的 1s 轨道和 C 元素的 1s 轨道。图 4-158(b) 为领结形貌样品 A_{35} 的 XPS 谱图的 875～920eV 部分，Ce 元素 3d 轨道在 XPS 图谱中由两组信号组成：BE（结合能）＝881.48eV 和 885.23eV，归属于 Ce 元素的 $3d^{5/2}$ 轨道；BE＝900.08eV、903.48eV 和 915.53eV，归属于 Ce 元素的 $3d^{3/2}$ 轨道。在 885.23eV 和 903.48eV 处的信号归因于 Ce^{3+}。由图 4-158(c)～(f)，可以得出结论彗星形貌 B_{35} 和蒲公英形貌 C_{35} 样品中铈离子的主要价态是＋3。

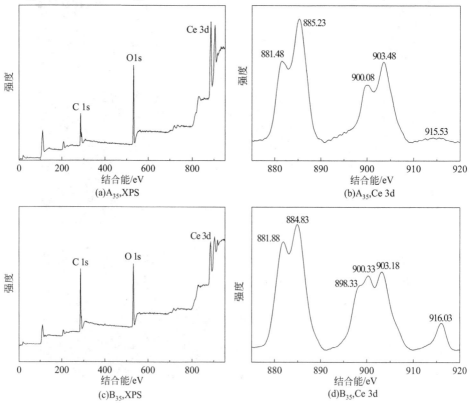

(a)A_{35},XPS

(b)A_{35},Ce 3d

(c)B_{35},XPS

(d)B_{35},Ce 3d

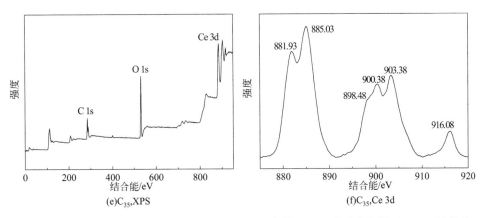

(e)C$_{35}$,XPS　　　　(f)C$_{35}$,Ce 3d

图 4-158　CeCO$_3$OH 样品 A$_{35}$、B$_{35}$、C$_{35}$ 的 XPS 光谱和 XPS 光谱中归属于 Ce 3d 的部分

③ TG-DSC 分析　图 4-159 显示了三种形貌（领结、彗星和蒲公英）样品的典型 TG-DSC 曲线。

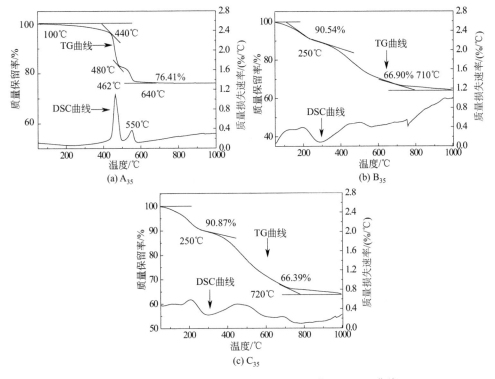

(a) A$_{35}$　　　　(b) B$_{35}$

(c) C$_{35}$

图 4-159　CeCO$_3$OH 样品 A$_{35}$、B$_{35}$、C$_{35}$ 的 TG-DSC 曲线

图 4-159(a) 中的 TG 曲线显示：领结形貌样品 A_{35} 首先在 $100\sim440℃$ 出现第一段分解，这可能是由于 EDA、EG 或者游离水的损失造成的；继续升高温度出现大量的重量损失发生在 $440℃$ 和 $640℃$ 之间，这是由于样品自身的分解造成的。通过计算得出总重量损失约为 23.59%，这与下式所示反应的理论重量损失计算结果一致：

$$4CeCO_3OH + O_2 \longrightarrow 4CeO_2 + 4CO_2 + 2H_2O$$

图 4-159(a) 中的 DSC 曲线显示：领结形貌样品 A_{35} 在 $462℃$ 时出现最大的吸热峰，在 $550℃$ 时出现了一个小的吸热峰。可以推测样品受热分解为 CeO_2 是一个吸热过程。

图 4-159(b) TG 曲线表明，随着温度的升高，彗星形貌样品 B_{35} 逐渐分解。彗星形貌样品的主要重量损失发生在 $250\sim710℃$ 之间。通过 TG 曲线计算，可以得出彗星形貌样品的总重量损失为 33.10%。从图 4-159(b) 的 DSC 曲线可以观察到在 $500℃$ 出现最大的吸热峰，结果与 TG 曲线相一致。

图 4-159(c) TG 曲线显示蒲公英形貌样品 C_{35} 随着温度的升高而分解。通过图 4-159(c) 的 TG 曲线，可以观察到温度在 $250\sim720℃$ 之间蒲公英形貌样品受热损失的重量最多达到 33.61%，是由蒲公英形貌样品发生化学变化释放 CO_2 造成的。根据图 4-159(c) 的 DSC 曲线，在 $450℃$ 出现了最大的吸热峰，结果与 TG 曲线相一致，再次证明了 $CeCO_3OH$ 样品受热分解为 CeO_2 是一个吸热过程。

彗星形貌样品 B_{35} 和蒲公英形貌样品 C_{35} 的总重量损失比领结形貌样品 A_{35} 的高，这是由于更多的 EDA、EG 和水在 $CeCO_3OH$ 样品上挥发造成的。

④ N_2 吸附-脱附分析　图 4-160 为三种（领结形貌、彗星形貌和蒲公英形貌）样品的 N_2 吸附-脱附等温线，插图部分是相应的 BJH 孔径分布图。由图 4-160 (a) 中领结形貌样品 A_{35} 的 N_2 吸附-脱附等温线，可以观察到在 $0.4\sim1.0$ 的相对压力范围内出现了滞后环，根据 IUPAC 分类，将领结形貌样品 A_{35} 的 N_2 吸附-脱附等温线归属为典型Ⅳ型等温线，表明在其中形成了中孔结构。通过比较三种形貌样品的 N_2 吸附-脱附等温线，可以观察到彗星形貌样品 B_{35} 和蒲公英形貌样品 C_{35} 的 N_2 吸附-脱附等温线不同于领结形貌样品 A_{35}，均未见明显的滞后环。三种样品的 BET 比表面积、总孔体积和平均孔径示于表 4-33 中。从表 4-33 可以看出：领结形貌样品 A_{35} 平均孔径为 $19.43nm$，表明其中具有介孔结构；彗星形貌样品 B_{35} 和蒲公英形貌样品 C_{35} 的平均孔径分别为 $15.89nm$ 和 $12.61nm$，亦含有介孔。蒲公英形貌样品 C_{35} 的 BET 比表面积和总孔体积分别为 $34.10m^2/g$ 和 $0.1075cm^3/g$，明显高于其他两种样品。领结形貌样品 A_{35} 平均孔径明显高于另外两种样品。

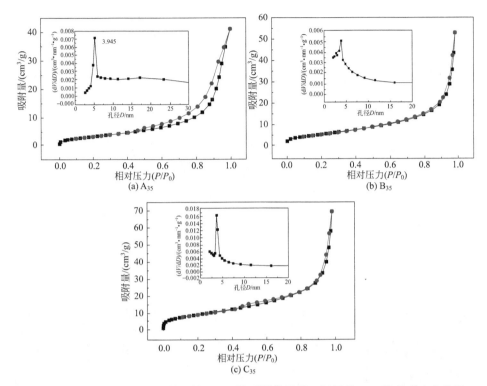

图 4-160　获得的 $CeCO_3OH$ 样品的 N_2 吸附-脱附等温线（插图是 BJH 孔径分布曲线图）

表 4-33　三种 $CeCO_3OH$ 样品的 BET 比表面积、总孔体积和平均孔径数据

样品	BET 比表面积/(m^2/g)	总孔隙体积/(cm^3/g)	平均孔隙大小/nm
领结形貌 A_{35}	13.11	0.0637	19.43
彗星形貌 B_{35}	20.59	0.0818	15.89
蒲公英形貌 C_{35}	34.10	0.1075	12.61

⑤ $CeCO_3OH$ 样品的循环制备　制备彗星形貌样品和蒲公英形貌样品反应后的滤液，不仅含有剩余的 EDA 和 EG，还可再次吸收 CO_2。领结形貌样品不能实现循环制备，是因为少量的原料在反应后几乎不含有剩余的 EDA 和 EG，因此没有继续吸收 CO_2 的能力。滤液吸收 CO_2 后，将适量的氯化铈加入 50mL 滤液中，置于密封的反应釜放在 120℃烘箱中反应 2h 来制备样品。循环 6 次以上的步骤实现循环制备样品，其 SEM 结果如图 4-161 和图 4-162 所示。

从图 4-161 可以看出，随着循环次数的增加，彗星形貌样品的尺寸从 $9.73\mu m \times 3.81\mu m$ 减小到 $2.83\mu m \times 0.65\mu m$。由图 4-162 可见，蒲公英形貌样品

图 4-161 循环 6 次制备彗星形貌 $CeCO_3OH$ 样品的 SEM 照片（n 为循环次数）

图 4-162 循环 6 次制备蒲公英形貌 $CeCO_3OH$ 样品的 SEM 照片（n 为循环次数）

的尺寸首先从 $3.95\mu m \times 2.56\mu m$ 变为 $4.40\mu m \times 1.11\mu m$；随着循环次数的持续增加，蒲公英形貌样品的尺寸逐渐减小至 $1.64\mu m \times 0.62\mu m$。彗星形貌样品和蒲公英形貌样品的 XRD 图谱和 FTIR 光谱结果（图 4-163 和图 4-164）与之前制备的样品结果相一致。

不含样品的滤液可以循环使用，不仅可以吸收 CO_2，还可以在 CO_2 鼓泡后实现循环制备相同晶型的样品。

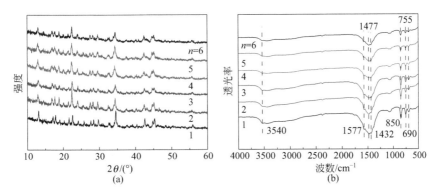

图 4-163 循环 6 次制备彗星形貌 $CeCO_3OH$ 样品的 (a) XRD 图谱和 (b) FTIR 光谱
(n 为循环次数)

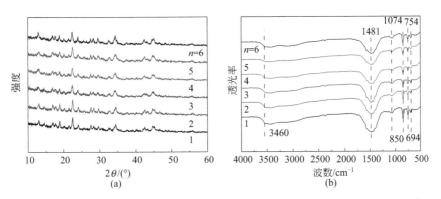

图 4-164 循环 6 次制备蒲公英形貌 $CeCO_3OH$ 样品的 XRD 图谱 (a) 和 FTIR 光谱 (b)
(n 为循环次数)

(7) $CeCO_3OH$ 样品的形成机理

基于上述分析，CO_2SM 的用量在调控制备不同形貌的样品结晶方面发挥了重要作用。加热后，CO_2SM 受热分解释放 CO_2 气体，CO_2 气体溶于水形成 CO_3^{2-} 和 H^+。与此同时，铈离子在水溶液中以 $[Ce(OH)(H_2O)_{n-1}]^{2+}$ 形式存在。当 CO_3^{2-} 离子与 $[Ce(OH)(H_2O)_{n-1}]^{2+}$ 离子共存时，会反应生成 $CeCO_3OH$ 样品。与此同时，CO_2SM 分解后形成的 EDA 和 EG 可以起到分散剂、结构导向剂或 pH 调节剂的作用，使得粒子自由组装成不同形态的 $CeCO_3OH$ 样品晶体。$CeCO_3OH$ 样品的合成路线可以概括为式(4-12)～式(4-15)，可能形成机理如图 4-165 所示：

$$CO_2SM \xrightleftharpoons{\triangle} CO_2 + EG + EDA \qquad (4-12)$$

$$CO_2 + H_2O \Longleftrightarrow CO_3^{2-} + 2H^+ \tag{4-13}$$

$$[Ce(H_2O)_n]^{3+} + H_2O \Longleftrightarrow [Ce(OH)(H_2O)_{n-1}]^{2+} + H_3O^+ \tag{4-14}$$

$$[Ce(OH)(H_2O)_{n-1}]^{2+} + CO_3^{2-} \Longleftrightarrow CeCO_3OH + (n-1)H_2O \tag{4-15}$$

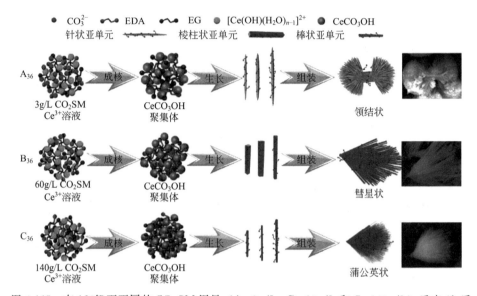

图 4-165　在 120℃ 下不同的 CO_2SM 用量（A_{36} 3g/L、B_{36} 60g/L 和 C_{36} 140g/L）反应 2h 后得到的三种 $CeCO_3OH$ 样品可能的形成机理

　　$CeCO_3OH$ 样品的结晶涉及到成核和生长两个过程。当 CO_2SM 用量为 3g/L 时，CO_2SM 通过热分解生成少量的 CO_2、EDA 和 EG，导致溶液中形成较少的 CO_3^{2-} 离子。另一方面，带结晶水的 Ce^{3+} 在水溶液中以 $[Ce(OH)(H_2O)_{n-1}]^{2+}$ 存在。通过 EDA 中氮原子和 EG 中氧原子的孤对电子的强静电相互作用，使 EG 和 EDA 包围 $[Ce(OH)(H_2O)_{n-1}]^{2+}$，导致 $[Ce(OH)(H_2O)_{n-1}]^{2+}$ 和 CO_3^{2-} 之间的碰撞机会变小，形成较小的样品聚集体。由于 EG 和 EDA 之间还存在氢键相互作用，使得样品聚集体形成针状亚单元结构。与此同时，残留的 EDA 和 EG 选择性地吸附在针状亚单元结构上，特别是（001）晶面，可以降低表面能，抑制（001）晶面方向的生长。以 EG 和 EDA 作为分散剂，结构导向剂和 pH 调节剂，将针状亚单元结构自由组装成领结形貌的样品。根据溶液的 pH 值，可知酸性条件有利于形成领结形状的样品，属于多步聚合机理。

　　当 CO_2SM 用量增加到 60g/L 时，CO_2SM 通过热分解释放较多的 CO_2、EDA 和 EG，形成较多的 CO_3^{2-}。同时，带结晶水的 Ce^{3+} 在水溶液中以 $[Ce-$

$(OH)(H_2O)_{n-1}]^{2+}$ 离子形式存在，EG 和 EDA 通过强的静电相互作用而包围 $[Ce(OH)(H_2O)_{n-1}]^{2+}$ 离子。造成 $[Ce(OH)(H_2O)_{n-1}]^{2+}$ 离子与 CO_3^{2-} 离子之间的碰撞频率增加，导致较大样品聚集体的形成。这些聚集体构成了棱柱状的亚单元结构，表面含有残余的 EDA 和 EG。EDA 和 EG 可以降低表面的能量从而抑制晶体增长。这些过程有利于棱柱状亚单元结构的自由组装，在碱性条件下形成彗星状样品。

当 CO_2SM 用量增加到 $140g/L$ 时，CO_2SM 通过热分解释放更多的 CO_2。在含有一定量的 $[Ce(OH)(H_2O)_{n-1}]^{2+}$、$CO_3^{2-}$、EDA 和 EG 的化学环境中，过量的 EDA 和 EG 导致抑制作用增强，形成较小的聚集体。这些聚集体可以进一步组装成具有较小表面能的棒状亚单元结构，自由组装成蒲公英形貌的样品。

随着 CO_2SM 用量的增加最终制备出三种（领结形貌、彗星形貌和蒲公英形貌）$CeCO_3OH$ 样品，溶液从酸性变为碱性（pH 由 5.24 到 8.35）。在之前的报道中 $CeCO_3OH$ 样品的等电点的 pH 范围为 6.75～8.00。这项工作发现了 $CeCO_3OH$ 样品的等电点具有更宽的 pH 范围。

4.4　二氧化碳储集材料调控碳酸锰的制备及表征

随着经济水平的不断提升，人们对生活质量的要求越来越高，室内家居的装饰亦趋于多样化。与此同时，商业化板材、皮革和涂料的使用也增加了室内污染。室内空气污染物主要因素为挥发性有机物含量过高。由于挥发性有机物有着较强的致病性且易为人体吸入，日益受到人们的重视。现阶段，缓慢释放的甲醛（HCHO）气体已成为室内空气中的主要挥发性有机物之一，对人类健康造成了严重危害。通过脲醛树脂或酚醛树脂胶黏结合而成的三合板、复合木地板等人造木质板材材料在家居装修中经常使用。这些材料中的树脂胶含有游离 HCHO，会缓慢释放到室内空气中，有着较长的释放周期。同时，长期暴露于 HCHO 环境中不仅会引起严重的健康问题，如眼炎、咳嗽、头痛、恶心、失眠等，还具有强烈的致癌和促癌作用。2006 年 6 月，世界卫生组织国际癌症研究中心发表的报告中称高浓度的 HCHO 能导致耳、鼻和喉癌。因此，为了改善室内空气品质，开发有效的 HCHO 去除方法极为必要。

通过 $0.05g$、$0.3g$ 和 $1.0g$ 的 CO_2SM（TEG 和 EDA 源）与 $50mL$ 的 Mn^{2+} 溶液（$0.03mol/L$）水热反应制得三种 $MnCO_3$ 样品（MC-A、MC-B 和 MC-C）。首先，将 CO_2SM 和 Mn^{2+} 溶液在 $100mL$ 聚四氟乙烯内衬的高压反应釜中混合，$120℃$ 下水热反应 $2h$ 后，自然冷却至 $30℃$，用水和乙醇洗涤 $MnCO_3$ 样品，抽滤

后，100℃下干燥 8h，将干燥后粉体在 320℃下焙烧制得 MnO_2 晶体。通过改变 CO_2SM 的剂量调控合成三种 $MnCO_3$ 样品分别为常规立方体（MC-A）、纳米块聚集微球（MC-B）和纳米粒子聚集微球（MC-C）。来自样品制备的滤液循环制备 5 次，用于捕获 CO_2 获得均匀的 MC-C 样品。MC-A、MC-B 和 MC-C 样品比表面积分别为 $30.9m^2/g$、$96.63m^2/g$ 和 $139.31m^2/g$。将 $MnCO_3$ 样品在 320℃下焙烧 6h 后，制得形貌相同的 ε-MnO_2 晶体，为常规立方体（MO-A）、纳米块聚集微球（MO-B）和纳米粒子聚集微球（MO-C），其中比表面积为 $168.3\ m^2/g$ 的 MO-C 催化剂具有最佳的催化氧化性能（图 4-166）。

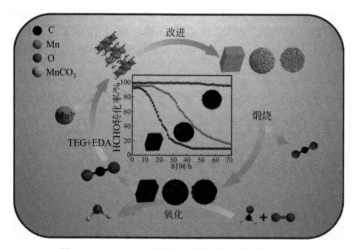

图 4-166　ε-MnO_2 催化剂的制备与性能示意图

将 TEG + EDA 与 CO_2 制备的 CO_2SM 与 Mn^{2+} 溶液在 120℃下水热反应 2h 合成 $MnCO_3$ 样品，通过改变 CO_2SM 的剂量可合成不同形貌的 $MnCO_3$ 样品。

（1）CO_2SM 剂量对合成 $MnCO_3$ 的影响

为了研究 CO_2SM 剂量对样品形貌的影响，分别将 0.01g、0.05g、0.1g、0.3g、0.5g、0.7g、1.0g、1.5g 和 2g 的 CO_2SM 与 0.03mol/L Mn^{2+} 溶液混合，在 120℃下反应 2h 制得 $MnCO_3$ 样品 A_{41}～I_{41}。获得的 $MnCO_3$ 样品的 SEM 图如图 4-167 所示。所有 $MnCO_3$ 样品均具有良好的单分散性，表明 CO_2SM 具有很强的分散能力。CO_2SM 可有效地调节纳米颗粒，并增强粒子的分散性。随着 CO_2SM 剂量的增加，$MnCO_3$ 样品的结构发生了显著的变化，表明 CO_2SM 对 $MnCO_3$ 样品自组装有很大的影响。此类变化主要包含三种形态：规则立方体（1B）、纳米块聚集微球（1D）和纳米粒子聚集微球（1G），形态与定义的剂量一致，样品 A_{41} 是杂乱的晶型。用 0.05g CO_2SM 可制得平均宽度为 $2.52\mu m$ 的均匀 MC-A 样品 B_{41}。当 CO_2SM 的剂量增加至 $0.1g$ 时，可制得 MC-B 晶体样品 C_{41}。用 $0.3g$ CO_2SM 可制得平均直径为 $3.13\mu m$ 的均匀 MC-B 晶体样品 D_{41}。随着 CO_2SM 从 $0.3g$ 增加到 $1g$，MC-B 晶体逐渐转化为 MC-C 晶体（样品 G_{41}），平均直径为 $2.18\mu m$。

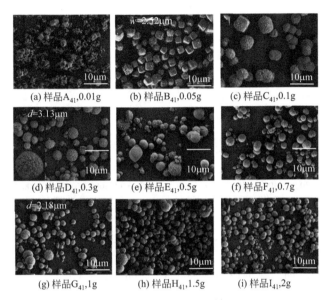

(a) 样品A_{41},0.01g   (b) 样品B_{41},0.05g   (c) 样品C_{41},0.1g

(d) 样品D_{41},0.3g   (e) 样品E_{41},0.5g   (f) 样品F_{41},0.7g

(g) 样品G_{41},1g   (h) 样品H_{41},1.5g   (i) 样品I_{41},2g

图 4-167   不同剂量 CO_2SM 与 $0.03mol/L$ Mn^{2+} 溶液，在 $120℃$ 下反应 $2h$ 获得的 $MnCO_3$ 样品的 SEM 图

由图 4-167 图可知，CO_2SM 的剂量对 $MnCO_3$ 样品结构的影响至关重要。当 CO_2SM 溶于水时，可分解成 CO_3^{2-}、TEG 和 EDA。同时，TEG 和 EDA 起到表面活性剂和导向剂的作用。此外，随着 TEG-EDA 浓度的增加，样品的生长环境发生变化，诱导出样品不同形态。同时，$MnCO_3$ 晶体的不同结构证明 CO_2SM 具有良好的分散性和表面性质可调节的能力。

图 4-167 所示 $MnCO_3$ 样品的 XRD 和 FTIR 谱如图 4-168 所示。由图 4-168 (a) 可知，$MnCO_3$ 样品的 XRD 图谱显示出尖锐和高强度的衍射峰，这归因于样品具有良好的结晶度归属为 $MnCO_3$ 的菱形结构（JCPDS 44-1472）。在 XRD 图谱中，2θ 为 $24.3°$、$31.4°$、$37.5°$、$41.4°$、$45.2°$、$49.7°$、$51.7°$ 和 $60.1°$ 处的衍射峰归属于方解石型菱形 $MnCO_3$ 的（012）、（104）、（110）、（113）、（202）、（204）、（116）和（122）晶面，表明已形成 $MnCO_3$ 样品。样品 C_{41} 具有良好的结晶度，表明其具有规则的晶格排列。随着 CO_2SM 剂量的增加，晶体的结晶度逐渐降低，这可能是由于 CO_2SM 浓度过高，加速了 Mn^{2+} 的消耗，导致晶粒尺

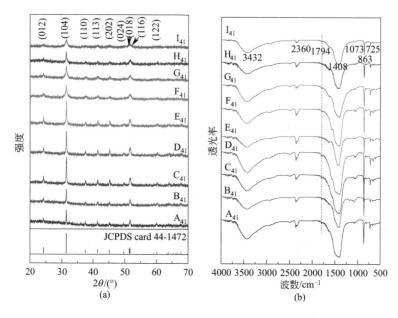

图 4-168　图 4-167 所示 MnCO₃ 样品的 XRD（a）和 FTIR 谱（b）

寸变小。三种样品的结晶度比较为 MC-A ＞ MC-B ＞ MC-C，表明 MC-C 具有更多的结构缺陷。

图 4-168(b) 为 MnCO₃ 样品的典型 FTIR 光谱，揭示了化学组成和键合情况。MnCO₃ 中 C—O 键的振动包括对称拉伸（ν_1 模式）和不对称拉伸（ν_3 模式）。在 3432cm^{-1} 处的峰归属于吸附水中的—OH。MnCO₃ 样品 FTIR 特征峰在 1408cm^{-1}（ν_3 模式），1073cm^{-1}、863cm^{-1} 和 725cm^{-1}（ν_1 模式）与 CO_3^{2-} 中 C—O 键的不同振动形式有关，在 1797cm^{-1} 处的峰归属于 MnCO₃ 中 Mn—O 键的 ν_3 振动模式。

（2）MnCO₃ 样品的结构

为了揭示样品的层次结构，详细讨论了三种均匀的单分散样品，其 SEM 图像见图 4-169。如图 4-169 所示，三种 MnCO₃ 样品都具有均匀统一的形态。MC-B 样品（D₄₁）和 MC-C 样品（G₄₁）具有分层结构。MC-A 样品（B₄₁）是正方形，表面光滑，为没有层级结构的完整晶体。具有分级结构的 MC-B 样品是由许多宽度为 160nm 的小方块聚集成的球形。MC-C 样品是较松散的不规则球体，由许多平均宽度为 22.7nm 的纳米颗粒构成。随着 CO_2 SM 剂量的增加，MnCO₃ 样品的多级结构发生改变。

三种 MnCO₃ 样品的 N₂ 吸附等温线见图 4-170(a)～(c)。由图 4-170(a)～

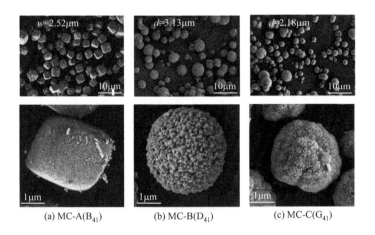

(a) MC-A(B$_{41}$)　　　　(b) MC-B(D$_{41}$)　　　　(c) MC-C(G$_{41}$)

图 4-169　三种 MnCO$_3$ 样品的 SEM 图像

(c)中Ⅳ型等温线可知，三种样品均为介孔结构，比表面积为 30.9m^2/g（MC-A）、96.63m^2/g（MC-B）和 139.31m^2/g（MC-C）。随着 CO$_2$SM 剂量的增加，样品不仅形态发生变化，而且比表面积显著增大。孔径在 3～15nm 表明 MnCO$_3$ 样品为窄分布中孔结构。MC-A（B$_{41}$）的孔径约为 4nm，这与其紧密排列有关。MC-B（D$_{41}$）在 4nm 和 6.8nm 处具有 2 个宽的孔分布峰，为多级结构。其中，MC-C（G$_{41}$）的孔隙体积为 0.1361cm^3/g。

三种 MnCO$_3$ 样品的 TG 曲线如图 4-170（d）所示。0～220℃的质量损失归因于吸附水的蒸发。根据处理温度，MnCO$_3$ 在空气中热分解成 MnO$_2$、Mn$_2$O$_3$ 或 Mn$_3$O$_4$。220～400℃间 MnCO$_3$ 重量的损失归因于 MnCO$_3$ 分解成 MnO 和 CO$_2$，同时 MnO 与空气中的 O$_2$ 反应形成 MnO$_2$。在 320～405℃下，MnCO$_3$ 的分解相对较快，因此在 320℃下制备 MnO$_2$ 是可行的。当三种 MnCO$_3$ 样品在 585℃分解时，MC-C（G$_{41}$）损失率为 35.51%，大于 MC-B（D$_{41}$）的 33.77% 和 MC-A（B$_{41}$）的 33.74%，表明 MC-C（G$_{41}$）的结构中含有较多 CO$_3^{2-}$。

在该系统中，TEG 和 EDA 可循环制备 MnCO$_3$ 样品。在制得 MnCO$_3$ 样品后，CO$_2$SM 中的 TEG 和 EDA 保留在滤液中。在滤液吸收 CO$_2$ 后，可以通过添加适量的 Mn(CH$_3$COO)$_2$·4H$_2$O 实现 MnCO$_3$ 样品的循环制备，其 SEM 图见图 4-171。MnCO$_3$ 样品在 120℃下反应 2h 可循环制备 5 次。测得循环制备的 MnCO$_3$ 样品的颗粒直径分别为 2.23μm、1.80μm、1.71μm、2.31μm 和 2.35μm。在 MC-C 制备 5 次循环期间，颗粒尺寸未显著变化。随着循环次数的增加，TEG 和 EDA 的扩散性能逐渐减弱。

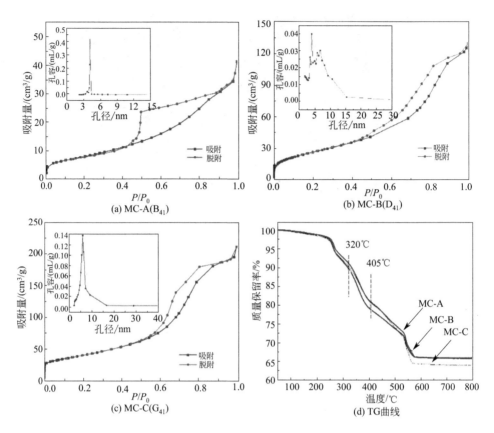

图 4-170　三种 $MnCO_3$ 样品的 N_2 吸附等温线（a～c）和 TG 曲线（d）

（插图为相应的 BJH 孔径分布曲线）

（3）$MnCO_3$ 样品的形成机制

为了阐明样品形貌与溶液性质间的关系，研究测试了不同剂量 CO_2SM 与 50mL 水制得溶液的 pH 和表面张力，根据 Scherrer 方程计算了不同剂量 CO_2SM 加入 Mn^{2+} 溶液中制得 $MnCO_3$ 晶体样品的平均微晶尺寸，见表 4-34。如表 4-34 所示，CO_2SM 剂量为 0.05g 时，制备的样品 B_{41} 具有 96.1nm 的晶粒尺寸。随着 CO_2SM 剂量的增加，溶液的 pH 值增加，表面张力降低，易使离子成核，且数量增加。因此，晶粒尺寸减小，溶液中阴离子和阳离子的消耗加速，不利于晶种的进一步生长，但具有整合的趋势。在 CO_2SM 剂量为 0.30g 时，晶核首先生长成纳米块，然后聚集，最后制得均匀的 MC-B（样品 D_{41}）。以类似的方式，CO_2SM 剂量为 0.70g 时，晶核在溶液中生长成纳米粒子，最后形成 MC-C（样品 F_{41}）。

图 4-171　制备 MC-C（G_{41}）回收的滤液和 Mn^{2+} 在 120℃下反应 2h 循环制备的
$MnCO_3$ 样品的 SEM 图（n 为循环次数）

表 4-34　不同剂量 CO_2SM 与 50mL 水制得溶液的性质，以及加入 50mL Mn^{2+} 溶液中在
120℃下反应 2h 制得 $MnCO_3$ 样品的晶粒尺寸和形貌

CO_2SM 剂量/g	CO_2SM 与 50mL 水制得的溶液		CO_2SM 加入 Mn^{2+} 溶液中制得的 $MnCO_3$ 晶体样品		
	pH	表面张力 /(mN/m)	编号	晶粒尺寸/nm	形貌
0.01	8.43	70.08	A_{41}	76.0	—
0.05	8.78	69.66	B_{41}	96.1	MC-A
0.10	9.05	68.50	C_{41}	52.5	MC-A、MC-B
0.30	9.39	67.91	D_{41}	49.2	MC-B
0.50	9.65	65.52	E_{41}	47.3	MC-B、MC-C
0.70	10.07	64.89	F_{41}	44.2	MC-C
1.00	10.94	64.17	G_{41}	33.6	MC-C
1.50	11.39	63.45	H_{41}	31.1	MC-C
2.00	12.29	62.64	I_{41}	23.3	MC-C

　　通过 HR-TEM 观察，进一步研究了 $MnCO_3$ 样品的形态和晶形，如图 4-172 所示。由 HR-TEM 图可见，暴露的晶格边缘间距为 0.29nm、0.26nm、0.22nm 和 0.37nm，对应于 $MnCO_3$ 样品的（104）、（006）、（113）和（012）晶面。MC-A 样品的原子沿（104）晶面紧密排列。在 MC-B 样品中，暴露的 0.22nm 晶格条纹归属于（113）晶面。MC-C 样品的不同晶格边缘间距为 0.29nm 和 0.37nm，对应于（104）和（012）晶面。由 SAED 图可知，MC-A、MC-B 和 MC-C 样品的晶体从规则排列变为多晶，MC-C 具有多孔结构。因此，CO_2SM 对 $MnCO_3$ 样品的晶胞排列具有显著影响。为了研究 CO_3^{2-} 浓度对 $MnCO_3$ 样品生长方向的影响，我们将样品暴露的晶面示意图［MC-A 的（104）、MC-B 的

（113）和 MC-C 的（012）］列于图 4-172 中。如图所示，（104）晶面上 CO_3^{2-} 的分布数为 3；（113）晶面上 CO_3^{2-} 的分布数为 4；（113）晶面上 CO_3^{2-} 的分布数为 6。随着 CO_3^{2-} 浓度的增加，暴露的晶面上的 CO_3^{2-} 的数量增加，表明 CO_3^{2-} 的浓度决定了晶体的生长方向。

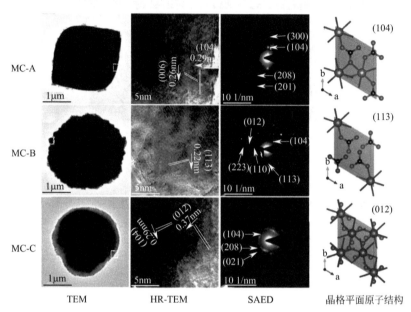

图 4-172　$MnCO_3$ 样品的 HR-TEM 图、SAED 图案以及晶格平面的原子结构图

●—氧原子，●—碳原子，●—锰原子

在该体系中，晶体生长模式不同于常规的成核和生长过程。溶液中的 TEG-EDA 起到表面活性剂和导向剂的作用，MC-A、MC-B 和 MC-C 样品的生长机制见图 4-173。在合成方形 $MnCO_3$ 样品期间，由于 EDA 的氨基孤对电子和 TEG 羟基的强静电相互作用，TEG-EDA 被吸附在 $MnCO_3$ 样品的表面上。在浓度较低的 CO_2SM 溶液中，只有少量的 TEG 和 EDA 分子在 $MnCO_3$ 晶体核周围形成环状结构。晶核表面在半开放环境中生长，具有浓度相对较低的 CO_3^{2-}。因此，晶核可以相对低的速度沿（104）晶面生长。如流程图 4-173(a) 所示，发生了菱形 $MnCO_3$ 纳米颗粒的各向异性生长。纳米块堆积球的 $MnCO_3$ 样品形成机理示于流程图 4-173(b)。在高浓度的 CO_2SM 溶液中，许多 TEG 和 EDA 分子在 $MnCO_3$ 晶体的核周围形成球形结构。晶核表面在完全封闭的微环境中生长且 CO_3^{2-} 浓度较高，因此晶核可以沿（113）晶面生长。与此同时，晶核表面的传质速率也受到了 TEG 和 EDA 分子的阻碍。因此，形成了大量纳米块而没有进

一步生长。最后，在最小界面能量的驱动下，散射纳米块在完全封闭的微环境中组装，形成了纳米块堆叠的圆形结构。在形成纳米粒子堆积球体的 $MnCO_3$ 样品时，样品的生长类似于纳米块堆积球体样品。由于 TEG 和 EDA 含量的增多，Mn^{2+} 分散于许多亚纳米环境中，因此 $MnCO_3$ 会生长成以 Mn^{2+} 为中心的纳米球颗粒。同时，TEG 和 EDA 对传质速率的阻断作用更为显著，进而形成了大量纳米球颗粒。最后聚集成纳米颗粒堆积球形 $MnCO_3$ 样品。分析过程如流程图 4-173(c) 所示。

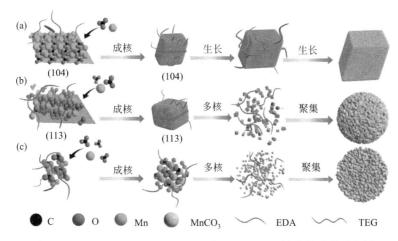

图 4-173　MC-A（a）、MC-B（b）和 MC-C（c）的生长过程示意图

参考文献

[1]　Asenath-Smith E，Li H，Keene E C，et al. Crystal growth of calcium carbonate in hydrogels as a model of biomineralization [J]. Advanced Functional Materials，2012，22 (14)：2891-2914.

[2]　Liang X，Xiang J，Zhang F，et al. Fabrication of hierarchical $CaCO_3$ mesoporous spheres：particle-mediated self-organization induced by biphase interfaces and SAMs [J]. Langmuir，2010，26 (8)：5882-5888.

[3]　Boyjoo Y，Pareek V K，Liu J. Synthesis of micro and nano-sized calcium carbonate particles and their applications [J]. Journal of Materials Chemistry A，2014，2 (35)：14270-14288.

[4]　Guo X H，Yu S H，Cai G B. Crystallization in a mixture of solvents by using a crystal modifier：morphology control in the synthesis of highly monodisperse $CaCO_3$ microspheres [J]. Angewandte Chemie International Edition，2006，45 (24)：3977-3981.

[5]　Chen S F，Yu S H，Wang T X，et al. Polymer-directed formation of unusual $CaCO_3$ pancakes with controlled surface structures [J]. Advanced Materials，2005，17 (12)：1461-1465.

[6]　Zhang D，Qi L，Ma J，et al. Synthesis of submicrometer-sized hollow silver spheres in mixed polymer-

surfactant solutions [J]. Advanced Materials, 2002, 14 (20): 1499-1502.

[7] Bosman A W, Janssen H M, Meijer E W. About dendrimers: Structure, physical properties, and applications [J]. Chemical Reviews, 1999, 99 (7): 1665-1688.

[8] Mann S, Heywood B R, Rajam S, et al. Controlled crystallization of $CaCO_3$ under stearic acid monolayers [J]. Nature, 1988, 334 (6184): 692-695.

[9] Jiang J. X, Ye J. Z, Zhang G. W, et al. Polymorph and morphology control of $CaCO_3$ via temperature and PEG during the decomposition of Ca $(HCO_3)_2$ [J]. Journal of the American Ceramic Society, 2012, 95, 3735-3738.

[10] Qi R J, Zhu Y J. Microwave-Assisted synthesis of calcium carbonate (vaterite) of various morphologies in water-ethylene glycol mixed solvents [J]. The Journal of Physical Chemistry B, 2006, 110 (16): 8302-8306.

[11] Bonacini I, Prati S, Mazzeo R, et al. Crystallization of $CaCO_3$ in the presence of ethanolamine reveals transient meso-like crystals [J]. Crystal Growth & Design, 2014, 14 (11): 5922-5928.

[12] Chuajiw W, Takatori K, Igarashi T, et al. The influence of aliphatic amines, diamines, and amino acids on the polymorph of calcium carbonate precipitated by the introduction of carbon dioxide gas into calcium hydroxide aqueous suspensions [J]. Journal of Crystal Growth, 2014, 386: 119-127.

[13] Liu L, Jiang J, Yu S H. Polymorph selection and structure evolution of $CaCO_3$ mesocrystals under control of poly (sodium 4-styrenesulfonate): Synergetic effect of temperature and mixed solvent [J]. Crystal Growth & Design, 2014, 14 (11): 6048-6056.

[14] 王世荣, 李祥高, 刘志东. 表面活性剂化学 [M]. 北京: 化学工业出版社, 2010.

[15] Guo X H, Liu L, Wang W, et al. Controlled crystallization of hierarchical and porous calcium carbonate crystals using polypeptide type block copolymer as crystal growth modifier in a mixed solution [J]. CrystEngComm, 2011, 13 (6): 2054-2061.

[16] Geng X, Liu L, Jiang J, et al. Crystallization of $CaCO_3$ mesocrystals and complex aggregates in a mixed solvent media using polystyrene sulfonate as a crystal growth modifier [J]. Crystal Growth & Design, 2010, 10 (8): 3448-3453.

[17] Zhao T, Guo B, Zhang F, et al. Morphology control in the synthesis of $CaCO_3$ microspheres with a novel CO_2-storage material [J]. ACS Applied Materials & Interfaces, 2015, 7 (29): 15918-15927.

[18] Zhao T X, Guo B, Li Q, et al. Highly efficient CO_2 capture to a new-style CO_2-storage material [J]. Energy & Fuels, 2016, 30 (8): 6555-6560.

[19] Guo B, Zhao T, Sha F, et al. Control over crystallization of $CaCO_3$ micro-particles by a novel CO_2 SM [J]. CrystEngComm, 2015, 17 (41): 7896-7904.

[20] Ma L, Zhao B, Shi H, et al. Controllable synthesis of two CaO crystal generations: precursors' synthesis and formation mechanisms [J]. CrystEngComm, 2017, 19 (47): 7132-7145.

[21] Sun B C, Wang X M, Chen J M, et al. Synthesis of nano-$CaCO_3$ by simultaneous absorption of CO_2 and NH_3 into $CaCl_2$ solution in a rotating packed bed [J]. Chemical Engineering Journal, 2011, 168 (2): 731-736.

[22] Li Z, Xiong Y, Xie Y. Selected-control synthesis of ZnO nanowires and nanorods via a PEG-assisted route [J]. Inorganic Chemistry, 2003, 42 (24): 8105-8109.

[23]　Zhao T，Zhang F，Zhang J，et al. Facile preparation of micro and nano-sized $CaCO_3$ particles by a new CO_2-storage material [J]. Powder Technology，2016，301：463-471.

[24]　Zhao B，Ma L，Shi H，et al. Calcium precursor from stirring processes at room temperature for controllable preparation of nano-structure CaO sorbents for high-temperature CO_2 adsorption [J]. Journal of CO_2 Utilization，2018，25：315-322.

[25]　Krammart P，Tangtermsirikul S. Properties of cement made by partially replacing cement raw materials with municipal solid waste ashes and calcium carbide waste [J]. Construction and Building Materials，2004，18 (8)：579-583.

[26]　Jaturapitakkul C，Roongreung B. Cementing material from calcium carbide residue-rice husk ash [J]. Journal of Materials in Civil Engineering，2003，15 (5)：470-475.

[27]　Guo B，Zhao T X，Sha F，et al. Synthesis of vaterite $CaCO_3$ micro-spheres by carbide slag and a novel CO_2-storage material [J]. Journal of CO_2 Utilization，2017，18：23-29.

[28]　Dickinson S R，McGrath K M. Switching between kinetic and thermodynamic control：calcium carbonate growth in the presence of a simple alcohol [J]. Journal of Materials Chemistry，2003，13 (4)：928-933.

[29]　Geng X，Liu L，Jiang J，et al. Crystallization of $CaCO_3$ mesocrystals and complex aggregates in a mixed solvent media using polystyrene sulfonate as a crystal growth modifier [J]. Crystal Growth & Design，2010，10 (8)：3448-3453.

[30]　Sarkar A，Dutta K，Mahapatra S. Polymorph control of calcium carbonate using insoluble layered double hydroxide [J]. Crystal Growth & Design，2013，13 (1)：204-211.

[31]　Xu W T，Ma C F，Ma J L，et al. Marine biofouling resistance of polyurethane with biodegradation and hydrolyzation [J]. ACS Applied Materials & Interfaces，2014，6，4017-4024.

[32]　Mihai M，Racovita S，Vasiliu A L，et al. Autotemplate microcapsules of $CaCO_3$/pectin and nonstoichiometric complexes as sustained tetracycline hydrochloride delivery carriers [J]. ACS Applied Materials & Interfaces，2017，9 (42)：37264-37278.

[33]　Dickinson S R，McGrath K M. Switching between kinetic and thermodynamic control：calcium carbonate growth in the presence of a simple alcohol [J]. Journal of Materials Chemistry，2003，13 (4)：928-933.

[34]　Ma L，Yang T，Wu Y，et al. CO_2 capture and preparation of spindle-like $CaCO_3$ crystals for papermaking using calcium carbide residue waste via an atomizing approach [J]. Korean Journal of Chemical Engineering，2019，36 (9)：1432-1440.

[35]　Cui R，Lu W，Zhang L，et al. Template-free synthesis and self-assembly of CeO_2 nanospheres fabricated with foursquare nanoflakes [J]. The Journal of Physical Chemistry C，2009，113 (52)：21520-21525.

[36]　Sun C，Li H，Zhang H，et al. Controled synthesis of Ceo_2 nanorods by a Solvothermal method [J]. Nanotechnology，2005，16 (9)：1454.

[37]　Zhang Y，Cheng T，Hu Q，et al. Study of the preparation and properties of CeO_2 single/multiwall hollow microspheres [J]. Journal of Materials Research，2007，22 (6)：1472-1478.

[38]　Xiao H，Ai Z，Zhang L. Nonaqueous sol-gel synthesized hierarchical CeO_2 nanocrystal microspheres as novel adsorbents for wastewater treatment [J]. The Journal of Physical Chemistry C，2009，113

(38): 16625-16630.

[39] Yao H, Wang Y, Luo G. A size-controllable precipitation method to prepare CeO_2 nanoparticles in a membrane dispersion microreactor [J]. Industrial & Engineering Chemistry Research, 2017, 56 (17): 4993-4999.

[40] Goel C, Bhunia H, Bajpai P K. Synthesis of nitrogen doped mesoporous for carbon dioxide capture [J]. RSC Advances, 2015, 5 (58): 46568-46582.

[41] Tian S, Jiang J, Yan F, et al. Highly efficient CO_2 capture with simultaneous iron and CaO recycling for the iron and steel industry [J]. Green Chemistry, 2016, 18 (14): 4022-4031.

[42] Zu Y, Liu G, Wang Z, et al. CaO supported on porous carbon as highly efficient heterogeneous catalysts for transesterification of triacetin with methanol [J]. Energy & Fuels, 2010, 24 (7): 3810-3816.

[43] Yan F, Jiang J, Zhao M, et al. A green and scalable synthesis of highly stable Ca-based sorbents for CO_2 capture [J]. Journal of Materials Chemistry A, 2015, 3 (15): 7966-7973.

[44] Guo B, Zhao T X, Sha F, et al. Synthesis of vaterite $CaCO_3$ micro-spheres by carbide slag and a novel CO_2-storage material [J]. Journal of CO_2 Utilization, 2017, 18: 23-29.

[45] Zhao T X, Guo B, Han L, et al. CO_2 Fixation into novel CO_2 storage materials composed of 1, 2-ethanediamine and ethylene glycol derivatives [J]. ChemPhysChem, 2015, 16 (10): 2106-2109.

[46] Ma X, Li L, Yang L, et al. Adsorption of heavy metal ions using hierarchical $CaCO_3$-maltose meso/macroporous hybrid materials: adsorption isotherms and kinetic studies [J]. Journal of Hazardous Materials, 2012, 209: 467-477.

[47] Li X Q, Feng Z, Xia Y, et al. Protein - assisted synthesis of double - shelled $CaCO_3$ microcapsules and their mineralization with heavy metal ions [J]. Chemistry-A European Journal, 2012, 18 (7): 1945-1952.

[48] Islam M S, Choi W S, Nam B, et al. Needle-like iron oxide@$CaCO_3$ adsorbents for ultrafast removal of anionic and cationic heavy metal ions [J]. Chemical Engineering Journal, 2016, 307, 208-219.

[49] Ma Y, Lin C, Jiang Y, et al. Competitive removal of water-borne copper, zinc and cadmium by a $CaCO_3$-dominated red mud [J]. Journal of Hazardous Materials, 2009, 172 (2-3): 1288-1296.

[50] Zhang J, Yao B, Ping H, et al. Template-free synthesis of hierarchical porous calcium carbonate microspheres for efficient water treatment [J]. RSC Advances, 2016, 6 (1): 472-480.

[51] Shi J, Li J, Zhu Y, et al. Nanosized $SrCO_3$-based chemiluminescence sensor for ethanol [J]. Analytica Chimica Acta, 2002, 466 (1): 69-78.

[52] Omata K, Nukui N, Hottai T, et al. Strontium carbonate supported cobalt catalyst for dry reforming of methane under pressure [J]. Catalysis Communications, 2004, 5 (12): 755-758.

[53] Wang S, Zhang X, Zhou G, et al. Double-layer coating of $SrCO_3$/TiO_2 on nanoporous TiO_2 for efficient dye-sensitized solar cells [J]. Physical Chemistry Chemical Physics, 2012, 14 (2): 816-822.

[54] Cao M, Wu X, He X, et al. Microemulsion-mediated solvothermal synthesis of $SrCO_3$ nanostructures. [J]. Langmuir the Acs Journal of Surfaces & Colloids, 2005, 21 (13): 6093.

[55] Sondi I, Matijević E. Homogeneous precipitation by enzyme-catalyzed reactions. 2. Strontium and barium carbonates [J]. Chemistry of Materials, 2003, 15 (6): 1322-1326.

[56] Yu J, Guo H, Cheng B. Shape evolution of $SrCO_3$ particles in the presence of poly- (styrene-alt-ma-

leic acid) [J] . Journal of Solid State Chemistry，2006，179 (3)：800-803.

[57] Zhu W，Zhang G，Li J，et al. Hierarchical mesoporous $SrCO_3$ submicron spheres derived from reaction-limited aggregation induced "rod-to-dumbbell-to-sphere" self-assembly [J] . CrystEngComm，2010，12 (6)：1795-1802.

[58] Du J，Liu Z，Li Z，et al. Synthesis of mesoporous $SrCO_3$ spheres and hollow $CaCO_3$ spheres in room-temperature ionic liquid [J] . Microporous and Mesoporous Materials，2005，83 (1-3)：145-149.

[59] Wang W S，Zhen L，Xu C Y，et al. Room Temperature Synthesis of Hierarchical $SrCO_3$ Architectures by a Surfactant-Free Aqueous Solution Route [J] . Crystal Growth & Design，2008，8 (5)：1734-1740.

[60] Sha F，Guo B，Zhang F，et al. Morphology Control of $SrCO_3$ Crystals on the Basis of A CO_2 Capture Utilization and Storage Strategy [J] . ChemistrySelect，2016，1 (11)：2652-2663.

[61] Zeng X F，Kong X R，Ge J L，et al. Effective solution mixing method to fabricate highly transparent and optical functional organic-inorganic nanocomposite film [J] . Industrial & Engineering Chemistry Research，2011，50 (6)：3253-3258.

[62] Chu B，Zhang N，Zhai X，et al. Improved catalytic performance of Ni catalysts for steam methane reforming in a micro-channel reactor [J] . Journal of Energy Chemistry，2014，23 (5)：593-600.

[63] Sha F，Guo B，Zhao J，et al. Facile and controllable synthesis of $BaCO_3$ crystals superstructures using a CO_2-storage material [J] . Green Energy & Environment，2017，2 (4)：401-411.

[64] Kulak A N，Iddon P，Li Y，et al. Continuous structural evolution of calcium carbonate particles：a unifying model of copolymer-mediated crystallization [J] . Journal of the American Chemical Society，2007，129 (12)：3729-3736.

[65] Wang T，Antonietti M，Cölfen H. Calcite mesocrystals："Morphing" crystals by a polyelectrolyte [J] . Chemistry-A European Journal，2006，12 (22)：5722-5730.

[66] Rochelle G T. Amine scrubbing for CO_2 capture [J] . Science，2009，325 (5948)：1652-1654.

[67] Wang J，Huang L，Yang R，et al. Recent advances in solid sorbents for CO_2 capture and new development trends [J] . Energy & Environmental Science，2014，7 (11)：3478-3518.

[68] Sha F，Hong H，Zhang J B，et al. Direct non-biological CO_2 mineralization for CO_2 capture and utilization on the basis of amine-mediated chemistry [J] . Journal of CO_2 Utilization，2018，24，407-418.

[69] Zagler R，Eisenmann B，Schäfer H. Tritelluride mit komplexierten Kationen：Darstellung und Kristallstruktur von [Ba (en)$_3$] Te$_3$ und [Ba (en)$_{4,5}$] Te$_3$/Tritellurides of Complex Cations：Synthesis and Crystal Structure of [Ba (en)$_3$] Te$_3$ and [Ba (en)$_{4,5}$] Te$_3$ [J] . Zeitschrift für Naturforschung B，1987，42 (2)：151-156.

[70] König T，Eisenmann B，Schäfer H. Darstellung und Kristallstruktur von [Ba-4 en] Se4 • en [J] . Z Naturforsch B，1982，87：1245-1249.

[71] Zhao J，Ye J，Zhu N，et al. Amine phase-transfer chemistry：A green and sustainable approach to the nonbiological mineralization of CO_2 [J] . ACS Sustainable Chemistry & Engineering，2018，6 (5)：7105-7108.

[72] Li J，Henni A，Tontiwachwuthikul P. Reaction kinetics of CO_2 in aqueous ethylenediamine，ethyl ethanolamine，and diethyl monoethanolamine solutions in the temperature range of 298-313 K，using

the stopped-flow technique [J] . Industrial & Engineering Chemistry Research, 2007, 46 (13): 4426-4434.

[73] Teramoto, M, Huang, Q, Matsuyama H. Facilitated Transport of Carbon Dioxide Through Supported Liquid Membranes of Aqueous Amine Solutions [J] . ACS Symp. Ser. 1996, 642 (17): 239-251.

[74] Versteeg G F, van Swaaij W P M. On the kinetics between CO2 and alkanolamines both in aqueous and non-aqueous solutions-I. Primary and secondary amines [J] . Chemical engineering science, 1988, 43 (3): 573-585.

[75] Littel R J, Van Swaaij W P M, Versteeg G F. Kinetics of carbon dioxide with tertiary amines in aqueous solution [J] . AICHE Journal, 1990, 36 (11): 1633-1640.

[76] Leontiev A V, Rudkevich D M. Revisiting noncovalent SO_2-amine chemistry: an indicator-displacement assay for colorimetric detection of SO_2 [J] . Journal of the American Chemical Society, 2005, 127 (41): 14126-14127.

[77] Gunathilake C, Dassanayake R S, Abidi N, et al. Amidoxime-functionalized microcrystalline cellulose-mesoporous silica composites for carbon dioxide sorption at elevated temperatures [J] . Journal of Materials Chemistry A, 2016, 4 (13): 4808-4819.

[78] Lykhach Y, Staudt T, Streber R, et al. CO_2 activation on single crystal based ceria and magnesia/ceria model catalysts [J] . The European Physical Journal B, 2010, 75 (1): 89-100.

[79] Li C, Liu X, Lu G, et al. Redox properties and CO_2 capture ability of CeO_2 prepared by a glycol solvothermal method [J] . Chinese Journal of Catalysis, 2014, 35: 1364-1375

[80] Staudt T, Lykhach Y, Tsud N, et al. Ceria reoxidation by CO_2: A model study [J] . Journal of Catalysis, 2010, 275 (1): 181-185.

[81] Zhao B, Sha F, Ma L, et al. Morphology-Controllable Preparation of CeO_2 Materials for CO_2 Adsorption [J] . ChemistrySelect, 2018, 3 (1): 230-241.

[82] Mihai M, Schwarz S, Doroftei F, et al. Calcium carbonate/polymers microparticles tuned by complementary polyelectrolytes as complex macromolecular templates [J] . Crystal Growth & Design, 2014, 14 (11): 6073-6083.

[83] Ao-Xuan Wang, De-Qing Chu, et al. Preparation and characterization of novel spica-like hierarchical vaterite calcium carbonate and a hydrophilic poly (vinylidene fluoride) /calcium carbonate composite membrane. [J] . CrystEngComm, 2014, 16 (24): 5198-5205.

第 5 章

二氧化碳储集材料激活植物生长的研究

第 3 章详细阐述了对于系列乙二胺类-乙二醇类体系捕集 CO_2 制备 CO_2SM 的过程，实现了 CO_2 捕集、固定和储存，进行结构和基础理化性质表征。如何实现 CO_2SM 的资源化成为研究的另一目标。目前，笔者研究组利用系列乙二胺类-乙二醇类系统捕集 CO_2 制备了（EDA＋EG)-CO_2SM、（EDA＋DEG)-CO_2SM、（EDA＋TEG)-CO_2SM、（EDA＋T4EG)-CO_2SM、（EDA＋PEG200)-CO_2SM、（EDA＋PEG300)-CO_2SM、（EDA＋PEG400)-CO_2SM、（EDA＋PPD)-CO_2SM 以及（EDA＋DPG)-CO_2SM 等 9 种 CO_2SM。通过 CO_2 捕集系统制得的 CO_2SM 是一种烷基碳酸铵盐，结构类似于 NH_4HCO_3。本章将在此研究基础上，考察不同 CO_2SM 作为植物生长促进剂，对茄科植物（如茄子、番茄和青椒）以及葫芦科植物（如黄瓜）的营养和生殖生长的影响，考察 CO_2SM 对植物包括株高、平均茎干直径、根系发育趋势、叶片尺寸以及花期和果实数等方面的促进效果，探究不同 CO_2SM 对于同一科属的不同植物和不同科属间植物促进效果的差异性。

5.1 CO_2 源肥料的研究现状

5.1.1 气态 CO_2 施肥技术的应用

5.1.1.1 温室蔬菜作物

气态 CO_2 施肥技术是通过人工途径改变温室大棚中 CO_2 浓度，快速促进作物发育生长从而提高作物产量过程[1]。随着温室大棚农业技术的快速发展，气

态 CO_2 施肥技术的应用范围迅速扩大。气态 CO_2 施肥技术在不同的气候和技术条件下，对作物产量的提高会产生不同的效果。因此，对气态 CO_2 施肥技术的有效性和发展潜力的评价还没有统一的标准。根据我国温室大棚气态 CO_2 施肥技术的应用现状，官方的评估报告采用增产 30% 作为气态 CO_2 施肥技术增产应用效果评价标准，并计算该技术的经济效益[2]。此外，气态 CO_2 施肥技术对作物成熟期的影响以及对植物抗病虫害的影响也是重要的评估指标[3]。

5.1.1.2 陆生农作物

目前，气态 CO_2 施肥技术在陆生农作物的应用研究主要针对小麦和水稻等 2 种作物。

（1）小麦作物

① 对光合作用的影响　大气中 CO_2 浓度增加可提高植物的光合作用，利于植物的生长。研究表明[4-11]，适宜的 CO_2 浓度范围内，高浓度 CO_2 更有利于叶绿素 b 的形成，是捕光色素蛋白质复合体的重要组成部分，其含量提高加大了叶绿体膜捕获光能的截面积，增强叶绿体对光的吸收作用。

② 对叶片蒸腾速率的影响　CO_2 浓度升高对降低叶片蒸腾速率的影响，上午较下午显著。此外，随着 CO_2 浓度升高，叶片气孔导度降低，作物蒸腾减少。CO_2 浓度倍增时，蒸散量减少程度略低。CO_2 浓度对春小麦蒸散量（CO_2 处理期间）的影响达到极显著水平。因此，在 CO_2 浓度升高时，小麦的蒸腾作用普遍呈现削弱的趋势，这将缓解干旱带来的不利影响，从而增强作物对干旱胁迫的抵御能力[5,10,12-16]。

③ 对水分利用效率的影响　水分利用效率（WUE）是植物蒸腾消耗单位重量的水分所同化的 CO_2 量。CO_2 浓度倍增，平均单叶 WUE 分别增加 85%、101% 和 110%。表明 CO_2 浓度倍增时，干旱处理的单叶 WUE 增加幅度比湿润处理的增加幅度大，因而 CO_2 浓度升高可增强作物对干旱胁迫的抵御能力。CO_2 浓度增加引起气孔导度降低，特别是气孔的部分关闭是提高植物 WUE 的关键因子。当 CO_2 浓度增加时，净光合速率并未增加，单叶 WUE 的提高仅仅是由于蒸腾下降所引起。而 CO_2 浓度增加引起的单叶 WUE 的提高，这是 CO_2 同化速率增加所致，在该情况下作物的气孔导度不变或降低。作物冠层的 WUE 与干物质积累和整个冠层的水分消耗有关，一般 CO_2 浓度升高使总的蒸散量下降幅度远小于蒸腾速率下降幅度，甚至作物的蒸散量没有明显的改变，但由于干物质总量增加，故冠层水平的水分利用效率提高。CO_2 浓度增加冠层 WUE 提高主要与干物质总量增加相关[12,17]。

④ 对生物量、产量和品质的影响　大量研究表明，小麦籽粒产量和品质形成与植株体内 C/N 代谢平衡密切相关。CO_2 浓度是影响作物产量和品质形成的重要生态因子[18,19]。

⑤ 对小麦生物量的影响　大气中 CO_2 浓度的持续增加，必然影响农田作物的生长和对 N 养分的需求，明确对根系呼吸和生物量的影响是全面评价 CO_2 浓度升高对农田土壤碳库影响的需要。CO_2 浓度升高对冬小麦株高、地上部生物量和单株产量的影响程度是不同的。姜帅、居辉等人在高水分条件（75%田间持水量）下，发现高浓度 CO_2 使冬小麦株高、地上部生物量和单株产量平均增加 4.8%、17.8%和 11.4%，而在低水分条件（55%田间持水量）下，株高、地上部生物量和单株产量平均增加 7.6%、18.2%和 25.6%。

⑥ 对小麦产量和品质的影响　小麦品质的形成受到品种遗传和环境两个方面的影响，相同遗传基础上，环境影响显得非常重要。在不同的环境因子下，各种代谢作用相互协调、发展、达到平衡，最终表现为植株生长生理和籽粒的变化。小麦籽粒的主要成分是淀粉、蛋白质、脂肪、维生素和无机元素等。其中，淀粉、蛋白质含量及其氨基酸等是衡量小麦籽粒营养品质和工艺品质的重要指标。前人总结认为，CO_2 浓度升高，单位面积穗数、单穗产量均有所提高。但是不同的实验中，两产量因素对产量提高的贡献并不一致。然而，CO_2 升高对千粒重影响不大，CO_2 浓度升高和氮肥水平升高条件下，小麦淀粉的高峰黏度、低谷黏度、最终黏度升高，糊化温度降低，说明 CO_2 浓度和氮肥水平升高均有利于提高小麦淀粉黏度。但是，相关实验还发现，在 CO_2 浓度升高条件下，小麦籽粒蛋白质含量有所下降，作为储藏蛋白的谷蛋白、醇溶蛋白含量的下降是蛋白质含量下降的主要原因。因此，高 CO_2 浓度下，籽粒蛋白质含量降低可能是由单穗产量增加导致的穗内氮稀释造成的。虽然 CO_2 浓度升高可能导致小麦籽粒品质特性下降，但维持较高的施氮水平有利于缓解这一变化。

（2）水稻作物

① 对光合作用的影响　植物进行光合作用的原料是 CO_2，在其他条件不变的情况下，只升高 CO_2 的浓度会加快农作物的生长发育。林伟宏和叶旭君[20,21]认为，CO_2 的浓度在倍增时水稻的光合势较高，也就是说 CO_2 的浓度的增加可使水稻的光合作用率提高。Tang[22] 的研究结果表明，在 CO_2 的浓度升高的第 1 天，水稻的光合作用就会迅速提高，在 45.4%左右，但是在接下来的第 1 周和第 2 周光合作用的速率值却下降了 13.7%和 21.1%。李蘦蓴[23] 的研究指出，某些水稻品种在高浓度的 CO_2 下的光合放氧比对照很低，而另一些却比较高。

② 对呼吸作用的影响　目前，CO_2 浓度的升高对植物光合作用的影响有两种观点，一种认为暗呼吸会随着 CO_2 浓度的升高而下降，另一种认为将随着 CO_2 浓度的升高而升高。在 CO_2 浓度升高的时候，作物的暗呼吸作用也会升高，这可能是 CO_2 浓度的升高使介质的 pH 升高，从而使呼吸作用降低。但是到目前为止，有关大气中 CO_2 浓度升高对植物的呼吸作用的影响鲜有报道。

③ 对发育期的影响　水稻生长发育期除受自身的 DNA 影响，还受外界条件的影响，比如光照、温度及其他生态条件的影响。相关研究认为，CO_2 浓度在倍增时抽穗期会提前，而且适宜温度下，环境的温度越高，发育期的时间越短；据相关研究可知，同一品种在一定地区正常栽培条件下，植物的积温会非常稳定；当植物处于高浓度的 CO_2 下时，水稻的发育会明显加快，这也是水稻的发育期明显缩短的一个重要的原因[24]。

④ 对产量的影响　水稻的产量受 4 个因素制约：单位面积穗数、结实率、每穗颖花数、千粒质量。部分学者认为，大气中的 CO_2 浓度升高会对制约水稻产量因素中的单位面积穗数影响较大。有相关报道指出：在 CO_2 浓度相同的情况下，施肥时间和施肥量对水稻构成的影响非常大，并且 CO_2 浓度对不同品种水稻的影响也不一致[25]。

5.1.1.3　气态 CO_2 施肥技术气源及弊端

我国气态 CO_2 施肥技术多使用的 CO_2 气体主要来自化学反应、燃烧和压缩液态 CO_2 气瓶。化学反应主要包括硫酸和碳酸氢铵反应、石灰石和盐酸反应、碳酸钙和硫酸铵颗粒以及碳酸氢铵反应[26]；燃烧则是指通过燃烧碳氢化合物释放 CO_2，例如沼气、天然气、液化石油气、木炭、无烟煤和煤油等[27]；压缩液态 CO_2 气瓶主要来自化肥厂和酒精厂的副产品[28]。

并非 CO_2 浓度越高对于作物的促进效果越好。Davis 等[29] 指出过高的 CO_2 浓度会抑制作物的生长，甚至将导致作物的死亡。因此，针对不同的作物如何精准控制 CO_2 浓度将成为气态 CO_2 施肥技术能否大规模推广的核心问题之一。

气态 CO_2 施肥技术的目的是保证作物快速生长，在气态 CO_2 施肥的过程中必须时刻保证 CO_2 浓度，也就要求该技术只有在温室大棚等密闭环境中才能保证作物的生长效果，但 CO_2 作为温室气体中增温效应最强的气体，高浓度的 CO_2 会导致密闭环境的温度逐渐升高，严重时作物可能会因高温减产，甚至枯萎死亡，使气态 CO_2 施肥技术的推广应用受到很大的局限性。

5.1.2　固态 CO_2 源肥料的应用

目前，气态 CO_2 施肥技术在目前还不是十分成熟。与之相比，以 CO_2 为原料制备的传统固体肥料在促进作物生长方面的效果更好，局限性更小，例如碳酸氢铵、尿素和复合肥料[30]。

目前，化肥行业中以 CO_2 和氨气为原料商业化生产尿素和碳酸氢铵的方法为减少 CO_2 的排放提供了一种有效且高附加值的途径[31]，如图 5-1 所示。

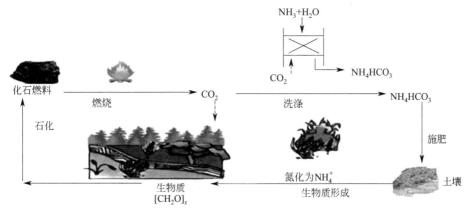

图 5-1　CO_2 和氨气制备 NH_4HCO_3 肥料

通常情况下，每摩尔的氨气可以吸收大约 0.35mol 的 CO_2，也就是每千克氨气可以负载 0.9～1.2kg 的 CO_2，脱除效率可达 99% 以上[32,33]。乙醇胺做吸收剂对 CO_2 的最大脱除效率和负载量分别为 94% 和 0.40kgCO_2/kg 乙醇胺。基于此，提出并发展了一种将氨水喷淋到工业烟气中以捕集 CO_2、SO_2 和 NO_x 的方法。在 35℃ 的条件下，吸收塔中 CO_2 的捕集效率在 76%～91% 范围内，水洗涤塔获得的产品主要为 NH_4HCO_3 结晶或水溶液[34]；在高温和高压的条件下，CO_2 和氨气可以合成氨基甲酸铵，在其分解、吸收转化后，获得碳酰胺（尿素）晶体[35]。

室温常压下，NH_4HCO_3 和尿素均为白色固体，其中 NH_4HCO_3 在过去的 30 年中都是一些发展中国家促进农作物生长生产的主要肥料[36]。但由于 NH_4HCO_3 的高挥发性和尿素仅能作为追肥使用的局限性，科技工作者逐渐将目光转向以 CO_2 和胺为原料合成脲衍生物后，进一步制备与 NH_4HCO_3 及尿素结构相似、肥效相近肥料以促进植物生长[37]。

目前，以 CO_2 和胺为原料合成的脲衍生物来制备植物生长促进剂的研究取得一定的进展[38]。

Fahad 等[39] 报道了一种由脲衍生物制备有机植物生长促进剂的方法,并考察了其对水稻生长状况的影响。实验测量数据显示该类植物生长促进剂能够明显增加植株高度、提升抗病能力和促进主根及侧根生长;同时在实验过程中,研究者发现水稻的花期明显提前,单株产量也明显增加。实验结果表明该脲衍生物作为植物生长促进剂对水稻发育生长的各个方面均有着较好的促进作用。

David 等[40] 报道了一种由脲衍生物制备有机植物生长促进剂的方法,同时考察其对蓝莓生长状况的影响,该工作主要研究了植物生长促进剂对植株根部发育的影响。该类植物生长促进剂首先作用于植株的根部,促进根部主根及侧根的发育,进而加快根部对土壤及促进剂中养分的吸收;养分在植株地表以上的部分进行积累,进而促使植物生长。实验结果表明该类植物生长促进剂中的氮元素和碳元素对植株根部发育生长的促进作用较大。

Li 等[41] 报道了一种由脲衍生物制备有机植物生长促进剂的方法,以根部滴灌的施肥形式考察对玉米生长的影响,结果表明该类植物生长促进剂同传统肥料碳酸氢铵相比有着更好的促进效果。施加了植物生长促进剂的植株叶片、植株高度等方面相较于碳酸氢铵和其他无机类促进剂都有更好的结果。

以上研究工作者报道的植物生长促进剂对于研究对象各方面的观测项目都有较好的促进作用,即使相比于传统肥料也有独特的优势,但也存在着不可忽视的缺点:如 NH_4HCO_3 等传统肥料具有较高的挥发性,肥效有一定程度的损失;尿素多作为作物追肥肥料,浓度过高对植物根部伤害较大;新型脲衍生物的生产成本相对传统肥料较高,这些问题将成为限制其大规模应用的主要因素。

因此,开发一种肥效良好、成本低廉的植物生长促进剂的意义不可小觑。CO_2 捕集并固定后,在生物领域以植物生长促进剂的形式进行资源化利用,可以大幅度减少 CO_2 的排放,减轻温室效应。CO_2SM 的结构类似于 NH_4HCO_3,同时具备快速促进植物生长的性能,具有可以大规模应用于农业生长的前景。

5.1.3 CO_2 对植物生长的影响

(1) CO_2 对植物株高的影响

CO_2 浓度升高对植物的高生长影响较为明显。CO_2 浓度升高,可促进植物的生长,使得植物的高生长与 CO_2 浓度正常时相比要高,但植物高生长与 CO_2 浓度升高并非始终呈正相关,当 CO_2 浓度升高,植物加速高生长一段时间后,高生长速度下降,甚至出现停止生长的现象,到植物生长发育的后期甚至要比 CO_2 浓度正常的时候高度低。分析认为,这是由 CO_2 浓度升高使得植物体加速衰老,从而破坏了植物的正常生长发育所致。

（2）CO_2 对植物花和叶的影响

CO_2 浓度升高，可使得植物提早开花，且花的数量比 CO_2 浓度正常情况下多。研究表明，一定范围内，CO_2 浓度升高后，植物的叶片数量也会明显增多，冠幅增大[42]。

（3）CO_2 对植物根系的影响

研究认为，CO_2 浓度升高，植物的光合效率提高，植物根系的生物量增加。但植物根系随 CO_2 浓度变化而变化的情况与诸多因素有关。研究表明，植物在水分、营养条件不受限制的情况下，CO_2 浓度升高与否不会影响植物的根冠比；当水分和营养条件受到限制时，CO_2 浓度升高植物的根冠比会增加[43]。

（4）CO_2 对植物根系数量和长度的影响

CO_2 浓度升高，植物的根系分枝出现增多的现象，细根的数量增加，根长增加，这是因为 CO_2 浓度升高加速了植物的生长，使得根系的周转速率加快。CO_2 浓度变化对植物根系数量和长度的影响与温度、湿度、土壤情况等诸多因素有关，因此不能片面地认为 CO_2 浓度提高即可促进细根的数量和根长的增长[43]。

（5）CO_2 对植物根系分泌物的影响

CO_2 浓度变化对植物根系分泌物会产生一定的影响，但对不同类型的植物其变化不尽相同。有的植物随着 CO_2 浓度的提高其根系分泌物数量增加，但有的植物只有个别根系分泌物的数量出现增加的趋势。根系分泌物数量的变化会改变根系所在土壤环境中有机质的含量，使得土壤中有机质的组成发生变化，改变微生物的分布，影响植物生长，改变植物群落分布情况[43]。

5.2　激活材料对植物生长的影响

如第 3 章讨论结果，CO_2SM 是一种烷基碳酸铵盐，化学结构单元为 $[^+H_3N—R—NH_3^+ \cdot ^-O—C(=O)—O—R'—O—C(=O)—O^-]_n$，如将此结构式中 R 向左部分变换为 H，同时将 R' 右部分变换为 H，其结构式可简化为 NH_4HCO_3，其中含有 C 和 N 元素，并且具备良好的水溶性，具有作为速效化肥应用于农业生产中快速促进植物生长的潜力。

依据 CO_2SM 的结构单元和单位面积 NH_4HCO_3 的施肥量（以 N 计），计算并精确称取 CO_2SM 和 NH_4HCO_3，溶解于 250mL 水中。对照组植株定期分别浇灌 50mL 的水以及 NH_4HCO_3 溶液，实验组植株分别浇灌 50mL 的（EDA＋EG)-

CO_2SM、（EDA+DEG）-CO_2SM、（EDA+TEG）-CO_2SM、（EDA+T4EG）-CO_2SM、
（EDA+PEG200）-CO_2SM、（EDA+PEG300）-CO_2SM、（EDA+PEG400）-CO_2SM、
（EDA+PPD）-CO_2SM 以及（EDA+DPG）-CO_2SM 溶液，其余浇灌条件一致，即每
3 天浇水 1 次，每隔 7 天浇灌 NH_4HCO_3 溶液和 CO_2SM 溶液 1 次。每组均种植
三株植株幼苗，在 3 个花盆中进行平行实验。

5.2.1　CO_2SM 对植物营养生长的影响

　　CO_2SM 对茄科植物——茄子、番茄和青椒以及葫芦科植物——黄瓜的营养
生长和生殖生长的影响，包括株高、平均茎干直径、根系发育趋势、叶片尺寸以
及花期和果实数等方面的促进效果，如图 5-2 所示。

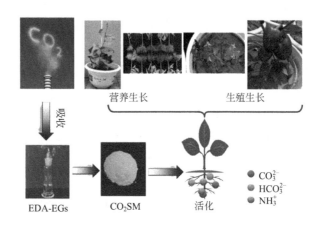

图 5-2　CO_2SM 作为生长调节剂促进 4 种植物的生长

　　植物的营养生长主要包括株高、茎干直径、叶片颜色及尺寸以及根系的生长
趋势和干湿比等方面，营养生长随时间的变化趋势可以有效反映出 CO_2SM 对植
物体内营养物质的积累情况。

　　（1）CO_2SM 对株高的影响

　　株高随时间的变化情况是植物生长最直观的表现形式。在实验过程中，以
7 天时间为间隔测量每株植物的高度，拍照，计算 3 株浇灌同一种 CO_2SM 溶液
植物高度的平均值，排除植物个体差异性对实验结果的影响。

　　绘制 60 天（非间隔一致性记录）观察考察期内对照组和实验组植株平均高
度的变化趋势，见图 5-3；计算对照组和实验组植株平均高度相对初始株高的增
长比列于表 5-1。

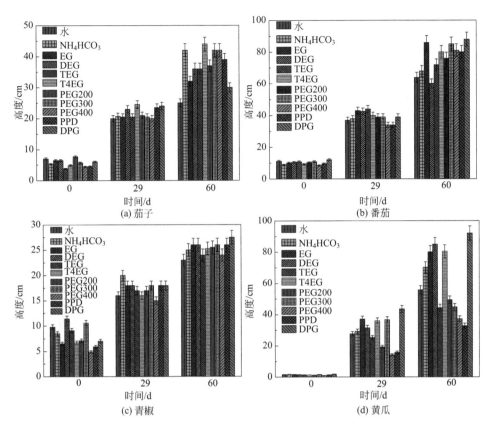

图 5-3　茄子、番茄、青椒和黄瓜植株平均高度趋势

表 5-1　茄子、番茄、青椒和黄瓜植株相对于初始株高的增长比

交管溶液溶质	株高增长倍数（60d）			
	茄子	番茄	青椒	黄瓜
水	4.00	4.71	1.47	28.47
NH$_4$HCO$_3$	11.35	5.84	1.94	27.00
（EDA＋EG）-CO$_2$SM	3.92	7.51	3.00	49.06
（EDA＋DEG）-CO$_2$SM	4.54	4.77	1.28	55.67
（EDA＋TEG）-CO$_2$SM	8.47	5.67	1.64	30.64
（EDA＋T4EG）-CO$_2$SM	9.00	7.70	2.78	60.92
（EDA＋PEG200）-CO$_2$SM	3.81	6.38	2.59	40.08
（EDA＋PEG300）-CO$_2$SM	6.37	6.80	1.45	26.94
（EDA＋PEG400）-CO$_2$SM	8.55	8.64	3.90	36.20
（EDA＋PPD）-CO$_2$SM	7.67	7.33	3.41	22.43
（EDA＋DPG）-CO$_2$SM	4.00	7.71	2.53	50.11

由图 5-4 和表 5-1 可知，对照组的茄子植株平均株高分别为 25cm 和 42cm，相对于初始株高的增长比分别为 4.00 倍和 11.35 倍，增长量分别为 20cm 和 38.6cm；实验组的茄子植株平均高度为 30~44cm，相对于初始株高的增长比为 3.81~9.00 倍，增长量为 24~39.6cm。对照组的番茄植株平均株高分别为 64cm 和 68cm，相对初始株高的增长比分别为 4.71 倍和 5.84 倍，增长量分别为 52.8cm 和 57.5cm；实验组的番茄植株平均高度为 60~88cm，相对于初始株高的增长比为 4.77~8.64 倍，增长量为 49.6~77.9cm。对照组的青椒植株平均株高分别为 23cm 和 25cm，相对初始株高的增长比分别为 1.47 倍和 1.94 倍，增长量分别为 13.7cm 和 16.5cm；实验组的青椒植株平均高度为 24~30cm，相对于初始株高的增长比为 1.28~3.90 倍，增长量为 14.6~21.5cm。对照组的黄瓜植株平均株高分别为 56cm 和 70cm，相对初始株高的增长比分别为 28.47 倍和 27.00 倍，增长量分别为 54.1cm 和 67.5cm；实验

图 5-4 对照组与实验组植株对比照片

组的黄瓜植株高度为 $32.8 \sim 92 cm$，相对初始株高的增长比为 $22.43 \sim 50.11$ 倍，增长量为 $31.4 \sim 90.2 cm$。

上述统计和计算结果表明，实验组植株的平均高度、增长比和增长量均明显高于对照组。浇灌（EDA＋TEG)-CO_2SM 的茄子株高增长比最大，浇灌（EDA＋T4EG)-CO_2SM 的黄瓜株高增长比最大，浇灌（EDA＋PEG400)-CO_2SM 的番茄和青椒株高增长比最大。但对于茄子植株而言，浇灌（EDA＋DPG)-CO_2SM 的植株 60 天后的植株高度最高，同样对于番茄、青椒和黄瓜植株浇灌（EDA＋T4EG)-CO_2SM 的植株 60 天后的植株高度最高，与对照组植株的高度对比照片如图 5-4 所示。

（2）CO_2SM 对平均茎干直径的影响　　植物茎干是营养物质由下至上运输的主要通道，因此茎干直径对于运输速率有至关重要的影响。测量每株植物的茎干直径，计算 3 株浇灌同一种 CO_2SM 溶液植物的平均茎干直径，列于表 5-2。

表 5-2　茄子、番茄、青椒和黄瓜植株的平均茎干直径

浇灌溶液溶质	茎干直径(60d)/cm			
	茄子	番茄	青椒	黄瓜
水	0.68	0.85	0.73	0.73
NH_4HCO_3	0.72	1.00	1.01	0.89
(EDA＋EG)-CO_2SM	0.96[b]	1.12[a]	1.04[a]	0.92[a]
(EDA＋DEG)-CO_2SM	0.98[b]	1.03[a]	0.98[b]	0.86[b]
(EDA＋TEG)-CO_2SM	1.00[a]	1.19[a]	1.11[a]	0.98[a]
(EDA＋T4EG)-CO_2SM	1.14[b]	1.09[a]	1.14[a]	1.02[a]
(EDA＋PEG200)-CO_2SM	0.94[b]	1.18[a]	1.08[a]	0.96[a]
(EDA＋PEG300)-CO_2SM	—	1.18[a]	1.15[a]	1.03[a]
(EDA＋PEG400)-CO_2SM	1.13[a]	1.16[a]	1.15[a]	1.03[a]
(EDA＋PPD)-CO_2SM	1.02[a]	1.06[a]	1.00[a]	0.88[a]
(EDA＋DPG)-CO_2SM	0.98[b]	1.22[a]	1.16[a]	1.04[a]

"—" 表示没有获得数据。同一列的数据后面不同小写字母表示显著差异。

如表 5-2 所示：对照组茄子植株平均茎干直径分别为 0.68cm 和 0.72cm，实验组茄子植株平均茎干直径为 $0.94 \sim 1.14 cm$；对照组番茄植株平均茎干直径分别为 0.85cm 和 1.00cm，实验组番茄植株平均茎干直径为 $1.03 \sim 1.22 cm$；对照

组青椒植株平均茎干直径分别为 0.74cm 和 1.01cm，实验组青椒植株平均茎干直径范围为 0.98～1.16cm；对照组黄瓜植株平均茎干直径分别为 0.73cm 和 0.89cm，实验组黄瓜植株平均茎干直径为 0.86～1.04cm。

上述结果表明，实验组植株茎干直径均明显高于对照组，(EDA＋DPG)-CO_2SM 对于番茄、青椒和黄瓜植株茎干发育的激活促进效果最为明显，(EDA＋T4EG)-CO_2SM 对于茄子植株茎干发育的激活促进效果最为明显。

(3) CO_2SM 对叶片的影响　叶片是植物通过光合作用获取能量的部位，叶片的大小和叶绿素的含量是影响光合作用速率的主要因素。茄子和黄瓜植株的最大叶片平均尺寸增量列于表 5-3。

表 5-3　茄子和黄瓜植株的最大叶片平均尺寸增量

浇灌溶液溶质	茄子（长×宽）/cm		黄瓜（长×宽）/cm	
	28d	60d	28d	60d
水	1.4×1.2	3.6×2.7	2.3×1.8	7.5×6.0
NH_4HCO_3	2.5×2.3	6.7×6.1	4.1×2.6	9.4×7.8
(EDA＋EG)-CO_2SM	2.6×2.0	6.7^c×5.0^b	3.8×2.0	8.8^b×7.5^a
(EDA＋DEG)-CO_2SM	2.3×1.8	6.5^c×4.4^c	3.6×2.1	8.5^b×6.7^b
(EDA＋TEG)-CO_2SM	3.0×2.4	7.0^b×6.0^b	3.0×2.0	7.8^c×7.0^a
(EDA＋T4EG)-CO_2SM	1.9×1.4	6.4^c×6.4^a	3.1×2.3	7.6^c×6.2^b
(EDA＋PEG200)-CO_2SM	2.6×1.9	7.0^b×5.5^b	2.9×2.4	7.2^d×5.2^d
(EDA＋PEG300)-CO_2SM	3.1×2.2	7.5^b×5.3^b	2.3×1.7	7.0^d×4.8^d
(EDA＋PEG400)-CO_2SM	4.0×3.1	9.5^a×5.8^b	2.1×1.5	7.1^d×4.7^d
(EDA＋PPD)-CO_2SM	3.6×2.0	7.9^b×7.7^a	2.0×1.2	6.2^d×3.7^d
(EDA＋DPG)-CO_2SM	2.5×1.3	6.1^c×4.4^c	4.9×3.0	9.5^a×7.7^a

同一列的数据后面不同小写字母的数据表示显著差异。

由表 5-3 可知，对照组茄子植株的最大叶片的平均尺寸分别为 3.6cm×2.7cm 和 6.7cm×6.1cm，实验组茄子植株的最大叶片的平均尺寸为 9.5cm×5.8cm；对照组黄瓜植株的最大叶片的平均尺寸分别为 7.5cm×6.0cm 和 9.4cm×7.8cm，实验组黄瓜植株的最大叶片的平均尺寸为 9.5cm×7.7cm。实验组植株的最大叶片的平均尺寸明显大于对照组植株。

仅浇灌水不施加任何肥料的对照组植株由于缺乏营养，叶片颜色呈现出浅黄色；浇灌 NH_4HCO_3 溶液的对照组植株叶片颜色呈现出正常的绿色；浇灌 CO_2SM 溶液的植株叶片颜色明显深于对照组植株，呈现出墨绿色。植物叶片中叶绿素的含量与肥料中氮元素的贫富有着密切的关系[44,45]，这进一步表明了 CO_2SM 能够为植物叶片提供充足的氮元素，保证叶片中叶绿素的含量，促进植物叶片的发育生长，进而增加植株体内营养成分的积累，达到促进植物生长的目的[46,47]。

（4）CO_2SM 对根部的影响　根是植物从土壤中吸收、运输养料的营养器官，评价根系生长发育情况主要包括根须和根部干湿比两方面。四种果蔬植株根系的生长趋势对比照片展示在图 5-5 中。

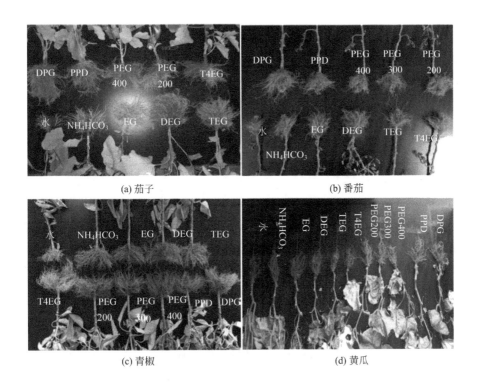

(a) 茄子　　　　　(b) 番茄

(c) 青椒　　　　　(d) 黄瓜

图 5-5　茄子、番茄、青椒和黄瓜植株根系的生长趋势对比照片

由图 5-5 可知，浇灌 CO_2SM 溶液的植株根须生长茂盛，发育生长情况明显优于对照组，这为植株地表以上部分的发育生长提供了营养吸收和运输的基础。

将植株地表以上部分剪掉，洗净根部泥土，静置一段时间，待根部表面的水分挥发，称量植株根部的湿重；将根部置于阴暗通风处，待根须内部的水分挥发，自然风干，称量根部的干重，所获得的湿重和干重数据均为三株浇灌同一种 CO_2SM 溶液植株的平均值，计算干湿比，计算结果列于表 5-4 中。

表 5-4　茄子、番茄、青椒和黄瓜植株根系的干湿比

浇灌溶液溶质	干湿比(60d)/%			
	茄子	番茄	青椒	黄瓜
水	26.54	22.82	28.68	21.06
NH_4HCO_3	29.77	29.13	31.97	21.29
(EDA+EG)-CO_2SM	35.55	31.09	41.95	25.05
(EDA+DEG)-CO_2SM	35.19	30.65	36.22	26.67
(EDA+TEG)-CO_2SM	31.25	33.71	32.29	29.43
(EDA+T4EG)-CO_2SM	35.89	33.30	33.04	29.04
(EDA+PEG200)-CO_2SM	31.01	32.62	29.84	29.58
(EDA+PEG300)-CO_2SM	—	28.57	37.33	30.20
(EDA+PEG400)-CO_2SM	35.73	30.85	32.10	27.80
(EDA+PPD)-CO_2SM	34.17	26.58	37.44	37.99
(EDA+DPG)-CO_2SM	33.85	39.73	43.79	38.78

注："—"表示没有获得数据。

由表 5-4 可知，对照组茄子植株根系干湿比分别为 26.54% 和 29.77%，实验组茄子植株的根系干湿比为 31.01%～35.89%；对照组番茄植株根系干湿比分别为 22.82% 和 29.13%，实验组番茄植株根系干湿比为 26.58%～39.73%；对照组青椒植株根系干湿比分别为 28.68% 和 31.97%，实验组青椒植株根系干湿比为 29.84%～43.79%；对照组黄瓜植株根系干湿比分别为 21.06% 和 21.29%，实验组黄瓜植株根系干湿比为 25.05%～38.78%。

上述结果表明，实验组植株的根系发育趋势和干湿比均明显高于对照组，(EDA+DPG)-CO_2SM 对于番茄、青椒和黄瓜植株根部发育的激活促进效果最为明显，(EDA+T4EG)-CO_2SM 对于茄子植株根部发育的激活促进效果最为明显。

5.2.2　CO_2SM 对植物生殖生长的影响

植物的生殖生长主要包括花期和果实两方面，植物花期和果实数是提升果蔬作物产量的重要评价标准。

研究过程中观察对照组和实验组植株开花时间，记录同一个考察组中三株植株平均花蕾数，实验结束后统计记录同一个考察组中三株植株平均果实数，列于表 5-5 中。

表 5-5　茄子、番茄、青椒和黄瓜植株花期及果实数的统计结果

浇灌溶液溶质	花期及果实数							
	茄子		番茄		青椒		黄瓜	
	28d	60d	28d	60d	28d	60d	28d	60d
水	N	3	Y(5)	14	Y(1)	4	Y(1)	3
NH_4HCO_3	Y(2)	3	Y(7)	16	Y(2)	6	Y(2)	4
(EDA+EG)-CO_2SM	Y(3)	6[a]	Y(1)	23[a]	Y(3)	8[a]	Y(3)	6[a]
(EDA+DEG)-CO_2SM	Y(1)	6[a]	Y(8)	22[a]	Y(2)	7[b]	Y(2)	6[a]
(EDA+TEG)-CO_2SM	Y(2)	6[a]	Y(9)	19[b]	Y(3)	6[b]	Y(2)	4[b]
(EDA+T4EG)-CO_2SM	Y(3)	8[a]	Y(1)	22[a]	Y(3)	7[b]	Y(3)	6[a]
(EDA+PEG200)-CO_2SM	Y(3)	4[b]	Y(8)	19[b]	Y(3)	7[b]	Y(1)	2[d]
(EDA+PEG300)-CO_2SM	Y(2)	7[a]	Y(10)	23[a]	Y(2)	7[b]	Y(2)	3[d]
(EDA+PEG400)-CO_2SM	Y(3)	7[a]	Y(1)	21[a]	Y(3)	7[b]	N	2[d]
(EDA+PPD)-CO_2SM	Y(3)	6[a]	Y(9)	19[b]	Y(3)	7[b]	N	2[d]
(EDA+DPG)-CO_2SM	Y(1)	5[b]	Y(10)	23[a]	Y(4)	9[a]	Y(3)	6[a]

注："Y"和"N"表示在测量时是否开花；同一列的数据后面不同小写字母的数据表示显著差异。

由表 5-5 可知，在 28d 的时候，绝大多数的实验组植株已开花［实验组浇灌 (EDA+PEG400)-CO_2SM 及 (EDA+PPD)-CO_2SM 的黄瓜植株未开花］，而对照组尚有部分植株未开花。到 60d 时，对照组茄子植株的平均果实数分别为 3 个和 3 个，实验组茄子植株的平均果实数为 4~8 个；对照组番茄植株的平均果实数分别为 14 个和 16 个，实验组番茄植株的平均果实为 19~23 个；对照组青椒植株的平均果实数分别为 4 个和 6 个，实验组青椒植株的平均果实数为 6~9 个；对照组黄瓜植株的平均果实数分别为 3 个和 4 个，实验组黄瓜的平均果实数为 2~6 个。上述结果表明，实验组植株的平均果实数总体多于对照组植株，番茄、青椒和黄瓜植株中浇灌 (EDA+DPG)-CO_2SM 的植株果实数最多，茄子植株中浇灌 (EDA+T4EG)-CO_2SM 的植株果实数最多。

5.2.3　CO_2SM 对土壤的影响

为了探究 CO_2SM 促进植物生长的作用机理，研究测定了对照组和实验组土壤的 pH 和总氮含量，如表 5-6 所示。

表 5-6   土壤中 pH 和总氮含量

浇灌溶液溶质	土壤总氮含量/(g/kg)	pH
水	0.92	8.96
NH_4HCO_3	1.05	8.80
(EDA+EG)-CO_2SM	1.12	8.74
(EDA+DEG)-CO_2SM	0.73	8.69
(EDA+TEG)-CO_2SM	0.84	8.64
(EDA+T4EG)-CO_2SM	0.79	8.80
(EDA+PEG200)-CO_2SM	0.87	8.85
(EDA+PEG300)-CO_2SM	0.97	8.75
(EDA+PEG400)-CO_2SM	0.78	8.76
(EDA+PPD)-CO_2SM	1.12	8.80
(EDA+DPG)-CO_2SM	0.83	8.65

注：总氮和 pH 的测量标准依据 NY/T 1121.16-2006 和 NY/T 1121.2-2006。

由表 5-6 可知，浇灌 CO_2SM 溶液并不会对土壤的 pH 值产生明显的影响，大多数浇灌 CO_2SM 溶液的土壤中总氮含量少于浇灌 NH_4HCO_3 的土壤，仅浇灌 (EDA+EG)-CO_2SM 和 (EDA+PPD)-CO_2SM 溶液的土壤总氮含量略高于浇灌 NH_4HCO_3 的土壤。Shenker 等研究表明较高浓度的碳元素和氮元素均可以提高植株产量、植物根部的生长发育和叶片的发育生长[48,49]，因此，测定结果表明 CO_2SM 在促进植物生长过程中，不是碳元素或氮元素的单一作用，而是二者的协同作用[50-52]，致使植物生长的土壤的 pH 值没有明显的差异。

根据上述实验结果可知，CO_2SM 对实验植株的促进效果明显，甚至要优于传统肥料 NH_4HCO_3，主要表现在株高、茎干直径、根系、花期、产量等方面。实验组植株浇灌 CO_2SM 溶液后，碳元素可以通过提高植物根系的周转率进而提升根系分泌物数量[53]，以达到促进植物生长和营养吸收的目的[54,55]，通过株高、茎干直径和叶片尺寸等植株形态的变化和产量的提升等形式表现出来[56,57]。氮元素也会促进植株根系的发育，提升养分向地上部分的传输速率，促进植物茎干对营养成分的吸收；增加植物叶片中叶绿素的含量，以保证植物生长过程中能充分进行光合作用，最终促进植株花期提前，果实产量提升。

CO_2SM 对于同科属植物的综合促进效果没有明显的差异性，茄子、番茄和青椒三种茄科植物中番茄的株高增长量较为明显，这是因为番茄植株需要一定的株高以满足生殖生长的条件；CO_2SM 对于不同科属植物的综合促进效果也没有明显的差异性。同时，研究组结果表明 CO_2SM 薄片在室温阳光照射下，可以稳定存在至少 135d；同时第三章的 TGA 结果也表明 CO_2SM 在 60℃ 以下不会发生分解；更为重要的是，CO_2SM 具有良好的肥效的同时，生产成本低于新型的脲衍生物[58,59]。综上结果，CO_2SM 作为肥料促进植物生长具有大范围使用前景。

参考文献

[1]　IPCC. Special report on carbon dioxide capture and storage [M]. Cambridge，UK/New York，USA：Cambridge University Press，2005.

[2]　Administrative Center for China's Agenda 21. Third national assessment report on climate change (special report)：technical assessment report of carbon dioxide utilization in China [M]. Beijing：Science Press，2014.

[3]　Ma X，Lis S，Li Y，et al. Effectiveness of gaseous CO_2 fertilizer application in China's greenhouses between 1982 and 2010 [J]. Journal of CO_2 Utilization，2015，11：63-66.

[4]　刘月岩. CO_2 浓度升高对小麦水分利用效率的影响研究综述 [J]. 气候变化研究快报，2013，2 (1)：9-14.

[5]　蒋跃林. 小麦光合特性、气孔导度和蒸腾速率对大气 CO_2 浓度升高的响应 [J]. 安徽农业大学学报，2005，32 (2)：169-173.

[6]　康绍忠. 大气 CO_2 浓度增加对农田蒸发蒸腾和作物水分利用的影响 [J]. 水利学报，1996 (4)：18-26.

[7]　林伟宏. 植物光合作用对大气 CO_2 浓度升高的反应 [J]. 生态学报，1998，18 (5)：529-538.

[8]　Nie G Y，Long S P，Garcia R L，et al. Effects of free-air CO_2 enrichment on the development of the photosynthetic apparatus in wheat，as indicated by changes in leaf proteins [J]. Plant Cell and Environment，1995，18 (8)：855-864.

[9]　徐玲. CO_2 浓度升高对春小麦光合作用和籽粒产量的影响 [J]. 麦类作物学报，2008，25 (8)：867-872.

[10]　Leakey A D B，Ainsworth E A. Elevated CO_2 effects on plant carbon，nitrogen，and water relations：six important lessons from FACE [J]. Journal of Experimental Botany，2009，60 (10)：2859-2876.

[11]　Souza A P，Gaspar M，Da S，et al. Elevated CO_2 increases photosynthesis，biomass and productivity，and modifies gene expression in sugarcane [J]. Plant Cell Environ，2008，31 (8)：1116-1127.

[12]　王润佳. 高大气 CO_2 浓度下 C_3 植物叶片水分利用效率升高的研究进展 [J]. 干旱地区农业研究，2010，28 (6)：190-195.

[13]　郝兴宇. 大气 CO_2 浓度升高对绿豆叶片光合作用及叶绿素荧光参数的影响 [J]. 应用生态学报，2011，22 (10)：2776-2780.

[14]　蒋高明. 大气 CO_2 浓度升高对植物的直接影响——国外十余年来模拟实验研究之主要手段及基本结论 [J]. 植物生态学报，1997，39 (6)：546-553.

[15]　Ainsworth E A，Rogers A. The response of photosynthesis and stomatal conductance to rising

$[CO_2]$：Mechanisms and environmental interactions [J]．Plant Cell and Environment，2007，30 (3)：258-270.

[16]　杨惠敏．干旱和 CO_2 浓度升高对干旱区春小麦气孔密度及分布的影响 [J]．植物生态学报，2001，25 (3)：312-316.

[17]　朱建国．开放系统中农作物对空气 CO_2 浓度增加的响应 [J]．应用生态学报，2002，13 (10)：1323-1338.

[18]　尹飞虎．干旱半干旱区 CO_2 浓度升高对生态系统的影响及碳氮耦合研究进展 [J]．地球科学进展，2011，26 (2)：235-244.

[19]　王春乙． CO_2 和 O_3 浓度倍增对作物影响的研究进展 [J]．气象学报，2004，62 (5)：875-881.

[20]　林伟宏．植物光合作用对大气 CO_2 浓度升高的反应 [J]．生态学报，1998，18 (5)：83-92.

[21]　叶旭君．基于紫外-可见-近红外光谱技术的蔬菜细胞ATP含量无损检测研究 [J]．光谱学与光谱分析，2012，32 (4)：978-981.

[22]　Tang X G，Zhou Q，Fan Y. A preliminary study on immature embryo culture and plant regeneration of lagerstroemia indica [J]．Biocatalysis and Agricultural，2014，3 (06)：28-30.

[23]　李蓉蓉．中国作物学会 2013 年学术年会论文摘要集 [C]．郑州，2013.

[24]　郭文善．第十五次中国小麦栽培科学学术研讨会论文集 [C]．北京，2012.

[25]　沈忠才．大棚西瓜、水稻高效轮作栽培技术 [J]．上海农业科技，2009，2：101-102.

[26]　Li Z H，Xu K，Chen H M，et al. Effect of coal combustion on the reactivity of a CaO-based sorbent for CO_2 capture [J]．Energy & Fuels，2016，30 (9)：7571-7578.

[27]　Xia L P. Comprehensive Control of CO_2 Gas Fertilizer in Facility Cultivation [J]．Agriculture Technology. 2004，24 (4)：137-139.

[28]　He Q Y，Yu G，Tu T，et al. Closing CO_2 loop in biogas production：recycling ammonia as fertilizer [J]．Environmental Science & Technology Letters，2017，51 (15)：8841-8850.

[29]　Toonsiri P，Grosso S D，Sukor A，et al. Greenhouse gas emissions from solid and liquid organic fertilizers applied to lettuce [J]．Journal of Environmental Quality，2016，45 (6)：1812-1821.

[30]　Jenniferc H，Msina A，Philipr W，et al. The effects of organic and conventional nutrient amendments on strawberry cultivation：fruit yield and quality [J]．Journal of the Science of Food and Agriculture，2008，88 (15)：2669-2675.

[31]　Lee J W，Li R. Integration of fossil energy systems with CO_2 sequestration through NH_4HCO_3 production [J]．Energy Conversion and Management，2003，44 (9)：1535-1546.

[32]　Bai H，Yeh A C. Removal of CO_2 greenhouse gas by ammonia scrubbing [J]．Industrial & Engineering Chemistry Research，1997，36 (6)：2490-2493.

[33]　Yeh A C，Bai H. Comparison of ammonia and monoethanolamine solvents to reduce CO_2 greenhouse gas emissions [J]．Science of The Total Environment，1999，228 (2-3)：121-133.

[34]　Smouse S M，Ekmann J M. 2nd annual conference on carbon sequestration [R]．Virginia，2003.

[35]　Zhang Z M，Feng Y Q. New fertilizer，long-term effect ammonium bicarbonate [M]．Beijing：Chemical Industrial Press，1998.

[36]　Cheng Z X，Ma Y H，Li X，et al. Investigation of carbon distribution with c-14 as tracer for carbon dioxide (CO_2) sequestration through NH_4HCO_3 production [J]．Energy & Fuels，2007，21 (6)：3334-3340.

[37] Bhaniswor P, Kristian H, Karen K. Yield, quality, and nutrient concentrations of strawberry (fragaria ×ananassa duch. Cv. 'Sonata') grown with different organic fertilizer strategies [J]. Journal of Agricultural and Food Chemistry, 2015, 63 (23): 5578-5586.

[38] Balat M, Balat H. Applications of carbon dioxide capture and storage technologies in reducing emissions from fossil-fired power plants [J]. Energy Sources Part A-Recovery Utilization and Environmental Effects, 2009, 31 (16): 1473-1486.

[39] Fahad S, Hussain S, Saud S, et al. Exogenously Applied Plant Growth Regulators Affect Heat-Stressed Rice Pollens [J]. Journal of Agrometeorology, 2016, 202 (2): 139-150.

[40] David R, Rui M. Comparative effects of nitrogen fertigation and granular fertilizer application on growth and availability of soil nitrogen during establishment of highbush blueberry [J]. Frontiers in Plant Science, 2011, 2 (12): 46-53.

[41] Li S, Yu M, Nong L, et al. Partial root-zone irrigation enhanced soil enzyme activities and water use of maize under different ratios of inorganic to organic nitrogen fertilizers [J]. Agricultural Water Management, 2010, 97 (2): 231-239.

[42] 欧志英. 高浓度二氧化碳对植物影响的研究进展 [J]. 热带亚热带植物学报, 2003, 11 (2): 190-196.

[43] 王为民. 大气二氧化碳浓度升高对植物生长的影响 [J]. 西北植物学报, 2000, 20 (4): 676-683.

[44] Reuveni J, Gale J. Natural atmospheric noise statistics from VLF measurements in the eastern Mediterranean [J]. Plant Cell and Environment, 2010, 45 (5): 1-9.

[45] Chen W, Hou Z, Wu L, et al. Effects of Salinity and Nitrogen on Cotton Growth in Arid Environment [J]. Plant and Soil. 2010, 362: 61-73.

[46] Kiba T, Kudo T, Kojima M, et al. Hormonal control of nitrogen acquisition: Roles of auxin, abscisic acid, and cytokinin [J]. Journal of Experimental Botany, 2011, 62 (4): 1399-1409.

[47] Khan A L, Hamayun M, Kang S M, et al. Endophytic fungal association via gibberellins and indole acetic acid can improve plant growth under abiotic stress: an example of Paecilomyces formosus LHL10 [J]. Bmc Microbiology, 2012, 12 (1): 3-18.

[48] Zhang D, Li W, Xin C, et al. Lint yield and nitrogen use efficiency of field-grown cotton vary with soil salinity and nitrogen application rate [J]. Field Crops Research, 2012, 138: 63-70.

[49] Reganold J P, Andrews P K, Reeve J R, et al. Fruit and soil quality of organic and conventional strawberry agroecosystems [J]. Plos One, 2010, 5 (10): 1-14.

[50] André A D C L, Chaer G M, Fábio B D R J, et al. Interpretation of microbial soil indicators as a function of crop yield and organic carbon [J]. Soil Science Society of America Journal, 2013, 77 (2): 461-472.

[51] Kang S, Zhang J. Controlled alternate partial root-zone irrigation: its physiological consequences and impact on water use efficiency [J]. Journal of Experimental Botany, 2004, 55 (407): 2437-2446.

[52] Arancon N Q, Edwards C A, Bierman P, et al. Influences of vermicomposts on field strawberries: 1. effects on growth and yields [J]. Bioresource Technology, 2004, 93 (2): 145-153.

[53] Patrizio P, Chinese D. The impact of regional factors and new bio-methane incentive schemes on the structure, profitability and CO_2 balance of biogas plants in Italy [J]. Renewable Energy, 2016, 99: 573-583.

[54] Li F S，Yu J M，Nong M L，et al. Partial root-zone irrigation enhanced soil enzyme activities and water use of maize under different ratios of inorganic to organic nitrogen fertilizers [J]. Agricultural Water Management，2010，97 (2)：231-239.

[55] Yu Y，Yu T，Wang Y，et al. Effect of Co-Cultivation Time on Camptothecin Content in Camptotheca Acuminata Seedlings after Inoculation with Arbuscular Mycorrhizal Fungi [J]. Acta Ecologica Sinica，2012，32 (5)：1370-1377.

[56] Zhang Y，Dai X L，Jia D Y，et al. Effects of plant density on grain yield，protein size distribution，and breadmaking quality of winter wheat grown under two nitrogen fertilisation rates [J]. European Journal of Agronomy，2016，73：1-10.

[57] Brandt K，Leifert C，Sanderson R，et al. Agroecosystem management and nutritional quality of plant foods：the case of organic fruits and vegetables [J]. Critical Reviews in Plant Sciences，2011，30 (1-2)：177-197.

[58] Zhao L，Liu C，Zhang J B，et al. Application of CO_2-storage materials as a novel plant growth regulator to promote the growth of four vegetables [J]. Journal of CO_2 Utilization，2018，26：537-543.

[59] Zhao T X，Guo B，Zhang J B，et al. Highly efficient CO_2 capture to a new-style CO_2-storage material [J]. Energy & Fuels，2016，30 (8)：6555-6560.

第6章

二氧化碳储集材料用于多孔硅材料的制备

煤矸石图 6-1(a) 是煤炭加工和使用中产生的固废，年排放量约占当年煤炭产量的 $10\%\sim20\%$，堆存量已累计超过 45 亿吨，并以每年 1.5 亿～2.0 亿吨递增，是我国排放量最大的工矿固废之一。同时，燃煤发电亦是 CO_2 的重要来源，也是燃煤炉渣图 6-1(b) 的主要来源，每 1 吨煤的燃烧会产出 0.25～0.3 吨炉渣，年排放量已达 3.3 亿吨，居工业废渣排放量之首。遗憾的是，我国大部分煤矸石和燃煤炉渣多以简单堆存方式处理。

随着我国"西电东输"战略的实施和煤化工产业的大力发展，内蒙古中西部产生了大量的煤矸石和燃煤炉渣，占用大量土地，造成土壤和水体污染，是构成大气颗粒物的主要来源，环境危害严重。这些固废多用于生产水泥、制砖、污水处理、铺设道路等，经济价值偏低。近年来，研究人员正努力以其制备耐火材料、微晶玻璃、分子筛等，但多处于研究阶段，未实现资源化和减量化。

(a)   (b)

图 6-1 煤矸石 (a) 和燃煤炉渣 (b) 的照片

近些年，笔者研究组一直在探索煤矸石/燃煤炉渣减量化和资源化技术，努力发展基于此的新型功能分离材料、环境友好的 CO_2 分离过程，以及 CO_2 高效捕集新技术。考虑到煤矸石/燃煤炉渣的"质"——富含 SiO_2，以及"量"——大宗性，以其制备锂基硅材料，具有来源广泛、环境友好和成本低廉等诸多优势。

6.1 煤矸石基多孔硅材料的制备及吸附性能

6.1.1 煤矸石利用的意义

我国是一个以煤炭为主要能源的国家，在一次能源消耗中煤炭所占的比例要远高于世界平均水平，约占 70%，且在未来几十年内，煤炭资源仍将在我国能源结构中处于不可替代的位置。虽然煤炭作为能源可以为工业带来巨大的革新，但在煤炭发展过程中，重开发、轻综合利用的现状使得煤炭采矿区面临着诸多严峻的问题。据统计，煤矸石综合排放量占煤炭产量的 10%～20%[1]，目前已累计堆存约 45 亿吨，规模较大的煤矸石山有 1600 多座，占用土地约 1.5 亿平方米，且堆积量每年以 1.5 亿～2.0 亿吨的速度递增，占用耕地面积每年以 300 万～400 万平方米的速度增加，是我国目前排放量最大的工矿业固体废弃物之一[2]。《关于"十四五"大宗固体废弃物综合利用的指导意见》提出了：到 2025 年，煤矸石、粉煤灰、尾矿（共伴生矿）、冶炼渣、工业副产石膏、建筑垃圾、农作物秸秆等大宗固废的综合利用能力显著提升，利用规模不断扩大，新增大宗固废综合利用率达到 60%，存量大宗固废有序减少。"十三五"取得的成效数据表明，2019 年，大宗固废综合利用率达到 55%，其中，煤矸石、粉煤灰、工业副产石膏、秸秆的综合利用率分别达到 70%、78%、70%、86%，相较之下，煤矸石的综合利用率仍较低，依旧面临着巨大的挑战。《煤矸石综合利用管理办法（2014 年修订版）》提出，煤矸石的综合利用应当实行就近利用、大宗利用、高附加值利用，提高科技水平，实现经济效益、环境效益和社会效益的和谐统一，提高煤矸石的综合利用率。由于煤矸石化学组成的复杂性，矿物成分的多样性及产量的规模性给煤矸石的研究带来了巨大的技术挑战。因此煤矸石的研究成为当前环境和能源领域最重要的研究课题之一。近几年来，许多国内外研究者也正在积极探索有效处理煤矸石的新工艺。

煤矸石的成分复杂、堆存量巨大、存放时间和自燃程度各不相同，因此，煤矸石的综合利用应坚持"因地制宜，积极利用"的指导思想，遵循"减量化、资源化、无害化"三个原则。煤矸石的综合利用主要包括以下几个方面。

6.1.1.1　发电

煤矸石可用于低热值燃料发电。含碳量较高，热值大于 4180kJ/kg 的煤矸石，通常为原矿矸和洗矸，经过洗选后，采用跳汰机等设备来回收低热值煤矸石用作锅炉燃料。含碳量大于 20%，热值在 6270～12550kJ/kg 之间的第 4 级煤矸石，可不经洗选直接用作流化床锅炉的燃料用于发电。截至 2008 年底，全国已建成煤矸石电厂 312 座，装机容量约 0.2 亿千瓦，发电量超过 800 亿千瓦，共利用煤矸石 1.5 亿多吨[3]。

6.1.1.2　回填筑路

煤矸石作为填料主要适用于充填建筑工程用地、填低洼地和荒地、回填采煤塌陷区和矿井采空区、填筑公路和铁路路基等。煤矸石风化后有利于形成土壤且无毒性，可直接用于土地的复垦。此外，煤矸石中含有 N、P、K 等 20 多种元素和有机质，经选料、加工可生产有机肥料和微生物肥料，提高土壤肥力。

6.1.1.3　生产建筑材料

近几年来，利用煤矸石生产建筑材料发展非常迅速，且成为一个非常有效的资源化利用煤矸石途径。煤矸石中 Al_2O_3、SiO_2 含量较高，化学成分与黏土矿物类似，因此可利用煤矸石作为原料代替黏土制砖，生产水泥、陶瓷等。

煤矸石富含一定热量，矸中含有碳及有机物可代替部分燃料提供一定热值，节约能源。且经自燃或人工煅烧的煤矸石具有一定活性，掺入后可降低生料的活化能，从而降低生产成本。

6.1.1.4　回收有益组分及制备化工产品

煤矸石中含有大量的高岭石、黄铁矿等有益矿物，因此，可选用煤矸石为原料，通过提取其中 Si、Al、C 等成分制备多种化工产品。例如：铝盐系列产品、碳化硅、活性炭、分子筛等。

煤矸石中含有 Al、Si、Fe、C、N、S、U、Ge、Ga 等多种元素，根据有益矿产的含量，可提取或回收煤矸石中某种矿产。如对于含硫量大于 6% 的煤矸石，硫元素以黄铁矿形式存在且呈结核状或块状，可通过洗选的方法回收其中的硫铁矿。

煤矸石制备铝盐和硅盐。煤矸石中富含丰富的铝资源，可利用其制备一系列铝盐产品，如氯化铝、聚合氯化铝、硫酸铝、氢氧化铝及氧化铝等。利用煤矸石制备氯化铝和硫酸铝的工艺大致相同,聚合氯化铝是结晶氯化铝工艺的再延伸。Zhang 等[4] 采用向煤矸石酸浸液中通入氯化氢气体的工艺制备出结晶氯化铝。王锐刚等[5] 以煤矸石为原料制备聚合氯化铝并利用其进行生活污水处理和印染废水试验的研究。氢氧化铝则是将由煤矸石制备出的硫酸铝水溶液进行盐析反应制备而成,若再经焙烧可制得含铝量更高的氧化铝。在利用煤矸石制备铝盐的过程中会产生大量的残渣,主要成分为 SiO_2,可用来生产各种硅盐,如:水玻璃、白炭黑等。

其他化工利用:近年来,国内外科研工作者正在积极研发煤矸石化工利用的新途径,如制备分子筛、活性炭、陶瓷膜等。且随着煤矸石研究的不断深入,利用煤矸石制备吸附材料用于废水处理也越来越受到人们的重视。Qian 等[6] 利用 K_2CO_3 作为化学活化剂活化煤矸石制备活性炭吸附剂用于污水处理。Ma 等[7] 利用煤矸石制备一种新型沸石-活性炭复合材料,研究了复合材料的形成过程、组织结构、吸附性能。

目前,我国煤矸石的综合利用是将煤矸石发电、煤矸石生产建筑材料,复垦回填及煤矸石无害化处理等技术作为主攻方向,而开发科技含量高、附加值高的煤矸石产品和利用技术仍处于实验理论研究阶段,有待进一步深入研究。

6.1.2 煤矸石的活化

热活化煤矸石,其中煅烧是煤矸石最为有效的活化途径,原理是在高温条件下,煤矸石微观结构中各粒子发生剧烈热运动,脱除矿物中的水分,使 Ca^{2+}、Na^+、Mg^{2+} 等阳离子重新选择空隙进行填充,从而发生硅氧四面体和铝氧四面体的解聚及铝氧四面体中铝的六配转化过程,形成热力学不稳定结构,即煅烧后煤矸石中含有大量的活性 SiO_2 和 Al_2O_3,从而达到活化的目的。目前,国内外对煤矸石的热活化进行了大量的研究[8],研究表明一般情况下煤矸石热活化最佳区域是 600~900℃。但是由于不同地区煤矸石的组成不同,且极为复杂,因此最佳煅烧温度须根据试验来确定。选取来自内蒙古武家梁选煤厂的煤矸石原料进行煤矸石的活化研究,并采用 XRD 和 FTIR 分析方法对其热活化机理进行系统的探讨。其化学组成如表 6-1 所示。煤矸石的主要成分是 SiO_2 和 Al_2O_3,含量分别为 53.1% 和 20.4%。

表 6-1 煤矸石的化学组成[9]

组成	SiO_2	Al_2O_3	Na_2O	MgO	CaO	K_2O	TiO_2	Fe_2O_3	其他
含量(质量分数)/%	53.1	20.4	1.32	1.57	0.845	2.73	0.808	4.61	14.617

6.1.2.1 X射线衍射分析

图 6-2 为煤矸石原样和经过不同温度煅烧的煤矸石 X 射线衍射（XRD）图。由图 6-2 可知，煤矸石的主要结晶相为石英（PDF 编号 NO. 65-0466）、高岭石（PDF 编号 NO. 14-0164）、多水高岭土（PDF 编号 NO. 20-0452）、斜绿泥石（PDF 编号 NO. 20-0452）、钠长石（PDF 编号 NO. 41-1480）和伊利石（PDF 编号 NO. 43-0685）。当温度达到 600℃时，高岭石（$Al_2O_3 \cdot 2SiO_2 \cdot 2H_2O$）的衍射峰消失，高岭石彻底失去原有的结构，转变为无定形偏高岭石（$Al_2O_3 \cdot 2SiO_2$）。当温度达到 900℃之后，由于偏高岭石和伊利石的分解，活性 SiO_2 和 Al_2O_3 大量出现。当温度升至 1100℃时有莫来石（PDF 编号 NO. 15-0776）的衍射峰出现。

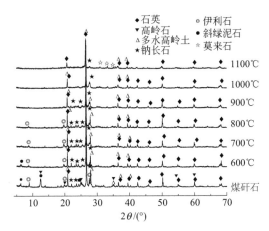

图 6-2 煤矸石原样和经过不同温度煅烧的煤矸石 XRD 图

6.1.2.2 FTIR 分析

图 6-3 为煤矸石原样和经过不同温度煅烧的煤矸石 FTIR 图。由图 6-3 可以看出，$3698 \sim 3618cm^{-1}$ 之间为 Al^{VI}—OH 的伸缩振动峰，其中 $3620cm^{-1}$、$3695cm^{-1}$ 分别为内、外羟基的伸缩振动峰，$917cm^{-1}$ 为 Al^{VI}—OH 的弯曲振动峰。$1089cm^{-1}$、$1033cm^{-1}$、$1012cm^{-1}$ 三个吸收峰为 Si—O—Si 伸缩振动峰，$781cm^{-1}$、$536cm^{-1}$ 分别为 Si—O—Si、Si—O—Al^{VI} 弯曲振动峰。以上这些特征峰表明煤矸石中存在高岭石和伊利石结晶相，这与 XRD 结果相吻合。此外，$1427cm^{-1}$ 的特征峰为 CO_3^{2-} 伸缩振动峰。当温度达到 600℃之后，$1089cm^{-1}$、$1033cm^{-1}$、$1012cm^{-1}$ 三个特征峰合并成一个强的宽峰，$3695cm^{-1}$、$3620cm^{-1}$、$1427cm^{-1}$、$917cm^{-1}$、$781cm^{-1}$ 和 $536cm^{-1}$ 特征峰完全消失，同

时于 $557cm^{-1}$ 处出现了 Si—O—Al^{IV} 特征峰，这表明 600℃以后高岭石中的羟基已经全部脱除，发生相变开始转变为偏高岭石，六配位铝 Al^{VI} 消失，转变为四配位铝 Al^{IV}，这也是煤矸石胶凝活性产生的根源[10]。随着温度的继续升高，表征 Si—O—Al^{IV} 谱带的峰逐渐增强，升至 1100℃时该峰消失，说明有新的物质生成。$536\sim428cm^{-1}$ 之间的一系列峰为 Si—O—Al、Si—O—Si 的振动特征峰，600℃以后，合并成一个宽峰，为 Si—O 的弯曲振动特征峰，且随着煅烧温度的

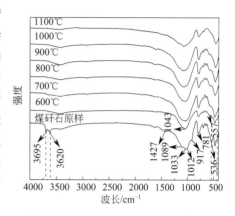

图 6-3　煤矸石原样和经过不同温度
煅烧的煤矸石 FTIR 图

升高强度逐渐增大，以上表明 600℃以后，高岭石结构坍塌，Si—O—Al 键已经断裂，逐渐析出非晶态 SiO_2，且含量随温度的升高而升高。

由 XRD 和 FTIR 结果可知，600℃以后，煤矸石的矿物成分和微观结构都发生了极大的变化，煤矸石中牢固的 Si—O 和 Al—O 键结构遭到破坏，形成了具有活性的 Al_2O_3 和 SiO_2，大量的活化分子的存在实现了煤矸石的活化。

6.1.3　煤矸石中硅质的提取

6.1.3.1　煅烧温度对提硅率的影响

不同温度下煅烧的热活化煤矸石与 15% NaOH 溶液在石碱比为 0.5 : 1，反应温度为 100℃，反应时间为 120min 的条件下反应，考察不同煅烧温度（600℃、700℃、800℃、900℃、1000℃ 和 1100℃）对提硅率的影响，如图 6-4 所示。

由图可知，随着煅烧温度的升高，提硅率逐渐增大，当煅烧温度为 1100℃时，提硅率达到最大为 33.20%。由 XRD 和 FTIR 可知，温度升到 600℃时，高岭石完全脱除羟基，形成热力学不稳定状态的玻璃相结构，使得热活化煤矸

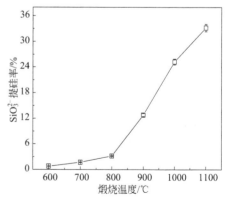

图 6-4　煅烧温度对提硅率的影响

石中含有大量的无定形 Al_2O_3 和 SiO_2，具有活性，易溶于碱液。温度升高到 1100℃时有少量莫来石生成，由于发生相变，固定了结构中所含的铝原子，使无定形 Al_2O_3 转为晶态，具有"惰性"，同时使剩余的硅原子活性更大，更易与碱发生反应，因此活性 SiO_2 含量继续升高。但由于实际操作过程中，1100℃ 以后煅烧的煤矸石很难研磨，所以选择最佳煅烧温度为 1000℃。

6.1.3.2　碱液浓度对提硅率的影响

1000℃煅烧的热活化煤矸石与不同浓度的 NaOH 溶液在石碱比为 0.5:1，反应温度为 100℃，反应时间为 120min 的条件下反应，考察碱液浓度（15%、20%、25%、30%和35%）对提硅率的影响，如图 6-5 所示。

由图 6-5 可以看出，当碱液浓度为 15%～25%时，提硅率随浓度的增加而增加，浓度为 25% 时达到最大，为 35.25%。但当碱液浓度高于 25%时，提硅率随浓度的增加反而下降。这是由于，碱液浓度低于 25%时，反应以溶出低模数的硅酸钠为主，见式(6-1)，且随着浓度的升高，单位体积的活化分子数目增多，反应速率加快，提硅率增大。当碱液浓度高于 25%时，原先生成低模数的硅酸钠与氧化铝生成难溶性盐硅铝酸钠，见式(6-2)，从而导致硅含量降低，提硅率急剧下降。因此本文选择碱液浓度为 25%作为后续的实验条件。

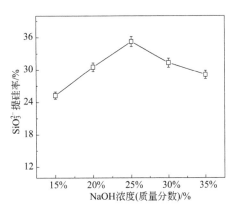

图 6-5　碱液浓度对提硅率的影响

$$2NaOH + nSiO_2 \longrightarrow Na_2O \cdot nSiO_2 + H_2O \tag{6-1}$$

$$Na_2O \cdot nSiO_2 + 2NaAlO_2 + 2H_2O \longrightarrow Na_2O \cdot Al_2O_3 \cdot nSiO_2 \cdot H_2O + 2NaOH \tag{6-2}$$

6.1.3.3　反应温度对提硅率的影响

1000℃煅烧的热活化煤矸石与 25% NaOH 溶液在石碱比为 0.5:1，不同反应温度下（80℃、85℃、90℃、95℃、100℃、106℃），反应 120min，考察反应温度对提硅率的影响，如图 6-6 所示。

由图 6-6 可知，提硅率随反应温度的升高逐渐增大，当温度升高到 106℃时，提硅率达到最大，为40.24%。这是由于一方面随温度的升高，反应物分子获得能量，使一部分原来能量较低分子变成活化分子，增加了活化分子的百分数，使得有效碰撞次数增多，反应速率加大，提硅率逐渐增大。另一方面高温下，化学反应速率高于扩散速率，所以常压下，温度越高，越接近于溶液沸点对反应越有利，因此升高温度有利于增加提硅率。本书所述研究实验进行的地区为内蒙古呼和浩特，由NaOH水溶液

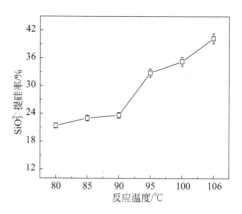

图6-6 反应温度对提硅率的影响

的杜林线图和经验公式[11] 可知：呼和浩特地区25%的NaOH溶液沸点约为106℃，故确定最佳反应温度为106℃。

6.1.3.4 石碱比对提硅率的影响

1000℃煅烧的热活化煤矸石与25%NaOH溶液在反应温度为106℃，反应时间为120min，石碱比为0.2∶1~0.8∶1的条件下反应，考察不同石碱比对提硅率的影响，如图6-7所示。

由图可知，提硅率随石碱比的升高呈先增加后减少趋势，当石碱比为0.5∶1时，提硅率达到最大，为40.24%。原因在于石碱比增加，反应液固接触面积增大，反应速率加快，提硅率逐渐增大。当石碱比达到0.5∶1时，反应充分，提硅率达到最大。随着石碱比的继续增加，浆液变得越来越黏稠，体系传质速率降低导致提硅率也随之降低，故而确定最佳石碱比为0.5∶1。

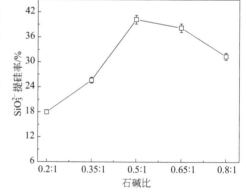

图6-7 石碱比对提硅率的影响

6.1.3.5 反应时间对提硅率的影响

1000℃煅烧的热活化煤矸石与25% NaOH溶液在石碱比为0.5∶1，反应温度为106℃，反应时间分别为30min、60min、90min、120min、150min、180min、210min条件下反应，考察反应时间对提硅率的影响，如图6-8所示。

由图 6-8 可知：反应时间在 30～120min 之间时，提硅率随反应时间的增加明显升高，时间为 120min 时提硅率达到 40.24%；反应时间在 120～210min 时，提硅率增加趋于平缓，基本保持在 40.54%。这是因为反应 120min 后，活性 SiO_2 含量大幅度减少导致反应活性大为降低，因此再延长反应时间，提硅率也不会明显增加，反而会增加能耗，故而选取最佳反应时间为 120min。

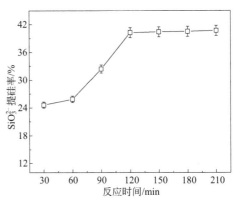

图 6-8　反应时间对提硅率的影响

综上所述，煤矸石制备提硅液最佳实验条件为：煤矸石煅烧温度 1000℃，碱液浓度为 25%，石碱比为 0.5∶1，碱浸反应温度为 106℃，碱浸反应时间为 120min，在该条件下提硅率为 40.24%。后续通过条件的进一步优化，当煤矸石的焙烧温度 1000℃，NaOH 溶液浓度 150g/L，石碱比 15，反应温度 100℃，反应时间 120min，提硅率可提高到 77.69%[12]。

6.1.4　硅酸钠基多孔硅材料的调控制备

为了简化研究，以硅酸钠（Na_2SiO_3）为硅源，CO_2SM 为酸源制备多孔硅材料（PSM），以单因素实验响应面模拟和正交试验考察 CO_2SM 的用量、PSM 的粒径、反应温度和反应时间对 PSM 的 CO_2 吸附量的影响，建立吸附过程的数学模型，确定 PSM 的最佳制备条件。

6.1.4.1　多孔硅材料制备条件优化

（1）CO_2SM 用量对 PSM 吸附 CO_2 性能的影响

将 50mL 0.5mol/L 的 Na_2SiO_3 溶液置于 100mL 反应釜中，加入不同量的 CO_2SM（5g、10g、15g、20g、25g、30g、35g），110℃下反应 24h。CO_2SM 用量和 PSM 产量的关系如图 6-9 所示。

由图 6-9 可知，当 CO_2SM 的用量为 5g 时，PSM 开始生成；随着 CO_2SM 用量的增加，PSM 的产量增加；当 CO_2SM 加入量大于 15g 时，PSM 的产量基本稳定。研究发现，CO_2SM 的加入量少于 7.5g 时，PSM 的产量不足以进行吸附研究；当 CO_2SM 用量为 7.5g 时，制备得到粉末 PSM 材料，粉末极易聚集成

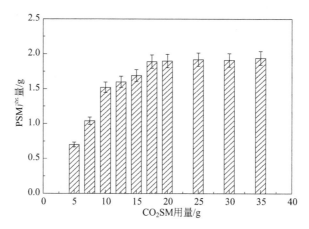

图 6-9　CO_2SM 用量对 PSM 产量的影响

团，给吸附过程的研究带来了影响，此时粉末材料因团聚性易堵塞出气口，导致吸附过程无法进行；当 CO_2SM 用量不低于 10g 时，制备得到的硅胶经干燥、研磨得到不同粒径的 PSM，可用于 CO_2 的吸附研究。

综上所述，确定 CO_2SM 用量不低于 10g。CO_2SM 用量对 PSM 吸附 CO_2 性能影响的考察结果如图 6-10 所示。

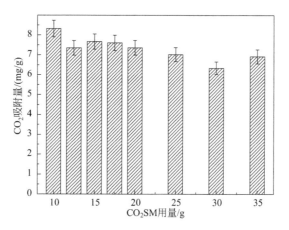

图 6-10　CO_2SM 用量对 PSM 吸附 CO_2 性能的影响

由图 6-10 可知，在 CO_2SM 用量为 10g 时，PSM 的 CO_2 吸附量最高，为 8.32mg/g；之后随着 CO_2SM 用量的增加，PSM 的 CO_2 吸附量略有下降，并在 6.34mg/g 至 7.67mg/g 之间表现出波动性的变化。综上，CO_2SM 用量的最佳条件为 10g。

（2）粒径对 PSM 吸附 CO_2 性能的影响

在 PSM 的吸附过程中存在两个问题，一是 PSM 的研磨颗粒太小，颗粒易团聚堵塞出气口导致吸附过程无法进行，二是同一制备条件下 PSM 在平行实验中的吸附性能存在波动。猜测这与 PSM 研磨后的粒径有关系，因此将 PSM（50mL 0.5mol/L Na_2SiO_3 溶液，10g CO_2SM，110℃反应 24h）研磨、筛分成不同的粒径（40～80 目、80～120 目、120～160 目、160～200 目、200 目以上）以考察 PSM 粒径对吸附 CO_2 性能的影响，结果如图 6-11 所示。

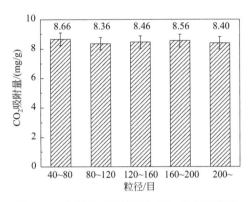

图 6-11　粒径对 PSM 吸附 CO_2 性能的影响

由图 6-11 可知，随着 PSM 粒径的变化，PSM 的 CO_2 吸附量呈现幅度较小的波动性变化，说明粒径对 PSM 吸附 CO_2 性能的影响不大。吸附过程中发现，当粒径为 40～160 目时，通入 8% CO_2，PSM 在 U 形管中涌动，气体流通顺畅；当粒径大于 160 目时，通入 8% CO_2，PSM 在 CO_2 的推动下移动至 U 形管出气口处被挤压、填实，进气口漏气，吸附过程无法进行（加入 7.5g CO_2SM 制备得到的粉末 PSM 的吸附过程情况相似）。因此，确定 40～160 目的 PSM 进行后续吸附研究。

（3）反应温度对 PSM 吸附 CO_2 性能的影响

将 50mL 0.5mol/L 的 Na_2SiO_3 溶液和 10g CO_2SM 置于 100mL 的反应釜中，不同温度下（50℃、70℃、80℃、90℃、100℃、110℃、130℃、150℃、170℃）反应 24h，考察反应温度对 PSM 吸附 CO_2 性能的影响，结果如图 6-12 所示。

由图 6-12 可知，PSM 对 CO_2 的吸附量在 80℃之前随着反应温度的升高而升高；80℃时达到最大值 9.53mg/g；80℃之后 CO_2 吸附量开始降低，但是在 110℃达到一个次高点，之后继续降低。综上所述，研究确定了最佳反应温度为 80℃。

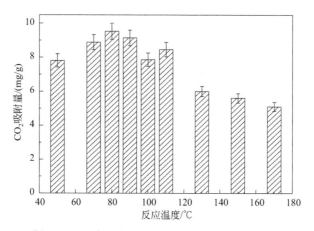

图 6-12　反应温度对 PSM 吸附 CO_2 性能的影响

（4）反应时间对 PSM 吸附 CO_2 性能的影响

50mL 0.5mol/L 的 Na_2SiO_3 溶液和 10g CO_2SM 于 80℃ 下反应不同时间（12h、24h、36h、48h、60h、72h），考察反应时间对 PSM 吸附 CO_2 性能的影响，结果如图 6-13 所示。由图 6-13 可知，随着反应时间的增加，PSM 对 CO_2 的吸附量缓慢增加，36h 时达到最大，36h 之后 PSM 对 CO_2 吸附量下降，由此确定了最佳反应时间为 36h。

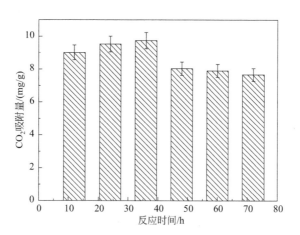

图 6-13　反应时间对 PSM 吸附 CO_2 性能的影响

综上所述，单因素实验确定 PSM 的最佳制备条件为 50mL 0.5mol/L 的 Na_2SiO_3 溶液、10g CO_2SM、80℃反应 36h，40～160 目。25℃时最佳制备条件下的 PSM 对 8% CO_2 的吸附量为 9.74mg/g。

6.1.4.2 响应面实验设计

（1）Box-Behnken 设计

在单因素实验的基础上，选择 CO_2SM 用量、反应温度、反应时间三个因素；从单因素实验中分别选择吸附性能较高的三个水平，即 CO_2SM 的用量为 10g、15g、20g，反应温度为 70℃、80℃、90℃，反应时间为 12h、24h、36h，设计了三因素三水平的 Box-Behnken 实验，因素水平表如表 6-2 所示，设计方案及响应值如表 6-3 所示。

表 6-2　Box-Behnken 实验设计因素和水平

因素		水平编码值		
		−1	0	1
A	CO_2SM 用量/g	10	15	20
B	反应温度/℃	70	80	90
C	反应时间/h	12	24	36

表 6-3　Box-Behnken 设计

实验编号	A	B	C	吸附性能/(mg/g)
1	1	1	0	7.66
2	−1	0	1	9.74
3	0	0	0	7.29
4	0	1	−1	7.97
5	1	−1	0	8.59
6	−1	1	0	9.14
7	0	0	0	7.21
8	0	0	0	7.4
9	1	0	−1	7.99
10	0	0	0	7.31
11	0	0	0	7.35
12	0	−1	1	6.76
13	−1	−1	0	8.89
14	1	0	1	5.97
15	0	−1	−1	7.89
16	0	1	1	6.23
17	−1	0	−1	9.01

（2）回归方程模型的选择和分析

实验数据拟合为线性、二次和三次的数学模型。表 6-4 为各种数学模型的系数，用于检查模型的质量并选择合适的回归方程。

表 6-4　各种模型的拟合数据方差分析

模型	P 值	失拟 P 值	标准偏差	R^2	校正决定系数（Adj. R^2）	预测决定系数	
线性模型	0.0435	< 0.0001	0.85	0.4532	0.3270	−0.0793	
二因素交互关系模型	0.3891	< 0.0001	0.84	0.5901	0.3441	−0.8345	
二次回归模型	0.0091	0.0003	0.46	0.9136	0.8026	−0.3651	建议
三次模型	0.0003		0.071	0.9988	0.9953		错误

由表 6-4 可知，二次模型拟合效果显著（P 值=0.0091<0.05），与其他模型相比二次模型的缺失拟合不显著，因此研究选择建立吸附实验的二次数学模型进行吸附过程的数学模拟。二次模型的决定系数 R^2=0.9136 表明研究的三个因素（CO_2SM 用量、反应温度、反应时间）对 PSM 吸附量的影响达 91.36%；Adj. R^2=0.8026，表明经二次模型调整后三个因素对实验响应值的影响率为 80.26%，说明三个因素选择正确，是二次模型的重要因素，二次模型的精确度较好（Adeq Precision=9.659<4）。

残差是用于判断模型精度的重要数据。图 6-14 是二次模型的残差数据正态分布图。

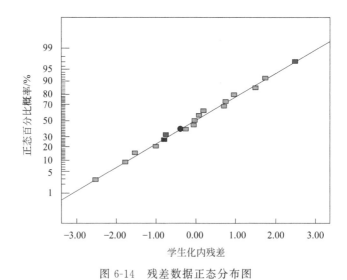

图 6-14　残差数据正态分布图

由图 6-14 可知，二次模型的所有残差呈线性分布，表明二次模型精度较高。

图 6-15 是二次模型的 CO_2 吸附量理论值与实验中 CO_2 吸附量的测量值的比较图。

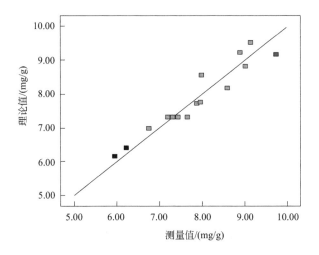

图 6-15　二次模型的吸附量理论值与测量值的比较

由图可知二次数学模型预测的 CO_2 吸附量和实际的 CO_2 吸附量数据较一致。

综上所述，研究确定了二次数学模型描述 $CO_2 SM$ 用量、反应温度和反应时间对 PSM 的 CO_2 吸附量的影响，最终的二次方程式如下所示：

$$吸附量 = 16.69625 - 0.75105A - 0.12953B + 0.31221C - 0.0059AB - 0.011458AC - 0.00127083BC + 0.044460A^2 + 0.001465B^2 - 0.0017083$$

式中　A——$CO_2 SM$ 用量，g；

　　　B——反应温度，℃；

　　　C——反应时间，h。

（3）Box-Behnken 结果与数据分析

对 Box-Behnken 实验建立二次数学模型的分析结果如表 6-5 所示。

由表 6-5 可知，自变量一次项 A（$P = 0.0055 < 0.05$）、C（$P = 0.0149 < 0.05$）和二次项 AC（$P = 0.0200 < 0.05$）、A^2（$P = 0.0016 < 0.05$）是影响 CO_2 吸附量的显著性因素，其他因素为非显著性影响因素。其中，A 因素的 P 值小于 C 因素，表明 A 因素对 PSM 吸附 CO_2 过程的影响力大于 C 因素。研究发现当 $Na_2 SiO_3$ 溶液和 $CO_2 SM$ 混合时，5min 左右有硅胶生成，反应速度很快，这意味着与硅胶生成直接相关的因素为 A 即 $CO_2 SM$ 的用量，B 和 C 因素即反应

温度和反应时间，只参与硅胶的后处理过程，因此 A 因素的重要性大于 B 因素和 C 因素。B 因素的考查范围从 70℃ 至 90℃，在相对窄小的温度考察范围内，B 因素作用的发挥被限制了，因此 B 因素的重要性小于 C 因素。

表 6-5　响应面二次式模型的方差分析

来源	平方和	自由度 Df	均方差	F 值	P 值 Prob>F
模型	15.56	9	1.73	8.23	0.0055
A	5.40	1	5.40	25.67	0.0015
B	0.16	1	0.16	0.76	0.4124
C	2.16	1	2.16	10.29	0.0149
AB	0.35	1	0.35	1.66	0.2390
AC	1.89	1	1.89	9.00	0.0200
BC	0.093	1	0.093	0.44	0.5272
A^2	5.20	1	5.20	24.75	0.0016
B^2	0.090	1	0.090	0.43	0.5330
C^2	0.25	1	0.25	1.21	0.3073
残差	1.47	7	0.21		
失拟	1.45	3	0.48	96.36	0.0003
纯误差	0.020	4	0.00502		
总和	17.03	16			

（4）响应面分析与制备条件的优化

相比建立的数学模型，3-D 响应面图能更加直观地显示三种因素的交互作用和对 CO_2 吸附量的影响。图 6-16(a)、（b）分别为 CO_2SM 用量和反应温度对 CO_2 吸附量交互作用的等高线图和响应面图。

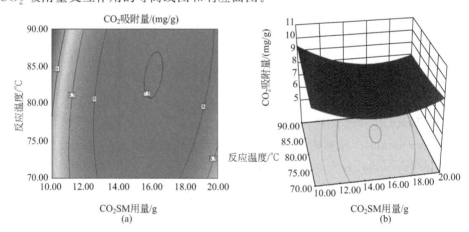

图 6-16　CO_2SM 用量和反应温度对 CO_2 吸附量交互作用

等高线图（a）和响应面图（b）（反应时间 16.5h）

由图 6-16 可知，当反应时间为 16.5h 时，响应面随着 CO_2SM 用量的增加先升高后降低，对反应温度的变化不明显；在 CO_2SM 用量 16g、反应温度 85℃处存在一个极小值点，吸附量约为 7.5mg/g。

图 6-17(a)、(b) 分别为 CO_2SM 用量和反应时间对 CO_2 吸附量交互作用的等高线图和响应面图。

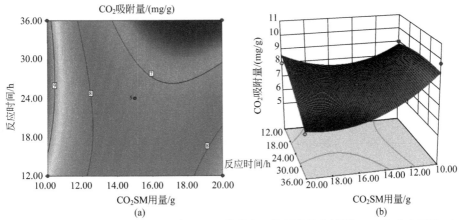

图 6-17　CO_2SM 用量和反应时间对 CO_2 吸附量交互作用的等高线图 (a) 和响应面图 (b)
（反应温度为 80℃）

由图 6-17 可知，随着 CO_2SM 用量的增加和反应时间的延长，响应面呈现下降趋势；由于 CO_2SM 用量最小取值为 10g，所以无法由爬坡法找到极值点。

图 6-18(a)、(b) 分别为反应温度和反应时间对 CO_2 吸附量交互作用的等高线图和响应面图。

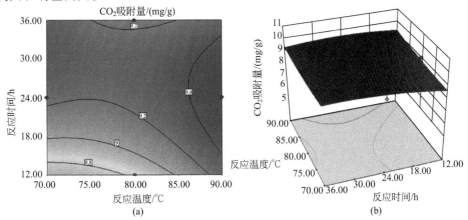

图 6-18　反应温度和反应时间对 CO_2 吸附量交互作用的
等高线图 (a) 和响应面图 (b)（CO_2SM 用量 10g）

由图 6-18 可知，随着反应温度和反应时间的变化，响应面没有明显的变化趋势，证明 B、C 不存在明显的交互作用，与表 6-5 的数据分析相符。

通过 Design-expect 软件得到三种因素的最优值为：10g CO_2SM，反应温度 80℃，反应时间 36h，与单因素实验结果一致。该制备条件下，由二次式模型计算的 CO_2 吸附量理论最优值为 11.378mg/g，实际的最佳吸附量为 9.74mg/g，误差值达 14.4%。实际上影响固体吸附实验的因素很多，15% 左右的误差是很可能出现的。

（5）正交试验

在响应面实验的基础上，研究设计了正交试验，以进一步确定 PSM 的最佳制备条件。表 6-6 是正交试验的三因素三水平表。

表 6-6　正交试验的因素和水平

水平	因素 A(CO_2SM 用量) /g	因素 B(反应温度) /℃	因素 C(反应时间) /h
1	10	70	12
2	15	80	24
3	20	90	36

表 6-7 是正交试验研究结果。

表 6-7　正交试验研究结果

试验编号	因素			PSM 的 CO_2 吸附量 /(mg/g)
	A	B	C	
1	1	1	1	7.44
2	1	2	2	9.53
3	1	3	3	8.44
4	2	1	2	7.16
5	2	2	3	7.99
6	2	3	1	7.97
7	3	1	3	8.47
8	3	2	1	7.99
9	3	3	2	7.66
K_1	25.41	23.07	23.4	
K_2	23.12	25.51	24.35	
K_3	24.12	24.07	24.9	
k_1	8.47	7.69	7.8	
k_2	7.71	8.50	8.12	
k_3	8.04	8.02	8.3	
R	0.76	0.81	0.5	
序列	B>A>C			
最优水平	A_1	B_2	C_3	
最优组合	$A_1 B_2 C_3$			

由表 6-7 可知三个因素对 CO_2 吸附性能影响的主要次序为 B（反应温度）＞
A（CO_2SM 用量）＞C（反应时间），与响应面分析的结果略有不符。由于响应
面分析法和正交试验对 PSM 的评价标准不同，且正交试验设计时未考虑因素间
的交互作用，且固体粉末材料的吸附实验影响因素较多，易出现波动性，仅凭借
极差确定各因素的重要性不太可靠，因此我们认为响应面实验可信度更高一些。
但是正交实验确定的最优水平组合是 $A_1B_2C_3$，即 10g CO_2SM，反应温度 80℃，
反应时间 36h，这与响应面实验是一致的。

进一步确定 PSM 的最佳制备条件，缩小反应时间的步长并再次考察了反应
时间对 PSM 吸附 CO_2 性能的影响，结果如图 6-19 所示。

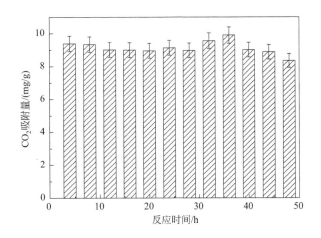

图 6-19　反应时间对 PSM 吸附 CO_2 性能的影响

制备条件：50mL 0.5mol/L 的 Na_2SiO_3，10g CO_2SM，反应温度 80℃

由图 6-19 可知，PSM 的 CO_2 吸附量在 36h 处出现一个高峰点，该结果与单
因素实验、响应面实验和正交试验的结果吻合。同时，以上实验的验证证明响应
面分析法比较准确、可信。

（6）多孔硅材料的表征

① FTIR 分析　研究利用 FTIR 表征分析 PSM 的组成，如图 6-20 所示。

由图 6-20 可知，469cm^{-1}、795cm^{-1} 和 1095cm^{-1} 处的特征峰分别代表
Si—O—Si 的弯曲振动、对称和不对称伸缩振动；1636cm^{-1} 处的特征峰代表物
理吸附水的 H—O—H 的振动；3421cm^{-1} 处的吸收峰代表 Si—OH 中 O—H
的反对称伸缩振动。由 FTIR 可知 PSM 中存在硅氧成分、吸附水和结合水。

② X 射线光电子能谱（XPS）分析　研究利用 XPS 对 PSM 的主要元素作表征
分析，结果如图 6-21 所示。

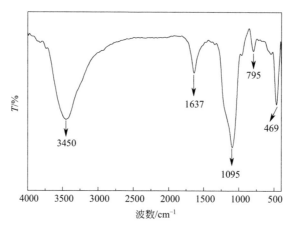

图 6-20 PSM 的 FTIR 图

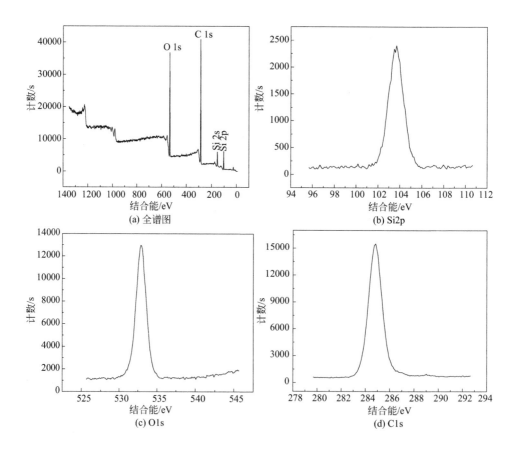

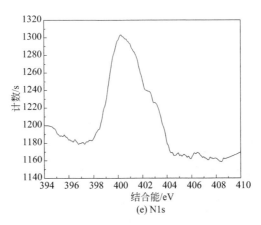

(e) N1s

图 6-21　PSM 的 XPS 图

由图中可知，谱图中 Si 2p 和 O 1s 的电子结合能分别为 103.64eV 和 532.91eV，半定量分析显示 Si 和 O 的摩尔比接近 1∶2（12.6%∶22.75%），结合 FTIR 光谱图，说明 PSM 中的硅氧成分为 SiO_2。C 1s 和 N 1s 的电子结合能分别为 284.8 eV 和 400.23eV，来自 CO_2SM。半定量分析中 C 元素含量较高，因为 PSM 吸收 CO_2 等杂质，因此分析数据不可信；N 元素含量分析较可信，仅为 1.56%，表明 PSM 表面含有少量的有机成分，因此红外中未出现有机基团吸收峰。

③ 热重分析（TG）　PSM 的热重分析结果如图 6-22 所示。

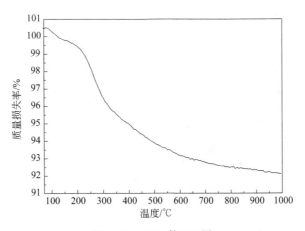

图 6-22　PSM 的 TG 图

由图 6-22 可知，热重曲线分为三部分：第一部分是 30～200℃，主要失去 PSM 中物理吸附的水，失重率为 1.07%（质量分数）；第二部分是 200～400℃，主要失去结合水，失重率为 4.47%（质量分数）；第三部分是 400～1000℃，主要烧去 PSM 中的杂质，失重率为 2.85％（质量分数）；总失重率为 8.39％（质量分数）。结合 FTIR 和 XPS 分析结果，PSM 的主要成分是 SiO_2，材料中含有少量水、有机成分及杂质。

④ 扫描电镜（SEM）分析　研究应用扫描电镜观察 PSM 的表面形貌，扫描电镜如图 6-23 所示。

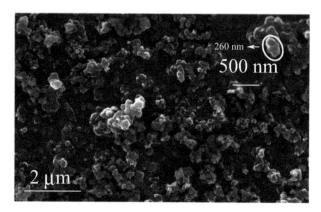

图 6-23　PSM 的 SEM 图

由图 6-23 可知，PSM 由大量无规则形状 200～300nm 的颗粒堆积而成，表面形貌比较均一，而且表面没有明显的孔道结构。

⑤ 高分辨透射电子显微镜（TEM）分析　研究利用 TEM 观察 PSM 的组织形貌和内部结构，电镜图片如图 6-24 所示。

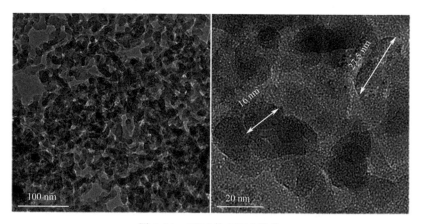

图 6-24　PSM 的 TEM 照片

由图 6-24 可知，PSM 由大量粒径在 20～30nm 的无规则形状的小颗粒堆积而成，小颗粒表面和内部没有明显的孔道结构，颗粒之间互相堆积形成的空隙构成了 PSM 内部的"孔道"结构，为 CO_2 的吸附提供场所。

由图 6-23、图 6-24 可知，CO_2SM 具有一定的分散作用，生成了均匀形貌的 PSM。

⑥ 比表面积及孔径分析　图 6-25 是 PSM 的 N_2 吸附-脱附曲线（a）和孔径分布图（b）。

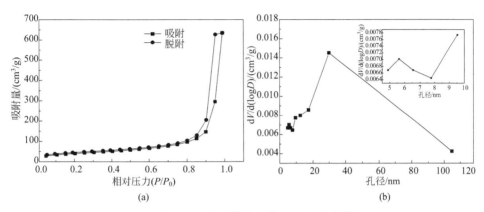

图 6-25　PSM 的 N_2 吸附-脱附等温线（a）和孔径分布图（b）

由图 6-25(a) 可知，PSM 对 N_2 的吸附等温线属于 IUPAC 分类法中的第 Ⅲ类，说明 PSM 吸附 CO_2 的过程以物理吸附为主，作用力较弱；等温线的滞后环为 H3 型，多出现在以颗粒堆积形成的空隙吸附 CO_2 的过程中，与 SEM 和 TEM 观察结果相符。由图 4-17(b) 可知，PSM 的孔径分布主要集中在 $10\sim30nm$，根据 BJH 法算出 PSM 的平均孔径为 29.983nm，属于介孔范围，由 BET 法算出 PSM 的比表面积为 $114.653m^2/g$，总孔体积为 $0.966cm^3/g$，这为 PSM 吸附 CO_2 提供了可能性。

（7）PSM 的生成机理

为推测 CO_2SM 与 SiO_3^{2-} 的反应机理，将 CO_2SM 溶于 D_2O 并进行了液体 ^{13}C-NMR 分析，结果如图 6-26 所示。

由图 6-26 可知，CO_2SM 在 $\delta=165.02$ 处的信号峰属于羰基的特征信号峰，归属于烷基碳酸盐中的碳酸根（$R-CO_3^-$），在 $\delta=160.46$ 处的信号峰归属于碳酸氢盐（$R-HCO_3^-$）中的羰基信号峰。

结合对 CO_2SM 的其他表征分析可知 CO_2SM 溶于水后原有成分发生了变化，烷基碳酸铵盐（$-R_1NH_3^+$ $^-O_3CR_2-$）部分转变为了碳酸氢盐（$R-HCO_3^-$）。pH 检测发现 Na_2SiO_3 和 CO_2SM 反应后的残余液呈碱性，说明 PSM 是在碱性环境下生成的，碱性环境下 $R-HCO_3^-$ 是无法存在的，因此 CO_2SM 溶于 Na_2SiO_3

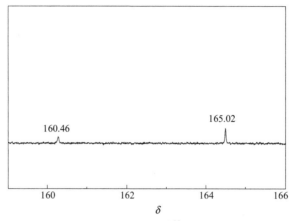

图 6-26　CO_2SM 的液体[13]C-NMR 波谱

后，—$R_1NH_3^{+~-}O_3CR_2$—不会转变为 R—HCO_3^-。但是 CO_2SM 具备提供 H^+ 的能力，可调节反应体系 pH 值，生成 H_2SiO_3。

　　CO_2SM 具有一定的稳定性，但是在某些条件下，如溶于水时，—$R_1NH_3^+$ $^-O_3CR_2$—结构可能会发生一些变化。Angela 等[13] 在研究胺对 CO_2 的吸收作用时，发现形成的 RNHCOO$^-$ $^+H_3$NR 结构在低温下（273K）会继续与 CO_2 反应生成（RNHCOOH）$_2$ 的结构，认为 RNHCOO$^-$ $^+H_3$NR 结构具有一定的不稳定性，若溶于水应该也会表现出化学成分上的转变。氨基（—NH_2）在吸附 CO_2 的过程中不仅可以给出 H^+ 接收 CO_2 生成—NHCOO$^-$，也可以接收 H^+ 生成—NH_3^+，尤其体现在二元胺对 CO_2 的吸收过程中[14]。Mani 等在 NH_3 溶液吸收 CO_2 的研究过程中发现，随着 pH 值的不同，生成产物有 CO_3^{2-}、HCO_3^-、NH_2COO^- 的变化[15]。根据以上研究，我们推测，TEG＋EDA 体系吸收 CO_2 时，TEG 中醇羟基（—OH）上的 H 转移至 EDA 的氨基（—NH_2），形成了不稳定的—NH_3^+ ^-O_3C—结构，该结构在室温、无水条件下可以稳定存在，加热温度超过 110℃ 时—NH_3^+ ^-O_3C—结构分解释放 CO_2，并重新生成 TEG 和 EDA，反应式如式（6-3）所示；中性水溶液中，CO_2SM 水解，生成缓冲溶液，如式（6-4）所示；酸性水溶液中，CO_2SM 与 H^+ 反应水解，生成碳酸氢盐（R—HCO_3），受 pH 值影响，—NH_3^+ 多数保持离子状态，如式（6-5）所示；碱性水溶液中，—NH_3^+ 上的 H^+ 直接与 OH^- 反应，如式（6-6）所示。因此，推测制备 PSM 的反应式如式（6-7）、式（6-8）所示：SiO_3^{2-} 在水溶液中水解，使 Na_2SiO_3 溶液显碱性，如式（6-7）所示；CO_2SM 加入 Na_2SiO_3 溶液中消耗 OH^-，如式（6-6）所示，使式（6-7）的水解反应右移，生成 H_2SiO_3，总反应式如式(6-8) 所示。

$$[^+H_3NR^1NH_3^+ \cdot {}^-OCOR^2OCO^-]_n \longrightarrow nH_2NR^1NH_2 + nHOR^2OH + 2nCO_2\uparrow \quad (6\text{-}3)$$

$$[^+H_3NR^1NH_3^+ \cdot {}^-OCOR^2OCO^-]_n + 2nH_2O \longrightarrow nOH^- \cdot {}^+H_3NR^1NH_3^+ \cdot OH^- + nHOCOR^2OCOH$$
$$(6\text{-}4)$$

$$[^+H_3NR^1NH_3^+ \cdot {}^-OCOR^2OCO^-]_n + 2nH^+ \longrightarrow n^+H_3NR^1NH_3^+ + nHOCOR^2OCOH \quad (6\text{-}5)$$

$$[^+H_3NR^1NH_3^+ \cdot {}^-OCOR^2OCO^-]_n + 2nOH^- \longrightarrow nH_2NR^1NH_2 + n^-OCOR^2OCO^- + 2nH_2O \quad (6\text{-}6)$$

$$SiO_3^{2-} + 2H_2O \longrightarrow H_2SiO_3 + 2OH^- \quad (6\text{-}7)$$

$$[^+H_3NR^1NH_3^+ \cdot {}^-OCOR^2OCO^-]_n + nSiO_3^{2-} \longrightarrow nH_2SiO_3 + nH_2NR^1NH_2 + n^-OCOR^2OCO^-$$
$$(6\text{-}8)$$

分析认为 CO_2SM 具有调节反应体系 pH、分散 H_2SiO_3 的作用。当 CO_2SM 用量过少时（<7.5g），溶液的 pH 值过高，不能生成 H_2SiO_3。当 CO_2SM 用量较少时（=7.5g），反应体系的 pH 值到达临界点，通过升温加热促进 SiO_3^{2-} 的水解，仍能生成较少的 H_2SiO_3。由于 H_2SiO_3 量少且在 CO_2SM 的分散作用下，不易联结成硅胶，因此反应得到粉末 PSM。当 CO_2SM 的用量较多时（≥10g），不需加热即有大量的 H_2SiO_3 分子生成，而且溶液中较多的 $H_2NR^1NH_2$ 和 $^-OCOR^2OCO^-$ 使 H_2SiO_3 分散成较均匀的胶体粒子，经过干燥生成 PSM。

6.1.5　煤矸石基多孔硅材料的调控制备及 CO_2 吸附性能

基于 6.1.4 中 PSM 的最佳制备条件，本节研究利用 CO_2SM 和提硅液制备 PSM，采用响应面分析法优化了 PSM 的制备条件，建立关于 CO_2 吸附量的数学模型。

6.1.5.1　制备条件对 PSM 吸附 CO_2 的影响

（1） CO_2SM 用量对 PSM 吸附 CO_2 性能的影响

将 50mL 0.5mol/L 的提硅液与 CO_2SM（35g、40g、45g、50g、55g）混合置于 100mL 水热釜中，80℃下反应 36h。CO_2SM 用量对 PSM 产量的影响如图 6-27 所示。

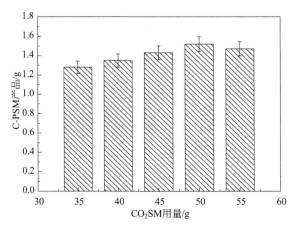

图 6-27 CO_2SM 用量对 PSM 产量的影响

PSM 干燥后研磨至 $40\sim160$ 目，考察 CO_2SM 的用量对 PSM 吸附 CO_2 性能的影响，结果如图 6-28 所示。

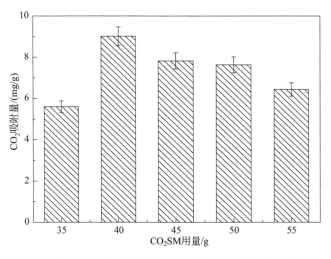

图 6-28 CO_2SM 用量对 PSM 吸附 CO_2 性能的影响

由图 6-27 可知，当 CO_2SM 加入量不小于 35g 时，开始有 PSM 生成，CO_2SM 的加入量明显多于 PSM 的制备中 CO_2SM 的加入量。分析由于碱浸法制备过程中加入了大量的 NaOH，因此提硅液的碱性极强，增加了 CO_2SM 的用量。CO_2SM 首先和 OH^- 反应调节 pH，pH 下降到一定程度后有 H_2SiO_3 生成。

由图 6-28 可知，PSM 的 CO_2 吸附量随着 CO_2SM 用量的增加先增加后降低，在 40g 时达到最大值。因此，研究确定 CO_2SM 用量的最佳值为 40g。

（2）反应时间对 PSM 吸附 CO_2 性能的影响

50mL 0.5mol/L 的提硅液与 40g CO_2 SM 混合置于 100mL 水热釜中，80℃下反应不同时间（28h、32h、36h、40h、44h），干燥后将 PSM 研磨至 40～160目，考察反应时间对 PSM 吸附 CO_2 性能的影响，结果如图 6-29 所示。

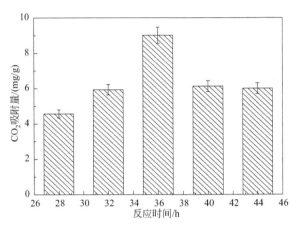

图 6-29　反应时间对 PSM 吸附 CO_2 性能的影响

由图 6-29 可知，随着反应时间的延长，PSM 对 CO_2 的吸附量先增加后降低，36h 时吸附性能最佳，研究确定反应时间的最佳条件为 36h。

（3）反应温度对 PSM 吸附 CO_2 性能的影响

50mL 0.5mol/L 的提硅液与 40g CO_2 SM 混合置于 100mL 水热釜中，不同温度下（70℃、80℃、90℃、100℃、110℃）反应 36h，干燥后研磨至 40～160目，考察反应温度对 PSM 吸附 CO_2 性能的影响，结果如图 6-30 所示。

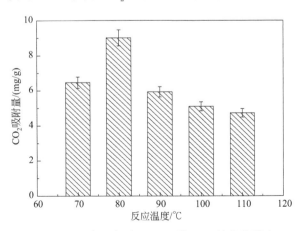

图 6-30　反应温度对 PSM 吸附 CO_2 性能的影响

由图 6-30 可知，CO_2 吸附量随着反应温度的升高先升高后降低，80℃时达到最大值，因此反应温度选择为 80℃。

综上所述，PSM 的最佳制备条件为 50mL 0.5mol/L 的提硅液，40g CO_2SM，反应温度 80℃，反应时间 36h，最佳 CO_2 吸附量为 9.02mg/g。

6.1.5.2 响应面实验设计

（1）Box-Behnken 实验设计

在单因素实验的基础上，设计三因素三水平的 Box-Behnken 实验，因素水平表如表 6-8 所示，设计方案及响应值如表 6-9 所示。

表 6-8　Box-Behnken 实验设计因素和水平

因素		水平编码值		
		−1	0	1
A	CO_2SM 用量/g	35	40	45
B	反应温度/℃	70	80	90
C	反应时间/h	32	36	40

表 6-9　Box-Behnken 实验设计与响应值

实验编号	A	B	C	吸附量/(mg/g)
1	0	0	0	9.02
2	−1	−1	1	6.17
3	0	0	0	9.40
4	0	−1	1	7.07
5	1	0	1	6.21
6	1	0	−1	6.41
7	0	−1	−1	6.17
8	0	1	−1	6.20
9	−1	0	−1	7.19
10	−1	0	1	6.40
11	1	−1	0	4.77
12	0	0	0	9.50
13	0	1	1	7.11
14	−1	1	0	7.58
15	0	0	0	8.55
16	1	1	0	7.98
17	0	0	0	8.91

（2）回归方程模型的选择和分析

数据拟合为线性、二次和三次的数学模型，各种数学模型的系数如表 6-10 所示。

表 6-10　各种模型的实验拟合数据方差分析结果

模型	P 值	失拟 P 值	标准偏差	决定系数 R^2	校正决定系数	预测决定系数	删失残差 PRESS	
线性模型	0.6637	0.0060	1.43	0.1107	−0.0946	−0.3523	40.55	
二因素交互关系模型	0.9487	0.0032	1.61	0.1406	−0.3751	−1.2982	68.91	
二次回归模型	0.0037	0.0370	0.77	0.8610	0.6822	−0.9351	58.03	建议
三次模型	0.0370		0.39	0.9800	0.9199			错误

由表 6-10 可知，二次模型拟合效果显著（P 值＝0.0037＜0.05），二次模型的研究因素对 PSM 吸附 CO_2 的影响达 86.10%（R^2＝0.8610），调整后研究因素对实验响应值的影响率为 68.22%（调整后 R^2＝0.6822）。Design expect 软件经分析推荐建立关于 CO_2SM 用量、反应温度、反应时间与 PSM 的 CO_2 吸附量的二次数学模型。此外，信噪比 Adeq Precision＝6.311＜4，表明二次模型的精确度较好。

图 6-31 是二次模型的残差数据正态分布图。

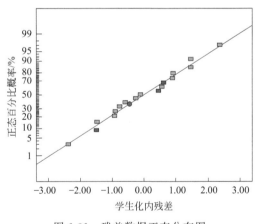

图 6-31　残差数据正态分布图

由图 6-31 可知，二次模型的所有残差呈线性分布，表明二次模型的精度较高。

图 6-32 是二次模型的吸附量理论值与测量值的比较图。

由图 6-32 可知，二次数学模型预测的吸附量和实际的吸附量数据较一致。

综上所述，研究确定了二次数学模型描述 CO_2SM 用量、反应温度和反应时间对 PSM 的 CO_2 吸附量的影响，最终的二次方程式如下所示：

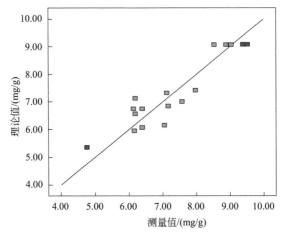

图 6-32 二次模型的吸附量理论值与测量值的比较

$$CO_2\ 吸附量 = -213.73300 + 3.02605A + 1.59078B + 5.37987C + 0.009AB + 0.007375AC + 0.0000625BC - 0.050760A^2 - 0.011840B^2 - 0.078531C^2$$

式中　A——CO_2SM 用量，g；

　　　B——反应温度，℃；

　　　C——反应时间，h。

（3）Box-Behnken 结果与数据分析

对 Box-Behnken 数据建立二次数学模型的分析结果如表 6-11 所示。

表 6-11　响应面二次模型的方差分析

来源	平方和	自由度 Df	均方	F 值	P 值 Prob$>F$
模型	25.82	9	2.87	4.82	0.0251
A	0.49	1	0.49	0.81	0.3968
B	2.75	1	2.75	4.62	0.0687
C	0.084	1	0.084	0.14	0.7183
AB	0.81	1	0.81	1.36	0.2817
AC	0.087	1	0.087	0.15	0.7136
BC	0.000025	1	0.000025	0.00004198	0.9950
A^2	6.78	1	6.78	11.39	0.0119
B^2	5.90	1	5.90	9.91	0.0162
C^2	6.65	1	6.65	11.16	0.0124
残差	4.17	7	0.60		
失拟	3.57	3	1.19	7.92	0.0370
纯失误	0.60	4	0.15		
总和	29.99	16			

由表 6-11 可知，二次模型的 $F=4.82$，$P=0.0251<0.05$，表明选择建立的二次数学模型是显著的；自变量二次项 A^2（$P=0.0119<0.05$），B^2（$P=0.0162<0.05$），C^2（$P=0.0124<0.05$）是影响 CO_2 吸附量的显著性因素，其他因素为非显著性影响因素。

由以上分析可知，A、B、C 三个因素的交互作用对 PSM 吸附 CO_2 性能的影响不显著；平方项 A^2、B^2 与 C^2 显著，表明二次数学模型拟合的响应值曲面弯曲程度较高，该模型在 A、B、C 的最优区域内进行拟合，具有最值点，如图 6-33～图 6-35 所示。

（4）响应面分析与制备条件的优化

图 6-33(a)、(b) 分别为 CO_2SM 用量和反应温度对 CO_2 吸附量交互作用的等高线图和响应面图。

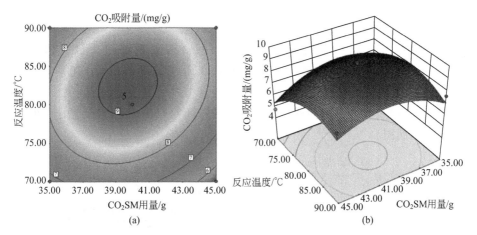

图 6-33　CO_2SM 用量和反应温度对 CO_2 吸附量交互作用的等高线图（a）和响应面图（b）

（反应时间为 36h）

结合图 6-33(a) 的等高线图与图 6-33(b) 的 3-D 响应面图可知，当反应时间为 16.5h 时，响应面随着 CO_2SM 用量和反应温度的增加先升高后降低，在 CO_2SM 用量 40g、反应温度 80℃ 与反应时间 36h 处存在一个极大值点。由图 6-33(a) 可知，等高线近似圆形，说明 AB 因素之间的相互作用不显著，与表 6-11 分析结果一致。

图 6-34(a)、(b) 分别为 CO_2SM 用量和反应时间对 CO_2 吸附量交互作用的等高线图和响应面图。

结合图 6-34(a) 的等高线图与图 6-34(b) 的 3-D 响应面图可知，随着 CO_2SM 用量的增加和反应时间的延长，响应面先上升后呈现下降趋势，在

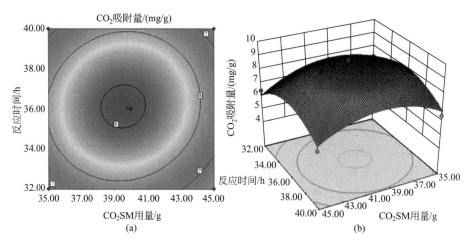

图 6-34 CO_2SM 用量和反应时间对吸附量交互作用的等高线图（a）和响应面图（b）
（反应温度为80℃）

CO_2SM 用量 40g、反应温度 80℃ 与反应时间 36h 处存在一个极大值点。由图 6-34(a) 可知，等高线近似圆形，说明 A、C 因素之间的相互作用不显著，与表 6-11 分析结果一致。

图 6-35(a)、(b) 分别为反应温度和反应时间对 CO_2 吸附量交互作用的等高线图和响应面图。

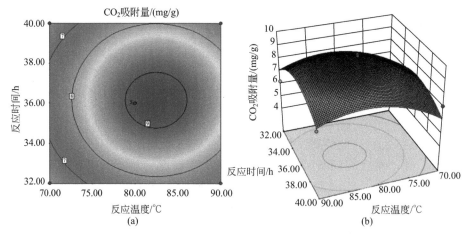

图 6-35 反应温度和反应时间对 CO_2 吸附量交互作用的
等高线图（a）和响应面图（b）（CO_2SM 用量为 40g）

结合图 6-35(a) 的等高线图与图 6-35(b) 的 3-D 响应面图可知，随着反应温度和反应时间的增加，响应面先上升后下降，在 CO_2SM 用量 40g、反应温度

80℃与反应时间 36h 处存在一个极大值点。由图 6-35(a) 可知，等高线近似圆形，说明 AB 因素之间的相互作用不显著，与表 6-11 分析结果一致。

综上所述，并通过 Design-expect 软件 RSM 分析得到三种因素的最优值为：40g CO_2SM，反应温度 80℃，反应时间 36h。该制备条件下，由二次式模型计算的 CO_2 吸附量理论最优值为 9.08mg/g，实际的最佳吸附量在 8.55mg/g 至 9.50mg/g 之间波动，证明建立的二次数学模型与实际相符合。

6.1.5.3　煤矸石基多孔硅材料的表征

（1）FTIR 分析

PSM 的 FTIR 结果如图 6-36 所示。

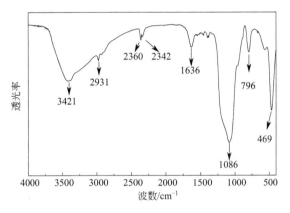

图 6-36　PSM 的 FTIR 图

由图 6-36 可知，PSM 的组成与 PSM 相似，$469cm^{-1}$、$796cm^{-1}$ 和 $1086cm^{-1}$ 处的吸收峰分别代表 Si—O—Si 的弯曲振动、对称和不对称伸缩振动；$1636cm^{-1}$ 处的特征峰代表吸附水中 H—O—H 的振动；$2360cm^{-1}$ 和 $2342cm^{-1}$ 处的特征峰代表 C ═O 的弯曲振动，多被归属于物理吸附的 CO_2；$2931cm^{-1}$ 处的吸收峰是 C—H 键的振动特征峰，应该来自于 CO_2SM；$3421cm^{-1}$ 处的特征峰代表 Si—OH 中 O—H 的反对称伸缩振动。综上分析，PSM 含有硅氧成分、吸附水、结合水以及有机成分。

（2）XPS 分析

图 6-37 是 PSM 的 XPS 表征结果，主要分析了 Si、O、C 和 N 等元素。

由图 6-37 可知，PSM 的 XPS 谱图与 S-PSM 相似。谱图中 Si 2p 和 O 1s 的结合能分别为 103.28eV 和 532.68eV，半定量分析结果表明 Si、O 的摩尔比接

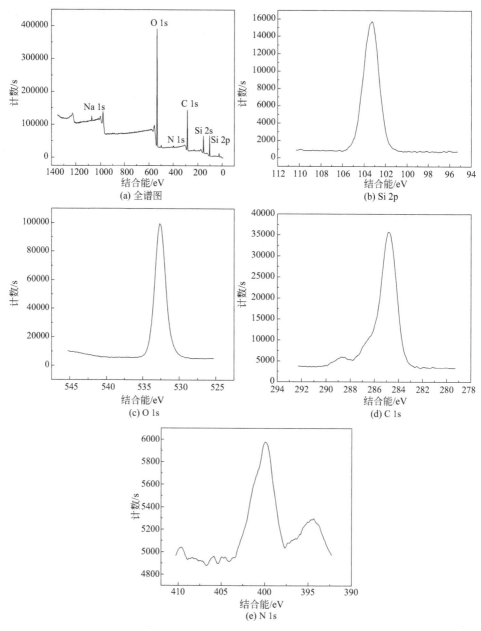

图 6-37　PSM 的 XPS 图

近 1∶2（17.65%∶41.18%），结合 FTIR 谱图，说明 PSM 中的硅氧成分为 SiO_2。C 1s 的结合能为 284.78eV，N 1s 的结合能出现两个值 394.38eV、399.98eV，来自 CO_2SM 中有机成分。由于 PSM 表面易吸附空气中的 CO_2 等杂质，因此其半定量分析结果不可靠；N 元素更能反映有机物含量，仅 1.73%，说明 PSM 的表面的有机成分较少。

（3）TG-DSC 分析

PSM 的热重分析结果如图 6-38 所示。

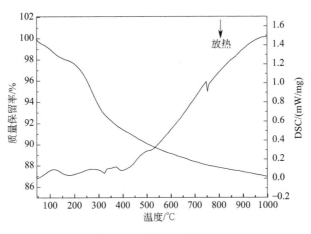

图 6-38　PSM 的 TG 图

由图 6-38 可知，热重曲线分为三个阶段：第一阶段发生在 $30 \sim 200℃$，失重率 2.41%（质量分数），分析失重主要由材料中的吸附水受热蒸发导致；第二阶段发生于 $200 \sim 400℃$，失重率 6.22%（质量分数），分析失重主要由材料中结合水的失去引起；第三阶段是 $400 \sim 1000℃$，失重率 4.39%（质量分数），分析失重由材料中杂质被烧去导致；总失重率为 13.02%（质量分数）。

结合 FTIR 和 XPS 分析结果，PSM 的主要成分是 SiO_2，材料中含有少量吸附水、结合水、有机成分及杂质。

（4）SEM 分析

图 6-39 为 PSM 的扫描电镜图。

由图 6-39 可知，多孔硅材料由大量 $100 \sim 500nm$ 的近似球形的颗粒堆积团聚而成，表面形貌较均一。

（5）TEM 分析

PSM 的高分辨透射电镜照片如图 6-40 所示。

由透射电镜图 6-40 可以更清楚地观察到 PSM 由大量粒径在 $200 \sim 300nm$ 的球形或近似球形的颗粒黏结、凝聚并堆积而成，小颗粒表面没有观察到明显的孔道结构。

由图 6-39、图 6-40 可知，CO_2SM 在 PSM 的制备过程中具有较好的导向作用，制备得到了形貌均匀的、近似球形的 PSM。

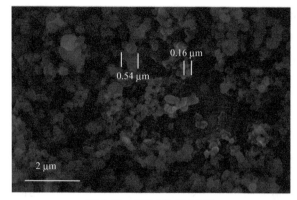

图 6-39　PSM 的 SEM 图

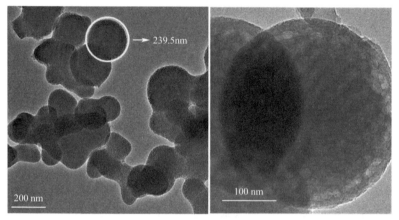

图 6-40　PSM 的 TEM 图

（6）比表面积及孔径分析

图 6-41 是 PSM 的 N_2 吸附-脱附曲线（a）和孔径分布图（b）。

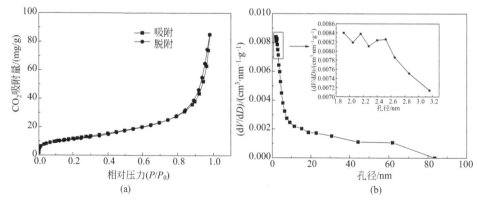

图 6-41　PSM 的 N_2 吸附-脱附等温线（a）和孔径分布图（b）

由图 6-41(a) 可知，PSM 对 N_2 的吸附等温线属于Ⅲ型等温线，吸附等温线和解吸等温线重合较多，说明 PSM 对 CO_2 以物理吸附为主，吸附的可逆性较好。由图 6-41(b) 可知，PSM 的孔径分布主要集中在 $2 \sim 10nm$，根据 BJH 法算出 PSM 的平均孔径为 11.20nm，由 BET 法计算出比表面积为 $12.3419m^2/g$，总孔体积为 $0.0497cm^3/g$，这为 PSM 吸附 CO_2 提供了可能性。

6.1.5.4 煤矸石基多孔硅材料的循环吸附性能

研究共连续完成吸附-脱附 10 次循环实验，以此考察 PSM 的再生性能，结果如图 6-42 所示。

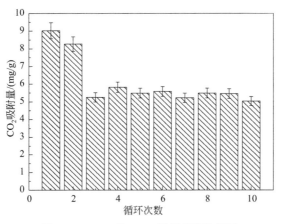

图 6-42 PSM 的 CO_2 循环吸附性能图

由图 6-42 可知，第一次 CO_2 吸附量为 9.02mg/g，第二次吸附量为 8.27mg/g，第三次吸附量为 5.25mg/g，经三次循环吸附后 PSM 对 CO_2 的吸附量降低约一半，之后 CO_2 吸附量开始趋于稳定，在 $5.03 \sim 5.82mg/g$ 间波动，10 次循环的 CO_2 平均吸附量为 6.06mg/g。

XPS 分析表明 PSM 表面含有少量的有机基团，推断是来自 CO_2SM 的氨基。由于 PSM 经过五次水洗，结合图 4-42 的循环吸附趋势，推测制备过程中有少量来自 CO_2SM 的氨基接枝至 PSM 的表面，实现一定程度的改性，因此 PSM 在较低的比表面积 $12.3419m^2/g$ 下，CO_2 吸附量为 9.02mg/g。由于表面改性的氨基太少，PSM 的 CO_2 吸附量不高。

6.1.6 多孔硅材料改性及 CO_2 吸附性能

基于 PSM 所特有的比表面积、孔隙率以及表面富含的 Si—OH，通过对

PSM 的化学改性可以很好地提高其对 CO_2 吸附能力,通过对改性后材料的结构分析确定与 CO_2 的可能作用机理。

6.1.6.1 介孔二氧化硅材料的改性

介于不同的改性剂可能会影响改性材料对 CO_2 的吸附效果,本文采用不同的改性剂并应用浸渍法对 PSM 进行改性。选择出具有更优 CO_2 吸附效果的改性剂,然后以改性剂与吸附剂的质量比、浸渍时间、反应温度为考察条件获得最佳 CO_2 吸附性能的改性剂最佳条件。

（1）改性剂的优化

选用不同的改性剂:EDA、ETA、DEA、TEA、TEPA 与 PSM 按照质量比 1∶1 进行改性。其他条件为:加入 10g 乙醇,与 1g 改性剂充分搅拌 40min 溶解,加入 1g PSM,浸渍时间 10h,真空烘干温度 343.15K,烘干 24h,如图 6-43 所示。

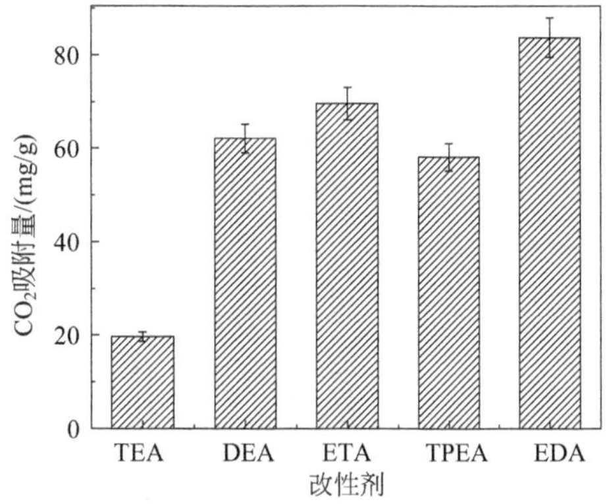

由图 6-43 可知,CO_2 吸附量最大的改性剂依次为:EDA、ETA、DEA、

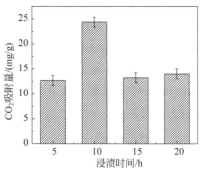

图 6-43　不同改性剂对 PSM 吸附 CO_2 的影响

TEPA 及 TEA,对应的 CO_2 吸附量分别为 83.75mg/g、69.65mg/g、62.16mg/g、58.09mg/g、19.63mg/g。EDA 改性效果最好,原因如下。

① EDA 的分子结构简单而且分子较小,改性后不易堵塞 PSM 原有的孔道结构,从而较小地减少 PSM 对 CO_2 的物理吸附;

② EDA 拥有两个氨基,改性后利于对 CO_2 的化学吸附。基于本课题组之前对 EDA 吸附 CO_2 的研究,选取 EDA 为改性剂更加有助于吸附机理的研究。综上所述,取 EDA 作为改性剂。

（2）浸渍时间的优化

实验选取浸渍时间分别为 5h、10h、15h 和 20h,其他条件为:取 1g EDA 加入 10g 乙醇,充分搅拌 40min 溶解,加入 1g PSM,真空烘干温度 343.15 K,烘干 24h。考察浸渍时间对改性 PSM 吸附 CO_2 的影响,如图 6-44 所示。

图 6-44　浸渍时间对 EDA-PSM 吸附 CO_2 的影响

由图 6-44 可知，当浸渍时间从 5h 增加到 10h 时，EDA-PSM 对 CO_2 的吸附量逐渐增加，浸渍时间继续增加即浸渍时间从 10h 增加到 20h 时，EDA-PSM 对 CO_2 的吸附量减少然后趋于稳定，CO_2 吸附量的最高值出现在浸渍时间为 10h 时，此时最大吸附量为 24.37mg/g，原因是当浸渍时间较短时，浸渍所需时间不足，使 EDA 与 PSM 作用的有效—NH_2 负载量不足，因此 EDA-PSM 对 CO_2 的吸附量较小；当继续增加浸渍时间时，尽管-NH_2 的负载量比较充足，过量的—NH_2 负载会使得部分孔道被堵塞，致使 EDA-PSM 对 CO_2 的物理吸附量减少，产生 CO_2 吸附量减少的情况。当继续增加浸渍时间时，EDA-PSM 上的物理吸附位点和化学吸附位点饱和，因此 EDA-PSM 对 CO_2 的吸附量保持稳定。综上所述，选取浸渍时间 10h 开展后续研究。

（3）真空烘干温度的优化

实验选取真空烘干温度分别为：323.15K，343.15K 和 363.15K，其他条件为：取 1g EDA 加入 10g 乙醇，充分搅拌 40min 溶解，加入 1g PSM，浸渍 10h，烘干 24h。考察真空烘干温度对 EDA-PSM 吸附 CO_2 的影响，如图 6-45 所示。

由图 6-45 可知，随着真空烘干温度从 323.15K 增加到 363.15K，EDA-PSM 对 CO_2 的吸附量出现先增加后减少的情况，并且在真空烘干温度为 343.15K 时达到最大值。原因是低温不利于—NH_2 和 Si—OH 之间的键合，从而产生—NH_2 负载量不足的现象，导致 EDA-PSM 上 CO_2 化学吸附位点不足，因此对 CO_2 的吸附量小。因此，选取真空烘干温度 343.15K 开展后续研究。

（4）PSM 与 EDA 质量比的优化

实验选取 PSM 与 EDA 质量比 4:1、2:1、1:1、1:2 和 1:3，其他条件为：取 1g EDA 加入 10g 乙醇，充分搅拌 40min 溶解，加入 PSM，浸渍 10h，真空烘干温度 343.15K，烘干 24h。考察 PSM 与 EDA 质量比对 EDA-PSM 吸附 CO_2 的影响，如图 6-46 所示。

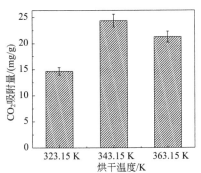

图 6-45　真空烘干温度对 EDA-PSM
吸附 CO_2 的影响

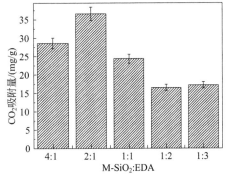

图 6-46　PSM 与 EDA 质量比对 EDA-PSM
吸附 CO_2 的影响

由图 6-46 可知，随着 PSM 与 EDA 质量比 4∶1 变化到 1∶3，EDA-PSM 对 CO_2 的吸附量先增加然后减少，并且在 PSM 与 EDA 质量比为 2∶1 时达到 CO_2 吸附量的最大值 35mg/g。PSM 与 EDA 质量比为 4∶1 时，CO_2 的吸附量低可以归因于 EDA 的浸渍量不足导致—NH_2 的负载量不足，CO_2 的化学吸附位点不足；PSM 与 EDA 质量比 1∶2 时，CO_2 的吸附量低归因于过量的 EDA 浸渍堵塞了 PSM 部分孔道，使 EDA-PSM 上 CO_2 的物理吸附位点被覆盖而减少。综上所述，选取 PSM 与 EDA 质量比 2∶1 作为最佳改性条件。

6.1.6.2 吸附效果的衡量

（1）胺二氧化碳捕集效率

$1mol CO_2$ 可以与 $2mol$ —NH_2 作用，如式(6-9)。

$$CO_2 + 2RNH_2 \Longrightarrow RNHCOO^- + RNH_3^+ \tag{6-9}$$

根据元素分析，相对于 PSM，EDA-PSM 中 N 的含量增加 9.18%，1g 材料理论吸附 CO_2 量为 $[(1 \times 9.18\%)/14] \times 44 \times 1/2 = 0.144g = 144(mg)$；1g 材料实际吸附 CO_2 量为 83.5mg；因此胺二氧化碳捕集效率为 $(83.5/144) \times 100\% = 58\%$。通过提高材料的胺二氧化碳捕集效率可以继续增加改性效果。

（2）吸附剂吸附效果

为确定吸附剂的吸附效果，通过最佳制备及改性方法，对 PSM 及 EDA-PSM 进行最大吸附量测定，查阅文献中不同吸附剂吸附 CO_2 的情况，如表 6-12 所示。

表 6-12 不同吸附剂吸附 CO_2 结果

材料	T/K	P/bar	吸附能力/(mmol/g)	文献号
微孔碳超细纤维	298.15	0.04	0.44	[16]
未改性 X 沸石	398.15	1.0	0.36	[17]
沸石	313.15	1.0	2.16	[18]
多孔硅胶吸附剂	323.15	1.0	1.16	[19]
EDA-SBA-15 吸附剂	298.15	1.0	0.45	[20]
MOF-177	313.15	1.0	0.65	[21]
三嗪基框架	298.15	1.0	2.61	[22]
PDVB-VT	273.15	1.0	2.65	[23]
AC_3K-300	298.15	1.0	2.5	[24]
PSM	298.15	环境压力 (88.93kPa 呼和浩特) (8% CO_2/N_2 混合)	0.22	本研究
EDA-PSM	298.15	环境压力 (88.93kPa 呼和浩特) (8% CO_2/N_2 混合)	1.9	本研究

　　由表 6-12 可知，PSM 对 CO_2 的吸附量为 0.22mmol/g，EDA-PSM 对 CO_2 的吸附量为 1.9mmol/g，同等条件下对比相关材料的吸附性能，PSM 与 EDA-PSM 都具有良好的吸附效果且说明改性效果明显。

6.1.6.3　改性介孔 PSM 材料的表征

（1）FTIR 分析

EDA-PSM 的 FTIR 结果如图 6-47 所示。

　　由图 6-47 可知，$474cm^{-1}$、$806cm^{-1}$ 和 $1099cm^{-1}$ 处的吸收峰分别可以归于 Si—O—Si 的弯曲振动、对称和不对称伸缩振动；$1580cm^{-1}$ 和 $1487cm^{-1}$ 处的吸收峰分别可以归于—NH 的对称和不对称伸缩振动；$2987cm^{-1}$ 和 $2887cm^{-1}$ 处的吸收峰可以归于—CH_2 中 C—H 伸缩振动；与改性前 FTIR 图 6-47 对比，$3450cm^{-1}$ 处的吸收峰移动到了 $3414cm^{-1}$，这是由于多分子缔合作用使

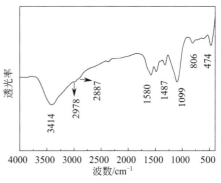

图 6-47　EDA-PSM 的 FTIR 图

Si—OH 中的—OH 峰发生移动，这是改性剂 EDA 的加入所引起的。

（2）扫描电镜分析

通过 SEM 观测 EDA-PSM 表面的微观结构，EDA-PSM 的 SEM 如图 6-48 所示。

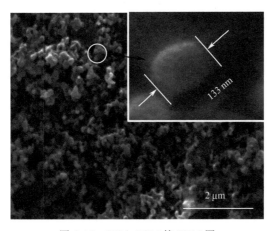

图 6-48　EDA-PSM 的 SEM 图

　　由图 6-48 可知，EDA-PSM 是由大量 133 nm 的粒子堆积而成的；EDA-PSM 表面包含有均一的孔道结构以及大量粒子堆积成的孔道，对比于改性前的 SEM 图，改性后吸附剂的粒子从 106.7 nm 变大到了 133 nm 而且粒子表面有覆盖物产生，这是由负载上的 EDA 所产生的，为 CO_2 的吸附提供了更多的结构支持。

　　（3）透射电镜分析

　　利用 TEM 观察可以更加明确的了解改性后 PSM 内部组织结构及形貌变化，EDA-PSM 的 TEM 图如图 6-49 所示。

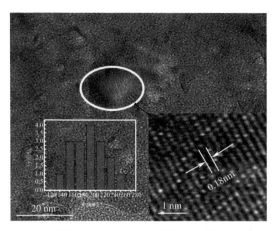

图 6-49　EDA-PSM 的 TEM 图

　　由图 6-49 可清晰地看出 EDA-PSM 内部骨架结构。从 EDA-PSM 的孔道直径分布图可看出吸附剂的孔道直径大约为 0.18 nm，能够更加清晰地看到 EDA-PSM 的均一孔道结构，与 SEM 结果相一致。与改性前 PSM 的 TEM 对比可以看出，改性后材料的内部孔道从 2.78 nm 减小到 0.18 nm，这是由于负载的 EDA 造成的。

　　（4）XPS 分析

　　EDA-PSM 的 XPS 结果如表 6-13 所示。

表 6-13　EDA-PSM 的 XPS 分析数据

元素	含量/%
N	2.81
Si	16.66
O	31.45
Al	1.88
O/Si	1.89

由表 6-13 可知，EDA-PSM 的 O/Si 为 1.89 接近 SiO_2 的 2∶1，确定了 EDA-PSM 主要由 Si 和 O 以 SiO_2 的形式存在，与 FTIR 相一致。对比于改性前吸附剂的 XPS 数据[25]，改性后 Si 与 O 的含量从 18.88% 和 36.09% 减小到 16.66% 和 31.45%，同时 N 的含量从 0.54% 增加到 2.81%，这是由负载 EDA 中 N 含量增加所引起的。

（5）XRD 分析

EDA-PSM 的 XRD 图谱如图 6-50 所示。

XRD 图谱中 $20°\sim30°$ 之间的宽峰是无定型 SiO_2 的特征峰，31.68° 和 45.45° 处的尖峰可以归结为 Al_2O_3 的特征峰。与改性前材料的 XRD 对比，改性后材料的 XRD 图谱并没有太大的变化，说明改性并不会影响材料的结构。这一结果与 SEM 及 TEM 分析相一致。

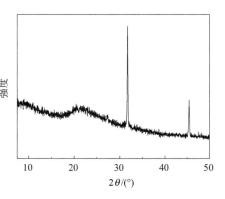

图 6-50　EDA-PSM 的 XRD 图

（6）N_2 的吸附脱附表征

EDA-PSM 的 N_2 的吸附-脱附曲线及 BJH 孔径分布如图 6-51 所示。

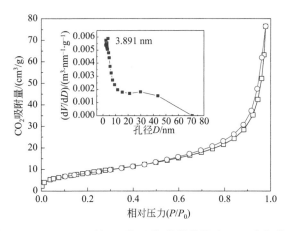

图 6-51　EDA-PSM 的 N_2 的吸附-脱附曲线及 BJH 孔径分布

由图 6-51 可知，根据 IUPAC 分类，EDA-PSM 的吸附峰是 Ⅳ 型吸附曲线，属于典型的介孔材料，在 $P/P_0<0.6$ 的相对低压时，EDA-PSM 对 N_2 的吸收相对较低，在 $P/P_0=0.6\sim1.0$ 的相对高压范围内，出现明显的 H_3 型滞后环，这是由于结构中含有的介孔及微孔结构造成的，为 CO_2 的吸附提供结构基础。根据 EDA-PSM 的孔径分布及 BJH 法计算得到 EDA-PSM 的最可几孔径为

3.68nm，比表面积及孔容分别为 31.66cm^3/g 和 0.1257cm^3/g。与改性前相比，改性后吸附剂的孔径从 7.35nm 减小到 3.68nm，孔容从 0.2878cm^3/g 减小到 0.1257cm^3/g，孔径和孔容的减小都是 EDA 负载所产生的，这证明 EDA 负载到了 PSM 孔道内部。

（7）TG-DSC 分析

EDA-PSM 的 TG-DSC 曲线如图 6-52 所示。

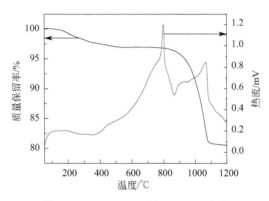

图 6-52　EDA-PSM 的 TG-DSC 曲线

由图 6-52 可知，EDA-PSM 的总热失重为 20%，在 627℃之前的重量损失主要可以归因于自由的 EDA 分解以及分子间脱水；重量损失主要发生在 830℃ 到 1090℃ 之间，这一重量损失达到 15.8%，这是由—NH$_2$ 的分解所导致的。而且根据 EDA-PSM 的 TG-DSC 曲线可知材料的热稳定性良好，这为高温下吸附 CO$_2$ 提供了更加有力的保证。

（8）元素分析

EDA 的负载量通过元素分析中 N 含量可以进行定量分析，确定 EDA 的负载效果，PSM 和 EDA-PSM 的元素分析结果如表 6-14 所示。

表 6-14　PSM 和 EDA-PSM 的元素分析

材料	N/%	C/%
PSM	0.07	0.53
EDA-PSM	0.925	1.765

由表 6-14 可知，改性后 N 和 C 的含量分别从 0.07% 和 0.53% 变化为 0.925% 和 1.765%。C 和 N 含量的增加说明 EDA 的成功负载；根据元素分析中 N 含量的变化可以计算出 EDA 的负载量为 0.6mmol/g，即含量占总质量的 0.855%。

以上工作[26-29]为煤矸石基多孔硅材料的制备提供了可供参考的依据，并为CO_2的吸附提供了吸附剂制备的参考。

6.2　燃煤炉渣基多孔硅材料的制备及吸附性能

6.2.1　燃煤炉渣利用的意义

随着工业的发展，煤炭的大量燃烧，除粉煤灰、有害气体等大气污染物的产生外，大量的燃煤炉渣也随之产生。燃煤炉渣是电厂锅炉、各种工业及民用锅炉，炉窑在燃烧煤炭过程中产生的固体废弃物。燃煤炉渣主要是由燃烧完全的灰烬与不完全燃烧的煤炭组成的混合物，如果不将其妥善处理将会造成资源浪费与环境污染。炉渣大多数是由供热、发电、焚烧、冶炼等锅炉的底部排出来的熔渣和底灰。根据不同种类锅炉的用途可将各种炉渣分为燃煤炉渣、冶金炉渣和焚烧炉渣等。

6.2.1.1　燃煤炉渣的来源与性质

燃煤炉渣是由以煤炭为主要燃料的锅炉燃烧过程产生的，主要来源是电用煤和取暖用煤的燃烧。就现状来看，我国现阶段的能源结构的特点是富煤、贫油、少气，正是因为这些原因，决定了煤炭在我国的能源中占有非常重要地位。燃煤炉渣是煤的燃烧所产生的固体废弃物，世界上通过火力发电所产生的燃煤炉渣约占总渣量的 37%[30]。燃煤炉渣的堆放需要占用大量的土地，如不妥善处理就会造成严重的环境污染。据统计，每 1t 煤的燃烧，会产出 0.25～0.3t 的炉渣。近年来，我国的燃煤电厂排放出来的炉渣高达 3.3 亿吨以上[31]，排放量约占我国排放固体废弃物总量的 40%[32]，居各种工业废渣的排放量之首[33]。因此，随着燃煤量的增加，炉渣会大量产生，燃煤炉渣所带来的危害不容忽视。

6.2.1.2　燃煤炉渣的危害

我国是一个以煤炭为主要能源的大国，煤炭燃烧在我国所有的能源消耗中占有相当大的比例，超过总能源的 60%[34]。燃煤炉渣的大量产生和堆积，对环境造成了不可忽视的污染。燃煤所产生的大量炉渣如露天堆放，会直接与雨水、地表水等接触，其中的有毒、有害物质会被浸出，随地表径流、深入地下水、进入到江河湖海，造成环境污染，危害人体健康与生态平衡。如大量的炉渣直接排放到水体内，会使河道阻塞、侵蚀农田，对水利工程也具有一定的危害，还会影响水体的透明度并对水生生物产生毒害作用。

燃煤炉渣中的细小颗粒物会被风带进大气中，造成大气污染，降低大气的可见度，给人类生活造成不便。由于燃煤炉渣颗粒呈多孔状，会在大气中吸附有毒物质，随着人类呼吸进入到呼吸道，引发呼吸道疾病。堆放的燃煤炉渣中含有大量的有害成分，通过挥发和化学反应等，会产生一些有毒气体，将进一步危害大气。因此，燃煤炉渣的大量堆积对周边的生态环境存在着一定的危害。

燃煤炉渣直接堆放会侵占大量的土地资源。据统计，大约每堆积 1 万吨的燃煤炉渣就会侵占 1 亩 （1 亩＝666.67m^2） 土地，对农业生产造成直接影响，同时还会对城市的环境卫生产生影响。在燃煤炉渣的堆放过程中还会随之埋掉大批的绿色植物，破坏自然环境的同时还会破坏大自然的生态平衡。

今后，我国在相当长的时期内仍会以火力作为工业发展的主流动力，燃煤炉渣的排放量也会随着煤炭的消耗而增加，燃煤炉渣所带来的污染会日趋严重。因此，有必要寻求一种燃煤炉渣的有效减量化利用方法，将其进行资源化利用，以此促进环境友好型工业发展。

6.2.1.3 燃煤炉渣的组成及应用

燃煤炉渣是在炉温高达 1400～1500℃ 的条件下形成的[35]，煤炭经过充分燃烧，除了少量的石英外，几乎全部熔融[36]。高温条件下形成的燃煤炉渣含碳量较低，化学成分较为稳定。但是不同地区、不同种类的煤炭所形成燃煤炉渣中的矿物组成差异极大。如表 6-15 所示，对我国一些地区煤炭燃烧所产生的燃煤炉渣的物相分析可知，燃煤炉渣主要含有 SiO_2、Al_2O_3、低温石英、莫来石等，具有丰富的硅、铝资源。如合理利用燃煤炉渣，将资源化利用与妥善处理固体废弃物、环境保护相结合，将是我国实施可持续发展战略的重要措施。

表 6-15 我国燃煤炉渣的矿物组成范围

项目	玻璃态 SiO_2	玻璃态 Al_2O_3	低温石英	莫来石	铁质微珠	碳元素
成分含量/%	26.3～45.7	4.8～21.5	1.1～15.9	11.3～29.2	21.1～70.1	1.0～23.5
平均值/%	38.5	12.4	6.4	20.4	46.5	8.2

近年来，我国逐渐加大了对燃煤炉渣的综合利用。目前已经在农业、建筑材料、道路铺设等领域得到了较为成熟的应用。除此之外，很多研究致力于燃煤炉渣的高附加值产品的开发，使其中的矿物资源得到精细化利用。若将燃煤炉渣中的硅、铝资源恰当地利用，进行硅、铝等化工制品的制造，不仅可以实现燃煤炉渣的高值化利用，还可以解决炉渣带来的一系列的环境污染问题[37]。

6.2.2　燃煤炉渣中硅质的提取

6.2.2.1　燃煤炉渣的预处理

实验使用的燃煤炉渣来源于内蒙古包头市第二热电厂，主要有 Al、Si、Fe、Ca、Mg 等元素。本文所使用的燃煤炉渣通过 XRF 分析，其化学组成见表 6-16。

表 6-16　燃煤炉渣的化学组成[37]

组成	SiO_2	Al_2O_3	CO_2	CaO	Fe_2O_3	MgO	SO_3	Na_2O	其他	总和
含量(质量分数)/%	48.8	14.3	28.5	3.07	2.33	0.646	0.536	0.322	1.50	100

从成分分析可以看出，燃煤炉渣具有丰富的硅资源，其以 SiO_2 计算含量高达 48.8%。若能将炉渣中的硅资源进行提取和利用，进一步转化为其他硅制品，一方面可以缓解我国硅资源短缺的现状，另一方面可以实现燃煤炉渣的高值化利用，以实现经济社会的可持续发展。

6.2.2.2　燃煤炉渣的酸活化处理

燃煤炉渣中 SiO_2 存在形式主要有两种：单独存在的 SiO_2 和莫来石相中存在的 SiO_2。燃煤炉渣中含有的莫来石是由铝硅酸盐在高温下生成的矿物，具有很高的化学稳定性，在酸性、碱性条件下都具有较强的抗腐蚀性。当直接用碱浸法提取 SiO_2 时，提取过程涉及的主要化学反应方程式如式(6-10)~式(6-12)所示：

$$SiO_2 + 2NaOH \longrightarrow Na_2SiO_3 + H_2O \tag{6-10}$$

$$Al_2O_3 + 2NaOH \longrightarrow 2NaAlO_2 + H_2O \tag{6-11}$$

$$3Al_2O_3 + 6SiO_2 + 6NaOH \longrightarrow 3Na_2O \cdot 3Al_2O_3 \cdot 6SiO_2 + 3H_2O \tag{6-12}$$

由以上反应方程式可知，在反应过程中单独存在的 SiO_2（即玻璃相）被提取出来，而莫来石相中存在的 SiO_2 基本不发生反应。同时，炉渣中单独存在的 SiO_2 生成的硅酸钠在碱性条件下会与炉渣中的 Al_2O_3 反应生成 $3Na_2O \cdot 3Al_2O_3 \cdot 6SiO_2$ 沉淀。这一系列反应会降低燃煤炉渣中 SiO_2 的浸出量，降低炉渣中硅资源的利用率。

为提高炉渣中 SiO_2 浸出量，在进行碱浸炉渣提取硅的实验之前将燃煤炉渣经过 HCl 进行酸活化处理。实验中所用到的燃煤炉渣中硅含量丰富，为提取

SiO_2 制备 PAM 提供了物质基础。燃煤炉渣中除 SiO_2 外，还有很多其他杂质，这些杂质若不去除，会对后续的提硅、PAM 的合成及其吸附性能产生很大的影响。通过用一定浓度的盐酸活化，可去除易与氢氧化钠反应生成沉淀的含铁杂质，如 Fe_2O_3 等。另一方面，燃煤炉渣中含有一定量的 Al_2O_3，也会在酸活化过程进行溶解去除。盐酸活化燃煤炉渣的除杂过程可以用式(6-13)～式(6-14)表示：

$$Fe_2O_3 + 6HCl \longrightarrow 2FeCl_3 + 3H_2O \qquad (6-13)$$

$$Al_2O_3 + 6HCl \longrightarrow 2AlCl_3 + 3H_2O \qquad (6-14)$$

炉渣中的 Al_2O_3 有两种常见的变体：$\alpha\text{-}Al_2O_3$ 和 $\gamma\text{-}Al_2O_3$。燃煤炉渣中的 $\gamma\text{-}Al_2O_3$ 既能和酸反应又能和碱反应，而其中的 $\alpha\text{-}Al_2O_3$ 在常温下既不和酸反应，也不和碱反应，是比较稳定的。综上，燃煤炉渣在酸活化过程中，炉渣中的莫来石相（主要成分为 $3Al_2O_3 \cdot 2SiO_2$）与盐酸反应的主要反应方程式如式(6-15)所示：

$$3Al_2O_3 \cdot 2SiO_2 + 18HCl \longrightarrow 6AlCl_3 + 2SiO_2 + 9H_2O \qquad (6-15)$$

经过盐酸处理的燃煤炉渣，大部分的莫来石相（$3Al_2O_3 \cdot 2SiO_2$）都将分解，释放出 SiO_2。同时燃煤炉渣中存在的 Al_2O_3 也将反应生成 $AlCl_3$，不会与炉渣中的 SiO_2 反应生成 $Na_4(AlSiO_4)_3$ 沉淀。因此，经盐酸处理炉渣中 SiO_2 的浸出量将显著提高。

在燃煤炉渣酸活燃煤炉渣表面会有大量的气泡生成，有刺激性气味，原因是在燃煤炉渣中含有一定量的 SO_3，在盐酸的作用下生成 Cl_2 等气体。在燃煤炉渣的酸化过程中，燃煤炉渣中 SiO_2 被释放出来，其他附着在 SiO_2 表面的杂质被酸洗掉，这将有利于后续碱浸法提取 SiO_2。被酸活化的燃煤炉渣在干燥后更蓬松，其表面和内部形成了更多的孔隙，使燃煤炉渣的表面积增大，为提硅提供了便利条件。

6.2.2.3 燃煤炉渣提取 SiO_2 的影响因素考察

在燃煤炉渣提取 SiO_2 制备提硅液的过程中，本文分别考察了炉渣粒度、燃煤炉渣与氢氧化钠质量比、氢氧化钠溶液初始浓度、提硅反应温度及时间，以及酸活化质量分数为 36.5% 的盐酸体积对燃煤炉渣提取 SiO_2 的影响。在一系列的单因素实验过程中，实验以燃煤炉渣中 SiO_2 浸出率作为考察标准，为了进一步验证单因素实验获得数据的准确性，实验还设定了相应的正交试验。

（1）燃煤炉渣粒度对 SiO_3^{2-} 浸出量的影响

分别称取不同粒度（80 目、200 目、300 目、400 目）的燃煤炉渣各 15g，称取 30g 氢氧化钠颗粒，将其配制成质量分数为 15％的溶液。将配制好的氢氧化钠溶液转移到 250mL 三口烧瓶中，将称好的燃煤炉渣加入到氢氧化钠溶液中，设定碱浸炉渣反应温度为 100℃，反应时间为 120min，在此条件下考察燃煤炉渣粒度对提硅率的影响。反应结束后，待提硅混合物降至室温后进行抽滤处理，将得到的滤液移入 500mL 容量瓶中，用 125mL 蒸馏水洗涤两次，将洗涤液移入容量瓶中，以蒸馏水定容。获得的提硅液用氟硅酸钾容量滴定法测定提硅液中 SiO_2 的含量。进行 3 组平行实验，并作空白对照。

　　由图 6-53 结果可知，随着燃煤炉渣粒度的减小，燃煤炉渣中硅的浸出量呈递增趋势。当燃煤炉渣的粒度从 80 目减小到 400 目时，燃煤炉渣中 SiO_2 的浸出量从 26.74g/100g 增加至 30.35g/100g。由此可知，燃煤炉渣颗粒度减小有利于 SiO_2 的浸出，这是由于随着对燃煤炉渣粒度的研磨，粒度减小使其与碱的接触面积增加，加快了固-液界面的传质速率，为碱浸炉渣反应提供了更好的条件，有利于 SiO_2 的浸出。虽然 300～400 目的燃煤炉渣提硅率更高，SiO_2 浸出效果更好，

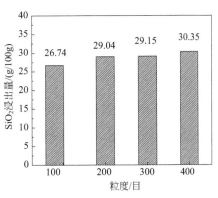

图 6-53　燃煤炉渣粒度对 SiO_3^{2-} 浸出量的影响

但燃煤炉渣粒度越小，研磨、筛选难度越大，过程消耗的成本越高，另外由于 200 目与 300～400 目燃煤炉渣的提硅率相差不大。综合考虑，接下来选择 200 目燃煤炉渣进行后续研究。

　　(2) 氢氧化钠与燃煤炉渣质量比对 SiO_3^{2-} 浸出量影响

　　分别称取 200 目燃煤炉渣 15g，按照不同比例称取一定量的氢氧化钠颗粒，将其配制成质量分数为 15％的氢氧化钠溶液。将配制好的氢氧化钠溶液转移到 250mL 三口烧瓶中，将称好的燃煤炉渣加入 NaOH 溶液中，设定碱浸炉渣反应温度为 100℃，反应时间为 120min，在此条件下考察氢氧化钠与燃煤炉渣质量比对提硅率的影响。实验中设定 NaOH-燃煤炉渣质量比为 1.00、1.25、1.50、1.75、2.00、2.25、2.50、2.75、3.00，对应氢氧化钠质量分别为 15.00g、18.75g、22.50g、26.25g、30.00g、33.75g、37.50g、41.25g、45.00g。

　　研究结果如图 6-54 所示，随着氢氧化钠-燃煤炉渣质量比的增加，SiO_2 的浸出量先增加后减小。在质量比为 2.0 时 SiO_2 的浸出量最大，为 29.75g/100g，此时提硅率为 60.96％。由实验结果可知，在一定的氢氧化钠-燃煤炉渣比例下，

随着碱渣比增加，可使碱液与炉渣更充分地接触，有利于燃煤炉渣中 SiO_2 的浸出。当碱渣比超过 2.0 时，SiO_2 的浸出量不再增加甚至有了下降的趋势，这是由于过量的氢氧化钠与燃煤炉渣中的活性 Al_2O_3 发生反应生成 $NaAlO_2$，进一步与 $Na_2O \cdot nSiO_2$ 反应生成不溶性铝硅酸钠盐，影响了 SiO_2 的浸出。因此，选择氢氧化钠-燃煤炉渣质量比为 2:1，即氢氧化钠质量为 30g，作为提硅碱渣比进行后续实验。

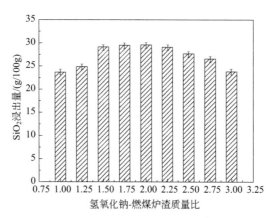

图 6-54　氢氧化钠与燃煤炉渣质量比对 SiO_3^{2-} 浸出量的影响

（3）氢氧化钠溶液初始浓度对 SiO_3^{2-} 浸出量的影响

分别称取 200 目燃煤炉渣 15g 和氢氧化钠固体颗粒 30g 若干份。将氢氧化钠固体颗粒按不同质量浓度配制氢氧化钠溶液，其质量浓度分别为：10%、15%、20%、25%、30%、35%、40%。分别将配制好的氢氧化钠溶液及燃煤炉渣转移至 250mL 三口烧瓶中，设定反应温度为 100℃，反应时间 120min，在此条件下考察氢氧化钠溶液质量浓度对燃煤炉渣提硅率的影响。

由图 6-55 可知，在氢氧化钠质量浓度增加的过程中，燃煤炉渣中 SiO_2 的浸出量呈现先增加后降低的变化趋势。当碱液浓度低于 15% 或高于 30% 时，SiO_2 浸出量都有所减少，在 15%～30% 之间，SiO_2 浸出量趋于平稳状态，并在质量分数为 30% 时达到最大值。NaOH 初始浓度为 30 时，SiO_2 浸出量为 29.75g/100g，提硅率为 60.96%。这是由于氢氧化钠浓度小于 15% 时，碱浓度低不利于 SiO_2 的浸出，而碱浓度过高，混合物的固-液比增加，不利于氢氧化钠分子与炉渣中硅的接触，进而使提硅率降低。因此选择作氢氧化钠初始浓度为 30% 进行后续实验。

（4）反应温度对 SiO_3^{2-} 浸出量的影响

分别称取 200 目燃煤炉渣 15g 和氢氧化钠固体颗粒 30g，将氢氧化钠颗粒配制成质量分数为 30％的溶液并转移到 250mL 三口烧瓶中，反应时间 120min，在此条件下考察碱浸反应温度对燃煤炉渣提硅率的影响。分别设定反应温度为 85℃、90℃、95℃、100℃和 105℃。

温度对提硅率的影响如图 6-56 所示。反应温度在 85～100℃之间时，随着温度的升高，燃煤炉渣中 SiO_2 的浸出量逐渐增加，在 100℃达到最大值，此时的燃煤炉渣的浸出量为 29.75g/100g，即提硅率为 60.96％。温度升高可加快分子运动速率，增加氢氧化钠分子与炉渣粒子的碰撞次数，有利于燃煤炉渣中硅的浸出。但是温度过高达到 105℃，超过了达到了 30％的氢氧化钠溶液的沸点，加快了水分的蒸发，进而增加了反应体系的固-液比，使提硅率有所下降。因此，实验选择 100℃为最佳的反应温度进行后续实验。

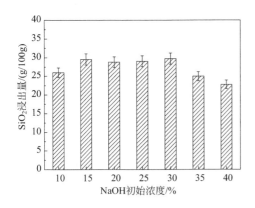

图 6-55　氢氧化钠初始浓度对 SiO_3^{2-} 浸出量的影响

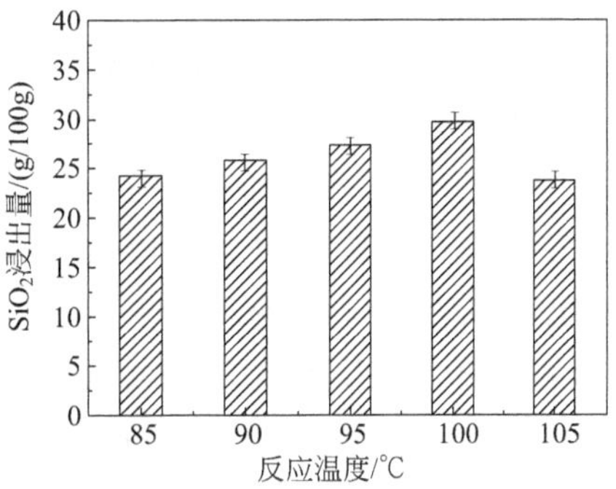

图 6-56　反应温度对 SiO_3^{2-} 浸出量的影响

（5）反应时间对 SiO_3^{2-} 浸出量的影响

分别称取 200 目燃煤炉渣 15g 和氢氧化钠固体颗粒 30g，将氢氧化钠颗粒配制成质量分数为 30％的溶液，并转移到 250mL 三口烧瓶中，反应温度为 100℃，在此条件下考察碱浸反应时间对燃煤炉渣提硅率的影响。

如图 6-57 所示，分别将碱浸反应时间设定为 60min、90min、120min、150min、180min。由实验结果可知，碱浸反应时间在 60～120min 之间，燃煤炉渣中 SiO_2 的浸出量呈稳定增加的趋势，在 120min 时浸出量达到最大值，为 29.75g/100g 燃煤炉渣，即提硅率为 60.96％。当碱浸反应时间超过 120min 后，SiO_2 浸出量不再增加甚至有了下降的趋势。为了节省能量，最终确定碱浸反应时间为 120min 进行后续实验。

（6）酸活化盐酸体积用量对 SiO_3^{2-} 浸出量的影响

称取 200 目燃煤炉渣 33g 若干份放入不同的 500mL 的三口烧瓶，分别量取质量分数为 36.5% 的盐酸 15mL、30mL、45mL，稀释至 250mL，倒入不同的三口瓶中与炉渣进行反应；将酸活化反应温度设定为 97.5℃，反应时间为 60min。反应完毕后用蒸馏水将燃煤炉渣洗涤近中性，抽滤得到酸活化燃煤炉渣滤饼，在真空干燥箱中 150℃ 真空干燥 6h，使水分蒸干、备用。

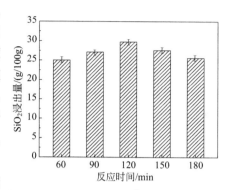

图 6-57　反应时间对 SiO_3^{2-} 浸出量的影响

分别称取 200 目的酸活化燃煤炉渣 15g 和氢氧化钠固体颗粒 30g，将氢氧化钠颗粒配制成质量分数为 30% 的溶液，转移到 250mL 三口烧瓶中，反应温度为 100℃，碱浸反应时间为 120min，在此条件下考察酸活化盐酸体积用量对燃煤炉渣提硅率的影响。如图 6-58 所示，随着盐酸用量体积的增加，SiO_2 的浸出量从 29.75g/100g 燃煤炉渣增加到 39.42g/100g 燃煤炉渣。当增加至 30mL 后，SiO_2 的浸出量不再增加。说明在酸活化过程中，30mL 的盐酸用量可以将燃煤炉渣中莫来石相（主要成分为 $3Al_2O_3 \cdot 2SiO_2$）中的 SiO_2 完全释放出来，因此随着盐酸用量的增加，燃煤炉渣中 SiO_2 的浸出量基本保持不变。在 30mL 的盐酸用量时达到最大值，SiO_2 的浸出量为 39.42g/100g 燃煤炉渣，此时提硅率为 80.79%。为了既节约实验药品又可以达到较好的提硅效果，所以选择的酸活化盐酸体积用量是 30mL。

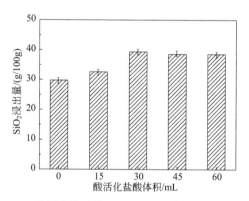

图 6-58　酸活化盐酸体积用量对 SiO_3^{2-} 浸出量的影响

综上所述，在碱浸法提取燃煤炉渣中 SiO_2 制备提硅液的过程中，根据单因素实验结果所确定的提硅条件为：最适炉渣粒度为 200 目；最佳燃煤炉渣的炉渣-氢氧化钠质量比为 1∶2；最佳氢氧化钠溶液质量浓度为 30%；最佳碱浸反应

温度为 100℃，最佳碱浸反应时间为 120min；酸活化最佳盐酸体积用量为
30mL。在最佳条件下得到的燃煤炉渣中 SiO_2 的浸出量为 39.42g/100g 燃煤炉
渣，提硅率为 80.79%。

（7）燃煤炉渣 SiO_3^{2-} 浸出量的正交试验

为了验证所获得的最佳提硅条件为最优，研究设定不同条件下燃煤炉渣提取
SiO_2 的正试验。

在正交试验中参数被称为因素，参数设置被称为水平。实验在燃煤炉渣的粒
度 200 目和反应温度 100℃的条件下设定了 4 因素 3 水平的正交试验。四个因素
为：盐酸体积 A(V_{HCl})、燃煤炉渣与氢氧化钠质量比 B($m_{slag}：m_{NaOH}$)、反应时
间 C、氢氧化钠浓度 D[C_{NaOH}（质量分数）]，系统地设定了 $L_9(3^4)$ 的矩阵表，
如表 6-17 所示。

表 6-17　正交试验的因素和水平

水平	因素 A(V_{HCl})	因素 B($m_{slag}：m_{NaOH}$)	因素 C（反应时间）	因素 D[C_{NaOH}（质量分数）]
1	15mL	1：1	60min	20%
2	30mL	2：1	120min	30%
3	45mL	3：1	180min	40%

正交试验结果如表所示 6-18 所示，K_i 表示同一水平的总和，k_i 表示各种
因素的平均值的水平，R 表示各种因素平均值的极差。如果 R 值越大，表明这
个因素对提硅率影响越大。从试验结果[38] 可以看出，4 个因素对提硅率的影响
次序大小为：B($m_{slag}：m_{NaOH}$)＞D(C_{NaOH})＞A(V_{HCl})＞C（反应时间），最优的
水平组合为 $A_2B_2C_2D_2$，即盐酸体积用量为 30mL，燃煤炉渣与氢氧化钠质量比
2：1，反应时间为 2h，氢氧化钠的质量浓度为 30%，这与之前的单因素实验结
果恰好吻合。

表 6-18　正交试验结果

试验编号	因素				SiO_3^{2-} 浸出量（质量分数）/%
	A	B	C	D	
1	1	1	1	1	33.45
2	1	2	2	2	39.63
3	1	3	3	3	30.13
4	2	1	2	3	34.89
5	2	2	3	1	36.42
6	2	3	1	2	37.44
7	3	1	3	2	35.79
8	3	2	1	3	36.31

试验编号	因素				SiO_3^{2-} 浸出量
	A	B	C	D	(质量分数)/%
9	3	3	2	1	31.44
K_1	103.20	104.13	102.33	101.31	
K_2	109.23	112.35	105.96	112.86	
K_3	103.53	99.00	102.33	101.34	
k_1	34.40	34.71	34.11	33.77	
k_2	36.41	37.45	35.32	37.62	
k_3	34.51	33.00	34.11	33.78	
R	2.41	4.45	1.11	3.85	
序列	B>D>A>C				
最优水平	A_2	B_2	C_2	D_2	
最优组合	$A_2B_2C_2D_2$				

6.2.3 燃煤炉渣源 PSM 的制备及吸附性能

本节利用提硅液制备 PSM，研究考察初始 pH 值、CTAB 浓度、水热反应时间及水热反应温度、CO_2SM 投加量对炉渣基 PSM 吸附苯酚的影响，确定 PSM 的最佳制备条件，并优化炉渣基 PSM 吸附苯酚的条件[39,40]。

6.2.3.1 炉渣基 PSM 制备条件优化

为使提硅液与 CTAB 混合完全，研究将 CTAB 在 40℃ 水浴条件下进行溶解。在此，苯酚溶液的初始浓度为 1000mg/L，0.2g PSM 作为吸附剂，吸附温度为 25℃，吸附时间为 24h。取平行实验的均值作为最终研究结果，且同时设定空白对照组。

（1）初始 pH 对 PSM 吸附苯酚性能的影响

碱浸法制备的提硅液，由于剩余的 NaOH 的存在具有较强的碱性，研究将提硅液的初始 pH 分别调节至 13.47（初始值）、13.00、12.50 和 12.00，移取 25mL 浓度为 0.15mol/L 的提硅液和 5mL 浓度为 120g/L CTAB 溶液到西林瓶中，加入 6g CO_2SM 到西林瓶的外侧，水热温度 120℃、水热时间 12h 下反应，考察提硅液初始 pH 对于 PSM 吸附苯酚性能的影响，结果如图 6-59 所示。

由图 6-59 可以看出，提硅液的初始 pH 值对于制备炉渣基 PSM 的吸附性能具有关键性的影响。使用电位滴定仪滴加 HCl 调节提硅液的初始 pH 分别至 13.00、

12.50 和 12.00，在调节阶段部分盐酸与提硅液发生反应，生成了 H_2SiO_3。未进行初始 pH 调节的提硅液，在水热条件下与 CO_2SM 释放的 CO_2 反应，得到粉末吸附剂，未进行调节的提硅液所制备的 PSM 吸附性能明显优于调节初始 pH 值制备的炉渣基 PSM。因此，在后续的研究中实验未对提硅液 pH 调节。

（2）水热温度对 PSM 吸附苯酚性能的影响

移取 25mL 浓度为 0.15mol/L 的提硅液和 5mL 浓度为 40g/L CTAB 溶液到西林瓶中，6g CO_2SM 加入到西林瓶的外侧，水热时间为 12h，反应温度分别为 100℃、120℃、140℃ 和 160℃，考察水热反应温度对制备 PSM 吸附苯酚性能的影响，见图 6-60。

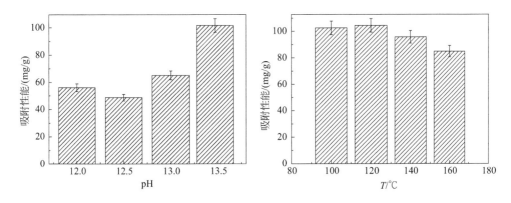

图 6-59　pH 对 PSM 吸附苯酚性能的影响　　图 6-60　水热温度对 PSM 吸附苯酚性能的影响

水热温度明显影响吸附苯酚性能，当温度为 80℃ 时，由于温度较低，CO_2SM 分解释放的 CO_2 量较少，没有产物生成；当温度为 120℃ 时，提硅液与由 CO_2SM 缓慢释放的 CO_2 充分反应；当温度高于 120℃ 时，迅速释放的 CO_2 与提硅液快速反应，速率加快，颗粒粒径变大。因此，研究确定了最佳制备温度为 120℃。

（3）水热时间对 PSM 吸附苯酚性能的影响

移取 25mL 浓度为 0.15mol/L 的提硅液和 5mL 浓度为 40g/L CTAB 溶液到西林瓶中，水热温度为 120℃，水热时间分别为 8h、12h、20h、28h 和 36h，考察水热时间对制备 PSM 吸附苯酚性能的影响，见图 6-61。

当反应时间为 8h，提硅液与由 CO_2SM 缓慢释放的 CO_2 发生反应。随着水热时间增加，生成的 PSM 小颗粒堆叠，部分孔径堵塞导致材料的比表面积和吸附位点减少，制备的炉渣基 PSM 吸附苯酚性能降低。当时间达到 36h 时，PSM 通过自我修复作用，及 CTAB 的导向作用，PSM 呈现光滑的球状结构，不利于苯酚的吸附。因此，研究确定了最佳水热时间为 8h。

（4）CTAB 浓度对 PSM 吸附苯酚性能的影响

移取 5mL 浓度分别为 10g/L、20g/L、40g/L、80g/L、120g/L 和 160g/L 的 CTAB 溶液及 25mL 浓度为 0.15mol/L 的提硅液到西林瓶中，6g CO_2SM 加入到西林瓶的外侧，水热温度为 120℃，水热时间为 8h，考察 CTAB 浓度（C）对制备 PSM 吸附苯酚性能的影响，见图 6-62。

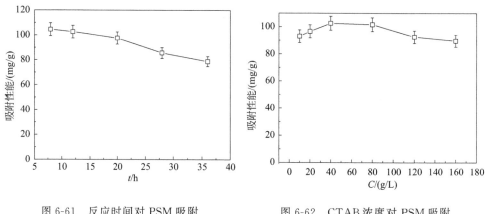

图 6-61 反应时间对 PSM 吸附
苯酚性能的影响

图 6-62 CTAB 浓度对 PSM 吸附
苯酚性能的影响

当 CTAB 溶液的浓度从 10g/L 逐渐增加到 40g/L，制备的炉渣基 PSM 对于苯酚的吸附量也从 92.99mg/g 增加至 102.61mg/g；当 CTAB 的浓度从 40g/L 增加到 160g/L，吸附性能出现了轻微的降低，由于 SiO_2 在成核过程中带负电，CTAB 作为阳离子表面活性剂，在水溶液中形成胶束，控制晶核生长和粒径大小，CTAB 浓度增加，二氧化硅颗粒生成速率增加，可能是由于颗粒粒径增加或表面活性剂残存在材料表面堵塞了部分孔道，使得对于苯酚的吸附量降低。因此，为了避免原料的浪费，研究确定了最佳 CTAB 浓度为 40g/L。

（5）CO_2SM 投加量对于 PSM 吸附苯酚性能的影响

移取 25mL 浓度为 0.15mol/L 的提硅液和 5mL 浓度 40g/L CTAB 溶液到西林瓶中，分别称取不同质量的 CO_2SM 4g、6g、8g 和 10g，加入到西林瓶的外侧，水热温度 120℃、水热时间 8h 下反应，考察 CO_2SM 投加量对于吸附剂 PSM 吸附苯酚性能的影响，见图 6-63。

由图 6-63 可知，当 CO_2SM 的投加量从 4g 增加到 6g，PSM 对于苯酚的吸附量随之增加；当 CO_2SM 投加量继续增加到 8g，PSM 对于苯酚的吸附量平稳；当 CO_2SM 的投加量增加到 10g，其对于苯酚的吸附量略有降低，即当 CO_2SM 的投加量为 6~8g，加热条件下所释放的 CO_2 与提硅液反应完全。研究确定了最佳 CO_2SM 投加量为 6g。最佳制备条件：提硅液的初始 pH 值 13.47，5mL

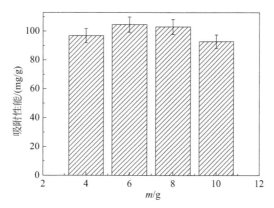

图 6-63 CO₂SM 投加量对 PSM 吸附苯酚性能的影响

CTAB 溶液浓度 40g/L，水热温度 120℃，水热时间 8h，CO₂SM 投加量 6g，此时 PSM 的吸附能力达 104.53mg/g。

6.2.3.2 炉渣基 PSM 的表征

（1）红外光谱的分析

CTAB、未加入 CTAB 的炉渣基 PSM 及加入 CTAB 的炉渣基 PSM 的 FTIR 谱图如图 6-64 所示。

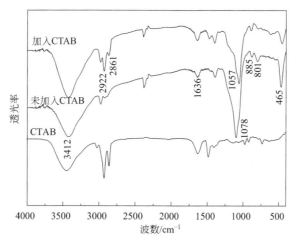

图 6-64 炉渣基 PSM 的红外光谱分析

由图 6-64 可知，$3500 \sim 3400 cm^{-1}$ 为高波数区 Si—OH 中—OH 伸缩振动峰。$1300 cm^{-1}$ 以下的特征峰是由于硅氧官能团振动引起的，$802 cm^{-1}$ 和 $1078/$

1057cm^{-1} 为 Si—O—Si 非对称、对称伸缩振动峰。885cm^{-1} 处吸收峰可归属为 Si—OH 弯曲振动。456cm^{-1} 是 Si—O 的弯曲振动峰，表明样品为二氧化硅。在 2917cm^{-1} 和 2849cm^{-1} 处吸收峰可以归属为甲基和亚甲基 C—H 伸缩振动，表明样品中含有有机碳。1636cm^{-1}、3412cm^{-1} 处为吸附水和/或结晶水中—OH 对称伸缩振动峰和 H—O—H 弯曲振动峰，由于羟基极性强、极易形成氢键，此处的峰非常宽，这表明样品中含有吸附水和/或结晶水。

（2）X 射线衍射光谱分析

图 6-65 为炉渣基 PSM 的 XRD 谱图。

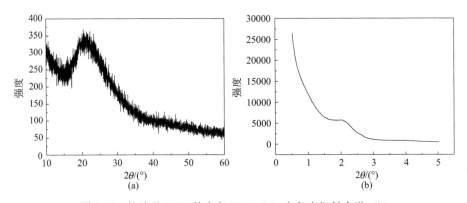

图 6-65　炉渣基 PSM 的广角 XRD（a）小角度衍射光谱（b）

如图 6-65(a) 呈现的漫射的衍射峰，只在 $2\theta=15°\sim30°$ 衍射角区内有一个宽而平缓的"馒头状"衍射峰。然后衍射强度逐渐衰减平滑，表明样品主要是非晶结构。如图 6-65(b) PSM 在 $2\theta=2.2°$ 附近出现一个对应于（100）晶面的特征衍射峰，表明样品具有有序度不是非常高的介孔结构。

（3）热失重分析

图 6-66(a) 是 Na$_2$SiO$_3$ 基 PSM 和炉渣基 PSM 的 TGA 对比图，很明显 Na$_2$SiO$_3$ 基 PSM 和炉渣基 PSM 的热失重曲线基本一致，表明炉渣基 PSM 与 Na$_2$SiO$_3$ 基 PSM 组成及稳定性相同。图 6-66(b) 是炉渣基 PSM 的 TGA 图。由图 6-66(b) 可知，在 30~1000℃范围内，PSM 总失重 51.04%（质量分数）。质量损失主要分三个阶段，从 50~171℃，是由于材料存在吸附水和层间水；从 171~348℃，质量损失 36.30%，由于材料表面有机基团的存在及材料所含结晶水。348~614℃，质量损失 7.93%，Si—OH 脱水缩合成 Si—O—Si，温度继续升高，热失重曲线大致保持恒定，表明炉渣基 PSM 具有良好的热稳定性。

（4）比表面积和孔结构测试

图 6-67 是炉渣基 PSM N$_2$ 吸附-脱附曲线和孔径分布图。

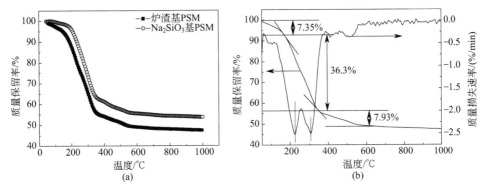

图 6-66　Na₂SiO₃ 基 PSM 和炉渣基 PSM 的 TGA 对比图(a) 和炉渣基 PSM 的 TGA-DTG 图(b)

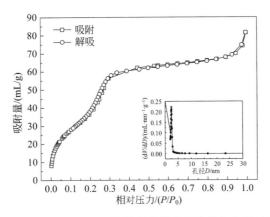

图 6-67　炉渣基 PSM N₂ 吸附-脱附等温线和孔径分布图 (嵌入图)

　　由图 6-67 可知，炉渣基 PSM 对 N₂ 的吸附等温线由 IUPAC 等温线分类可知属于第Ⅰ类和第Ⅱ类等温线的结合体，表明炉渣基 PSM 是典型的介孔材料。由炉渣基 PSM 对 N₂ 吸附脱附曲线中的吸附分支计算的孔径分布曲线可以看出，炉渣基 PSM 具有非常窄的孔径分布，主要集中在 0.6~1.5nm，表明炉渣基 PSM 为介孔结构、孔径均匀。根据 BJH 法计算得到的 PSM 平均孔径为 2.94nm，由 BET 法算出 PSM 比表面积达 176.10m²/g。

　　（5）扫描电镜结果分析

　　图 6-68 为炉渣基 PSM 的扫描电镜图。

　　由图 6-68 可知，炉渣基 PSM 粒径为 400~600nm，呈球形，有部分团聚物，材料表面的孔道和疏松堆积形成的孔隙能够为吸附苯酚提供较多的吸附位点。

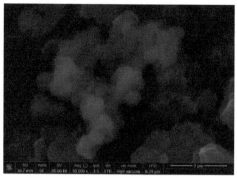

图 6-68　炉渣基 PSM 在 10000 倍数(a) 和 50000 倍数下的 SEM 图(b)

6.2.4　炉渣基 PSM 吸附苯酚的研究

本节主要对炉渣基 PSM 吸附处理含苯酚污水进行优化，并对苯酚在炉渣基 PSM 上的吸附热力学和动力学进行研究，为实践作为参考或提供理论基础数据。

（1）吸附时间的影响

在考察炉渣基 PSM 对苯酚的吸附在不同温度下随时间的动力学过程中，研究设定初始实验条件为：苯酚溶液的初始浓度为 1000mg/L，吸附剂 PSM 的投加量为 4g/L，振动培养箱转速设定为 170r/min。设定吸附温度 298.15K、308.15K 和 318.15K，测定吸附剂 PSM 对溶液中苯酚的吸附动力学随时间的变化，结果如图 6-69 所示。

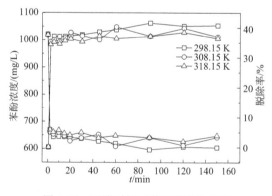

图 6-69　吸附时间对苯酚吸附的影响

在苯酚吸附的前期阶段，溶液中的吸附质苯酚吸附于 PSM 表面，PSM 存在大量的吸附位点，溶液中苯酚的含量迅速降低，即苯酚的脱除率迅速增加。由图

6-69 可见：在 10min 内，水溶液中苯酚的脱除率呈线性，这段时间炉渣基 PSM 表面具有大量未被占据的吸附位点，对水溶液中苯酚分子表现出较强的吸附能力；在 10～120min 内，水溶液中苯酚的脱除率缓慢增加，逐渐达到吸附-脱附动态平衡。这是由于在吸附初期，炉渣基 PSM 有很多吸附位点可以吸附苯酚，经过一段时间后，由于 PSM 表面苯酚和溶液中苯酚斥力作用，剩余的吸附位点很难进一步吸附苯酚，溶液中苯酚的浓度几乎不发生变化，到达平衡状态。因此，确定了吸附时间为 120min 达到平衡吸附。

（2）吸附温度的影响

温度影响着炉渣基 PSM 对苯酚吸附，实验取 0.2g PSM 吸附剂和 50mL 苯酚溶液置于锥形瓶中进行吸附研究，吸附温度分别设定为 298.15K、303.15K、308.15K、313.15K、318.15K，摇床转速为 170r/min，吸附时间为 120min，在此条件下考查不同温度对苯酚吸附量的影响，结果如图 6-70 所示。

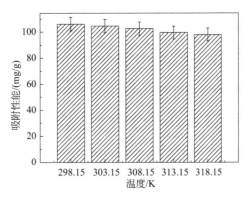

图 6-70　温度对苯酚吸附的影响

如图 6-70 所示，温度为 298.15K、303.15K、308.15K、313.15K 和 318.15K 时，炉渣基 PSM 对苯酚的吸附量分别为 106.17mg/g、104.63mg/g、102.59mg/g、99.6mg/g、98mg/g。随着温度从 25℃增加至 45℃，PSM 对于苯酚的吸附量下降的，降低温度有利于炉渣基 PSM 吸附苯酚，这是由于炉渣基 PSM 对苯酚的吸附过程为放热过程。因此，研究采用吸附温度 25℃用于后续实验。

（3）吸附剂投加量的影响

考察吸附剂 PSM 投加量对苯酚脱除的影响，分别称取 0.2g、0.4g、0.6g、0.8g、1g 和 1.4g 吸附剂放入体积为 150mL 的锥形瓶中，移取 50mL 浓度为 1000mg/L 的苯酚溶液置于其中，放在恒温培养箱中进行吸附研究，振荡时间选为 120min，吸附温度选为 25℃，转速设定为 170r/min，结果如图 6-71 所示。

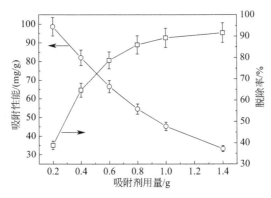

图 6-71　吸附剂投加量对苯酚吸附量和脱除率的影响

如图 6-71 所示，随着吸附剂 PSM 投加量的增加，苯酚的脱除率也升高，对初始浓度为 1000mg/L 苯酚的脱除率随 PSM 投加量对应分别为 38.86%、64.67%、78.67%、85.92%、89.22%、91.60%。当 PSM 的投加量小于 0.6g 时，随着 PSM 投加量的增加，其对苯酚的脱除率明显呈现上升趋势；当 PSM 的投加量增加到 0.6g 后，苯酚的脱除率增加缓慢。随着 PSM 投加量的逐渐增加，PSM 表面的吸附位点大幅度增加，吸附达到平衡时，溶液中苯酚的含量逐渐降低。因此，为了避免资源的浪费降低成本且取得较好的苯酚去除效果，研究选择了 0.6g 吸附剂的投加量进行后续实验。

（4）对不同浓度苯酚脱除率的影响

分别取浓度为 400mg/L、600mg/L、1000mg/L、1200mg/L 和 1400mg/L 的苯酚溶液 50mL 置于 150mL 锥形瓶中，并向其中加入 0.6g 炉渣基 PSM，在吸附温度为 25℃，恒温培养箱转速为 170r/min，考查吸附剂 PSM 加入量对不同初始浓度苯酚去除率的影响。吸附剂 PSM 加入量对不同初始浓度苯酚溶液去除率的影响，结果如图 6-72 所示。

如图 6-72 所示，当初始浓度分别为 400mg/L、600mg/L、800mg/L、1000mg/L、1200mg/L 和 1400mg/L，对应的苯酚去除率分别为 91.53%、86.64%、80.50%、78.36%、73.05%、69.40% 和 66.11%。随着苯酚溶液浓度逐渐增加，炉渣基 PSM 对苯酚的去除率逐渐减小。当苯酚溶液的浓度较低时，由于 PSM 存在大量的吸附位点，吸附很快达到动态平衡，PSM 还没有达到饱和吸附就已经达到平衡，因此，苯酚溶液的去除率随溶液初始的增加而下降。

（5）吸附动力学的研究

为了能够更好地进一步研究炉渣基 PSM 对苯酚吸附情况，将不同温度 298.15K 和 308.15K 下，不同时间间隔下所测得的吸附量随时间的变化关系做

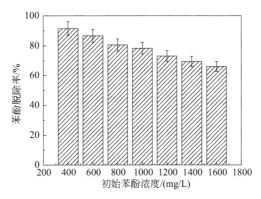

图 6-72　初始浓度对苯酚的脱除率的影响

静态动力学曲线，利用准一级和准二级反应动力学模型来进行拟合，二者的拟合结果见图 6-73，拟合关系常数 R^2 见表 6-19。

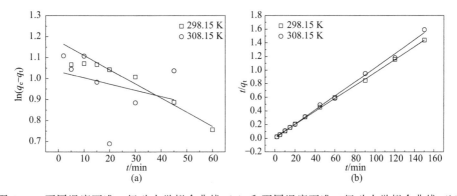

图 6-73　不同温度下准一级动力学拟合曲线（a）和不同温度下准二级动力学拟合曲线（b）

表 6-19　准一级和准二级吸附动力学参数

T/K	$Q_e(exp)$ /(mg/g)	准一级吸附		准二级吸附	
		k_1/min^{-1}	R^2	$k_2/g/(mg \cdot min)$	R^2
298.15	105.26	0.0156	0.8661	0.0060	0.9994
308.15	96.90	0.0069	-0.0902	0.0471	0.9968

　　分别用准一级、准二级模型，对数据进行拟合，得出动力学参数如表 6-19 所示，准二级模型拟合理论数据更符合数据结果，相关性更好（$R^2 > 0.99$），Q_e（exp）（平衡吸附量的计算值）与实验值吻合。虽然准一级动力学模型已经广泛地用于各种吸附过程，但它存在一定的局限性，不能真实全面地反映苯酚在炉渣基 PSM 上吸附的全过程。准二级模型包含外部液膜扩散、表面吸附和颗粒内扩

散等过程，能够准确描述苯酚在炉渣基 PSM 上的吸附过程。

（6）吸附热力学的研究

研究对吸附数据进行了热力学分析，在不同温度（298.15K、303.15K、308.15K、313.15K）下，PSM 吸附苯酚的热力学数据见图 6-74。

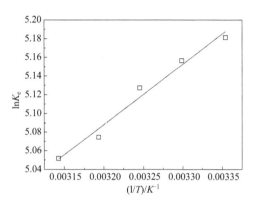

图 6-74　苯酚在炉渣基 PSM 吸附热力学图

由图 6-74 热力学所拟合直线的斜率和截距可分别求得炉渣基 PSM 对苯酚的吸附焓变 ΔH^0 和吸附熵变 ΔS^0，求得吉布斯自由能变 ΔG^0，不同温度（298.15K、303.15K、308.15K、313.15K）下的热力学参数值见表 6-20。

表 6-20　不同温度下吸附苯酚热力学数据($p=100\text{kPa}$)

T/K	$\Delta G^0/(\text{kJ/mol})$	$\Delta H^0/(\text{kJ/mol})$	$\Delta S^0/\text{J/(mol}\cdot\text{K)}$
298.15	−12.84		
303.15	−12.99		
308.15	−13.14	−5.38	32.35
313.15	−13.21		
318.15	−13.36		

在吸附过程中，ΔG^0 始终是负值，说明吸附质苯酚倾向于从水溶液到吸附剂 PSM 表面，表明炉渣基 PSM 吸附苯酚的过程是自发进行的过程。在研究范围内，焓变 ΔH^0 值是负值，表明 PSM 吸附苯酚的过程是放热过程。当温度升高时，炉渣基 PSM 对苯酚的吸附量却呈现下降的趋势，同样佐证了这一点。由于 ΔH 的绝对值小于 $T\Delta S$ 的绝对值，表明炉渣基 PSM 吸附苯酚的过程是为熵驱动过程。

将制备得到的 Na_2SiO_3 基 PSM 和炉渣基 PSM 对苯酚的吸附性能与其他的吸附剂比对结果见表 6-21。

表 6-21　PSM 与其他吸附剂吸附苯酚性能比对结果

吸附剂	吸附性能/(mg/g)	参考值
活性炭纳米纤维	251.6	41
稻壳	22	42
石墨烯	53.19	43
商用活性炭	49.72	44
化学改性的绿色宏观藻类	20	45
杏壳	120	46
改性硅藻土	92	47
RCP	142.5	48
S800/A800	87/89	49
MCM-41	23	50
DTAB 改性二氧化硅	30	51
SBA	15	52
PAM	63.78	53
PSM	91.29	38
炉渣基 PSM	106.17	38

由表 6-21 可知，合成的 Na_2SiO_3 基 PSM 和炉渣基 PSM 相对于其他材料，对于苯酚具有较好的吸附性能，且炉渣基 PSM 吸附性能较优。表明利用炉渣制备吸附剂用于处理含酚废水，具有潜在的应用潜力和实际意义。

参考文献

[1] Cong X Y，Lu S，Yao Y，et al. Fabrication and characterization of self-ignition coal gangue autoclaved aerated concrete [J]. Materials & Design，2016，97：155-162.

[2] Chao L，Wan J，Sun H，et al. Investigation on the activation of coal gangue by a new compound method [J]. Journal of Hazardous Materials，2010，179 (1-3)：515-520.

[3] 张满满，杨先伟，陈龙雨，等. 煤矸石现状及其资源化前景 [J]. 科技信息，2010 (21)：216.

[4] Zhang L，Chen A，Qu H，et al. Fe and Mn removal from mining drainage using goaf filling materials obtained from coal mining process [J]. Water Science and Technology，2015，72 (11)：1940-1947.

[5] 王锐刚，王亮梅. 煤矸石制备聚合氯化铝及其废水处理研究 [J]. 水处理技术，2013，39 (3)：48-50.

[6] Qian T，Li J. Synthesis of Na-A zeolite from coal gangue with the in-situ crystallization technique [J]. Advanced powder technology，2015，26 (1)：98-104.

[7] Ma J, Sun H, Su S, et al. A novel double-function porous material: zeolite-activated carbon extrudates from elutrilithe [J]. Journal of Porous Materials, 2008, 15 (3): 289-294.

[8] Ren J, Xie C, Lin J Y, et al. Co-utilization of two coal mine residues: non-catalytic deoxygenation of coal mine methane over coal gangue [J]. Process Safety and Environmental Protection, 2014, 92 (6): 896-902.

[9] Gao Y, Huang H, Tang W, et al. Preparation and characterization of a novel porous silicate material from coal gangue [J]. Microporous and Mesoporous Materials, 2015, 217: 210-218.

[10] Palomo A, Blanco-Varela M T, Granizo M L, et al. Chemical stability of cementitious materials based on metakaolin [J]. Cement & Concrete Research, 1999, 29 (7): 997-1004.

[11] Maximo G J, Meirelles A, Batista E. Boiling point of aqueous D-glucose and D-fructose solutions: experimental determination and modeling with group-contribution method [J]. Fluid Phase Equilibria, 2010, 299 (1): 32-41.

[12] Wu Y, Du H, Gao Y, et al. Syntheses of four novel silicate-based nanomaterials from coal gangue for the capture of CO_2 [J]. Fuel, 2019, 258: 116192.

[13] Dibenedetto A, Aresta M, Fragale C, et al. Reaction of silylalkylmono-and silylalkyldi-amines with carbon dioxide: evidence of formation of inter-and intra-molecular ammonium carbamates and their conversion into organic carbamates of industrial interest under carbon dioxide catalysis [J]. Green Chemistry, 2002, 4 (5): 439-443.

[14] Barzagli F, Mani F, Peruzzini M. A ^{13}C NMR study of the carbon dioxide absorption and desorption equilibria by aqueous 2-aminoethanol and N-methyl-substituted 2-aminoethanol [J]. Energy & Environmental Science, 2009, 2 (3): 322-330.

[15] Mani F, Peruzzini M, Stoppioni P. CO_2 absorption by aqueous NH_3 solutions: speciation of ammonium carbamate, bicarbonate and carbonate by a ^{13}C NMR study [J]. Green Chemistry, 2006, 8 (11): 995-1000.

[16] Zhao Y, An C B, Mao L, et al. Vegetation and climate history in arid western China during MIS2: New insights from pollen and grain-size data of the Balikun Lake, eastern Tien Shan [J]. Quaternary Science Reviews, 2015, 126: 112-125.

[17] Chatti R, Bansiwal A K, Thote J A, et al. Amine loaded zeolites for carbon dioxide capture: Amine loading and adsorption studies [J]. Microporous and Mesoporous Materials, 2009, 121 (1-3): 84-89.

[18] You H S, Jin H, Mo Y H, et al. CO_2 adsorption behavior of microwave synthesized zeolite beta [J]. Materials Letters, 2013, 108: 106-109.

[19] Minju N, Abhilash P, Nair B N, et al. Amine impregnated porous silica gel sorbents synthesized from water-glass precursors for CO_2 capturing [J]. Chemical Engineering Journal, 2015, 269: 335-342.

[20] Zheng F, Tran D N, Busche B J, et al. Ethylenediamine-modified SBA-15 as regenerable CO_2 sorbent [J]. Industrial & Engineering Chemistry Research, 2005, 44 (9): 3099-3105.

[21] Mason J A, Sumida K, Herm Z R, et al. Evaluating metal – organic frameworks for post-combustion carbon dioxide capture via temperature swing adsorption [J]. Energy & Environmental Science, 2011, 4 (8): 3030-3040.

[22] Wang K，Huang H，Liu D，et al. Covalent triazine-based frameworks with ultramicropores and high nitrogen contents for highly selective CO_2 capture [J] . Environmental Science &. Technology，2016，50（9）：4869-4876.

[23] Parvazinia M，Garcia S，Maroto-Valer M. CO_2 capture by ion exchange resins as amine functionalised adsorbents [J] . Chemical Engineering Journal，2018，331：335-342.

[24] Acar B，Başar M S，Eropak B M，et al. CO_2 adsorption over modified AC samples：a new methodology for determining selectivity [J] . Catalysis Today，2018，301：112-124.

[25] Du H，Ma L，Liu X，et al. A novel mesoporous SiO_2 material with MCM-41 structure from coal gangue：preparation，ethylenediamine modification，and adsorption properties for CO_2 capture [J]. Energy &. Fuels，2018，32（4）：5374-5385.

[26] Gao Y，Huang H，Tang W，et al. Preparation and characterization of a novel porous silicate material from coal gangue [J] . Microporous and Mesoporous Materials，2015，217：210-218.

[27] Gao Y，Du H，Wu Y，et al. CO_2 capture on a novel porous silicate material from coal gangue：equilibrium，kinetic，and thermodynamic studies [J] . Bulletin of the Korean Chemical Society，2018，39（2）：184-189.

[28] Liu X，Yang X，Du H，et al. Preparation and characterization of a porous silicate material using a CO_2-storage material for CO_2 adsorption [J] . Powder Technology，2018，333：138-152.

[29] Du H，Ma L，Liu X，et al. A novel mesoporous SiO_2 material with MCM-41 structure from coal gangue：preparation，ethylenediamine modification，and adsorption properties for CO_2 capture [J] . Energy &. Fuels，2018，32（4）：5374-5385.

[30] Zhu W，Deng Y，Wang Y，et al. High-performance photovoltaic-thermoelectric hybrid power generation system with optimized thermal management [J] . Energy，2016，100：91-101.

[31] Li M J，Song C X，Tao W Q. A hybrid model for explaining the short-term dynamics of energy efficiency of China's thermal power plants [J] . Applied Energy，2016，169：738-747.

[32] Duan W，Yu Q，Xie H，et al. Thermodynamic analysis of synergistic coal gasification using blast furnace slag as heat carrier [J] . International Journal of Hydrogen Energy，2016，41（3）：1502-1512.

[33] Ahmed M J K，Ahmaruzzaman M. A review on potential usage of industrial waste materials for binding heavy metal ions from aqueous solutions [J] . Journal of Water Process Engineering，2016，10：39-47.

[34] Wang N，Wen Z，Liu M，et al. Constructing an energy efficiency benchmarking system for coal production [J] . Applied Energy，2016，169：301-308.

[35] Kurowski M P，Spliethoff H. Deposition and slag flow modeling with SPH for a generic gasifier with different coal ashes using fusibility data [J] . Fuel，2016，172：218-227.

[36] Priyanto D E，Ueno S，Sato N，et al. Ash transformation by co-firing of coal with high ratios of woody biomass and effect on slagging propensity [J] . Fuel，2016，174：172-179.

[37] Tang W，Huang H，Gao Y，et al. Preparation of a novel porous adsorption material from coal slag and its adsorption properties of phenol from aqueous solution [J] . Materials &. Design，2015，88：1191-1200.

[38] Tang W，Huang H，Gao Y，et al. Preparation of a novel porous adsorption material from coal slag

and its adsorption properties of phenol from aqueous solution [J] . Materials & Design, 2015, 88: 1191-1200.

[39] Yang X, Tang W, Liu X, et al. Synthesis of mesoporous silica from coal slag and CO_2 for phenol removal [J] . Journal of Cleaner Production, 2019, 208: 1255-1264.

[40] Yang X, Liu X, Tang W, et al. A novel hydrothermal releasing synthesis of modified SiO_2 material and its application in phenol removal process [J] . Korean Journal of Chemical Engineering, 2017, 34 (3): 723-733.

第 7 章

二氧化碳储集材料基聚氨酯的制备

由第 3 章的结果可知，在常温下，摩尔比为 1∶1 醇-胺溶液捕集 CO_2，可获得白色—NH_3^+·^-O—$C(=O)O$—结构的烷基碳酸铵盐。由分子结构分析可知，如能实现分子内脱水，即可制得具备—$N(H)$—$C(=O)O$—特征结构的聚氨酯（PU），为下游制备高附加值的化学品提供了潜在发展前景。

7.1 聚氨酯市场价值及制备意义

7.1.1 聚氨酯市场价值

随着不可再生碳资源的减少和地球大气中 CO_2 浓度的增加，全球气候环境正发生着变化，捕集固定 CO_2 后可直接利用，亦可转化为高附加值化学品，得到充分利用并产生经济效益，成为减少 CO_2 排放的重要举措和战略选择[1,2]。

聚氨酯（PU）是一类主链上含有氨基甲酸酯基团的高分子聚合物，又称聚氨基甲酸酯。PU 有"第五大塑料"的美誉，是应用最为广泛的合成材料之一。随着 PU 优越的特性不断拓展，已经逐步从轻工、电子、化工、建材、医疗、国防、航天等行业，应用于人们日常生活所必需的衣、食、住、行等各个领域。因此，我国市场对 PU 的需求量巨大，占全球需求量的五分之二左右[3]。

20 世纪 50 年代 PU 工业化生产中形成了三项技术的重大变革，获得突破性进展：首先是德国拜耳公司在 1952 年成功开发聚酯型 PU 软质泡沫塑料的技术路线，研制出相应的工业连续化生产装备，获得质量小、比强度大的新型 PU 材料，为 PU 广泛应用奠定了技术基础；其次是美国杜邦公司在 1954 年成功开发以多元醇为基础原料生产聚醚型 PU 泡沫塑料的技术路线，创造了由煤化工转向以石油化工为基础的聚酯多元醇原料体系，该技术具有工业化生产规模大、产量高、生产工艺简单、价格低廉等特点，使 PU 产品的价格大幅度下降，为 PU 材料的大规模推广应用奠定了基础；随后更多公司相继研制出各种 PU 专用的催化剂、泡沫稳定剂等特种化学品，对 PU 材料工业化飞速发展起到了"催化剂"作用[3]。

7.1.2　CO_2 基聚氨酯的研究现状

近年来，以 CO_2 和胺为原料直接合成脲衍生物后，制备氨基甲酸酯和异氰酸酯，进而制备 PU 的研究逐渐火热[4,5]，并且以单胺和乙二胺为原料合成 1,3-二取代脲和环脲获得了较好的产率，引起了更多科技工作者对化学固定 CO_2 直接合成 PU 的研究兴趣[6]。

目前，PU 合成在 150～200℃、2～5MPa 内，以异氰酸酯和多元醇为原料，以 Cs_2CO_3 或 MgO-ZnO 为催化剂，反应 8～24h 后获得预聚物，加入扩链剂与预聚物反应生成 PU[7-10]。其中，易挥发性的异氰酸酯会以游离的状态存在于预聚物中，危害人体健康；不易挥发的异氰酸酯成本较为昂贵，不利于规模化生产[9,10]。因此，在温和条件下，发展一种反应原料和反应过程低毒的聚氨酯合成方法成为研究者努力的方向，以 CO_2 为原料合成前驱体，进而合成 PU 的路线成为了最具潜力的路线之一。

长春应化所 Zhao 等[11] 报道了一种以 CO_2 为原料，双路线合成 PU 的途径，如图 7-1 所示。首先 CO_2 和环氧丙烯在 Zn-Co-DMCC 的催化作用下合成聚碳酸酯二醇，在丁酮溶剂中扩链剂的作用下合成 PU 的硬链部分；另一方面，以 CO_2 为原料在 180℃、7.5MPa 下，同 1,3-二(3-氨基丙基)-1,1,3,3-四甲基二硅氧烷反应 6h 后得到 PU 的软链部分；将软链和硬链部分混合，在 75℃的氮环境下搅拌 4h 后，冷却至室温得到 PU 产物。

Gnanou 等[12] 报道了以二胺、二卤化物和 CO_2 为原料合成 PU 的过程(如图 7-2)，以 Cs_2CO_3 为催化剂，在 10bar（1bar＝10^5Pa）、80℃条件下反应 24h 成功合成了 PU。二胺和二卤化物的用量比为 1:1，1,4-丁二胺、1,6-己二胺、1,8-辛二胺和 1,10-癸二胺等四种二胺均能适用该法，二卤化物选用了溴化物和氯化物两种，产率约为 90%。

Prakash 等[13] 报道了以 CO_2 合成二元醇制备 PU 的方法，途径如图 7-3。该法以 CO_2 为原料制备 CO_2 基二元醇，与 4,4-亚甲基双（环己基异氰酸酯）在二甲基甲酰胺溶剂中进行反应制得 PU，温度为 80℃，时间为 1h。

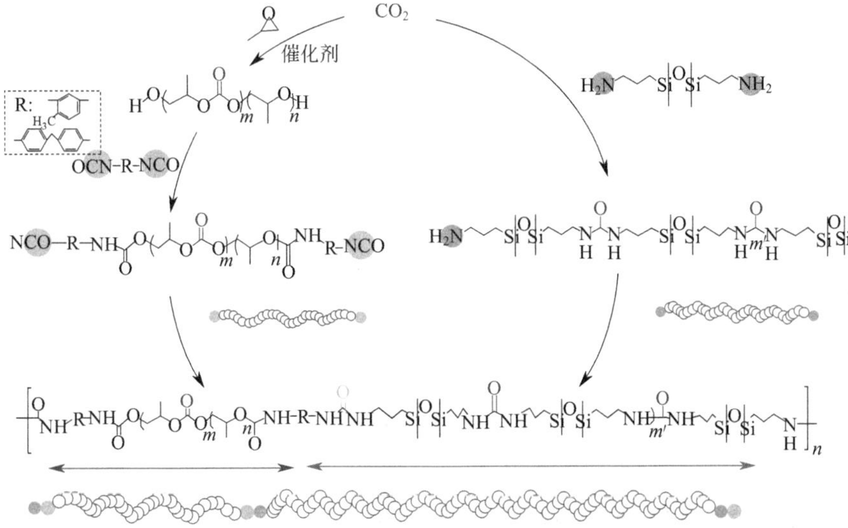

图 7-1　以 CO_2 为原料双路线合成聚氨酯

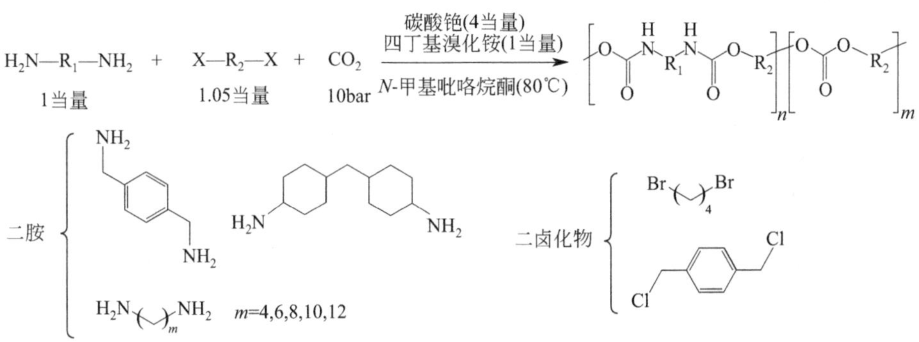

图 7-2　二胺、二卤化物和 CO_2 为原料合成聚氨酯

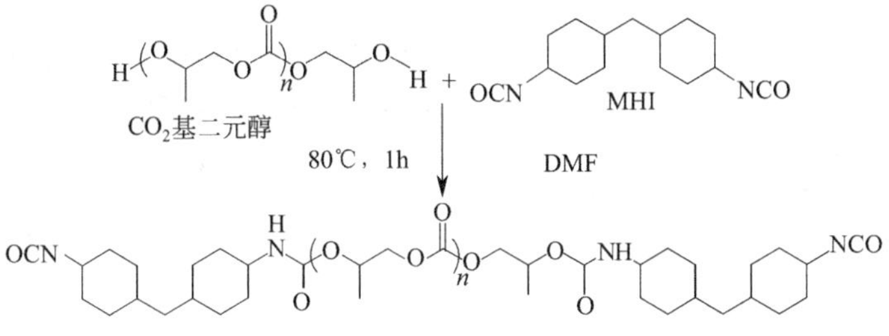

图 7-3　以 CO_2 基二元醇合成聚氨酯

以上通过以 CO_2 为原料合成 PU 的方法虽然有一定的可取之处，但也存在

着不可忽视的缺点，主要有以下几个方面：①反应压力较高，对设备的抗压要求较高；②需要较高的反应温度，成本增加；③多需要催化剂，过程复杂；④PU产量较小。

如何降低反应温度和压力是研究学者不断思考的问题。因此，发展一种以 CO_2 为直接或间接原料在较低压力甚至是常压、较低反应温度的条件下合成 PU 的技术路线对于 CO_2 资源化利用意义非同一般，是本章发展以 CO_2SM 为原料合成 PU 进而实现 CO_2 间接资源化利用的目标。

因此，发展系列醇-胺系统对工业烟气中 CO_2 进行快速高效捕集，获得 CO_2SM 进而实现 CO_2 间接资源化，对社会发展和环境治理都具有重要意义。

7.2 二氧化碳储集材料制备聚氨酯的研究

7.2.1 二氧化碳储集材料制备聚氨酯的方法

以 EDA＋EG-CO_2SM 脱水制备 PU 过程，如图 7-4 所示。将醇-胺溶液以摩尔比为 1∶1 的比例混合，通入 CO_2 气体制备 CO_2SM；称取 3g EDA＋EG-CO_2SM 和 10mL DIC 置于高压反应釜，混合均匀，150r/min 下搅拌加热 12h，自然冷却到室温；

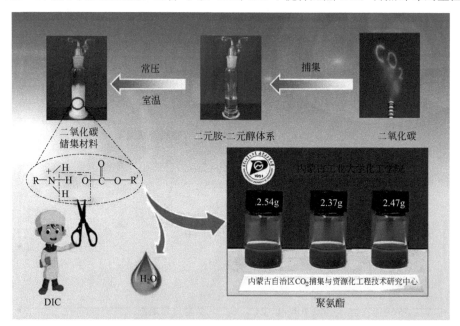

图 7-4 CO_2SM 和 DIC 经分子内脱水制备聚氨酯

NH_3^+ 基团上的两个 H 和 ^-O—(C$=$O)—O—基团上的一个 O，以 H_2O 的形式与 DIC 结合，—$NH_3^+ \cdot {}^-O$—C($=$O)—O—结构成功转化为—N(H)C($=$O)—O—结构，CO_2SM 的结构单元为 $[^+H_3N$—R—$NH_3^+ \cdot {}^-O$—C($=$O)O—R'—O—C($=$O)—O$^-]_n$，CO_2SM 分子内的—$NH_3^+ \cdot {}^-O$—C($=$O)—O—结构同时进行上述脱水过程，实现分子链的扩展。产物经分离、提纯处理，获得纯度较高的 PU 产物。

7.2.2　聚氨酯的分离与提纯

由于二异丙基碳二亚胺（DIC）与水反应生成对称二异丙基脲，不溶于乙醚，可取 15mL 乙醚加入冷却至室温的高压反应釜中，充分搅拌，过滤后取出不溶物。溶液在 30℃的条件下利用旋转蒸发仪将乙醚蒸出，获得黏稠状物质，再次加入 15mL 乙醚，充分搅拌旋蒸。该过程重复操作至少 5 次，以保证产物中对称二异丙基脲的全部分离。PU 单体具有—N(H)—C($=$O)O—特征结构，可以采取乙酸乙酯和石油醚作为薄层色谱分离法的展开剂。经过多次薄层色谱分离确定展开剂乙酸乙酯和石油醚混合，溶液体积配比为 5∶1，以其为流动相，利用柱色谱分离进一步提纯，获得不同层次的产物。通过旋转蒸发仪蒸出溶液后进行表征，确定产物为 PU。

7.2.3　各种因素对聚氨酯产量的影响

采用分子内脱水的方式制备 PU，主要考察脱水剂种类、温度、反应时间以及脱水剂用量对 PU 产量的影响，进而确定较适宜的反应条件。

（1）脱水剂的影响

P_2O_5 和 CaO 为常见的吸水剂和脱水剂，1-(3-二甲胺基丙基)-3-乙基碳二亚胺（EDC）、二环己基碳二亚胺（DCC）和二异丙基碳二亚胺（DIC）为脱水缩合反应中常用的脱水剂。为了实现 CO_2SM 分子内脱水制备 PU 的过程，本章考察了 EDC、DCC、DIC、P_2O_5、CaO 和 Cs_2CO_3 等一系列脱水剂的作用效果，见表 7-1。

表 7-1　不同脱水剂制备聚氨酯的研究

脱水剂	温度/℃	时间/h	产量/(g/3.0g CO_2SM)
P_2O_5(1.0g)	90	12	—
CaO(1.0g)	90	12	—

脱水剂	温度/℃	时间/h	产量/(g/3.0g CO_2SM)
$CsCO_3$(1.0g)	90	12	—
EDC(1.0g)	90	12	—
DCC(10.0mL)	90	12	—
DIC(10.0mL)	90	12	2.54

注:"—"表示"PU"没有被合成。

EDA+EG-CO_2SM 与 EDC、DCC、P_2O_5、CaO 和 Cs_2CO_3 反应产物的红外光谱图显示,未发现 PU 特征官能团的吸收峰。EDA+EG-CO_2SM 与 DIC 反应产物的红外吸收光谱结果表明,PU 特征官能团—N(H)—C(=O)—O—的红外吸收特征峰:3339cm^{-1} 处归属于 N—H 键的伸缩振动吸收峰[14-16],1568cm^{-1} 处归属于 N—H 键的弯曲振动吸收峰[14,16,17],1721cm^{-1} 处归属于—N(H)—C(=O)—O—结构的吸收峰[18,19],1614cm^{-1} 处归属于—C(=O)—O—C—结构的吸收峰,1245cm^{-1} 处归属于 C—N 结构的吸收峰,1129cm^{-1} 处归属于—C—O—C—结构的吸收峰[15,19,20]。

^{13}C-NMR 谱图中 167.2 处的化学位移归属于—C(=O)—O—C 官能团中—O—C 结构特征 C 的信号峰,173.1 处的化学位移归属于—NH—C(=O)—O—官能团中 C=O 结构特征 C 的信号峰[18,21]。

XPS 能谱中 532eV、399eV 和 285eV 处分别显示出 O1s、N1s 和 C1s 的结合能。C1s 能谱在 284~289eV 范围内可解析出四种不同状态的 C 结构:284.78eV 处的结合能对应—C—C—结构中的 C 元素,285.79eV 处的结合能对应—C—N—结构的 C 元素,286.88eV 的结合能对应—C—O—结构的 C 元素,287.88eV 处的结合能对应—C(=O)—结构的 C 元素,288.58eV 处的结合能对应—(H)N—C(=O)—O—结构的 C 元素[22-24]。O 1s 能谱在 531~533eV 范围内可解析出—(H)N—C(=O)—O—官能团中两种不同状态的 O 结构:531.53eV 处的结合能对应—C(=O)—结构的 O 元素,532.98eV 处的结合能对应—C—O—结构的 O 元素[25]。

同时,获得了脱水剂 DIC 和水结合产物,其熔点为 193℃,单晶解析结果如图 7-5 所示。结果表明该物质为 N,N'-对称二异丙基脲,说明在反应中发生脱水过程。

上述结果表明,以 EDA+EG-CO_2SM 为原料,利用脱水剂 DIC 通过分子内脱水能够成功合成 PU,产量为 2.54g/3.0g CO_2SM。

P_2O_5 和 CaO 主要通过分子水和作用,侧重于物理性吸水型脱水剂[26,27],不能实现分子内脱水作用。虽然报道 Cs_2CO_3 已成功应用于 CO_2 直接合成 PU

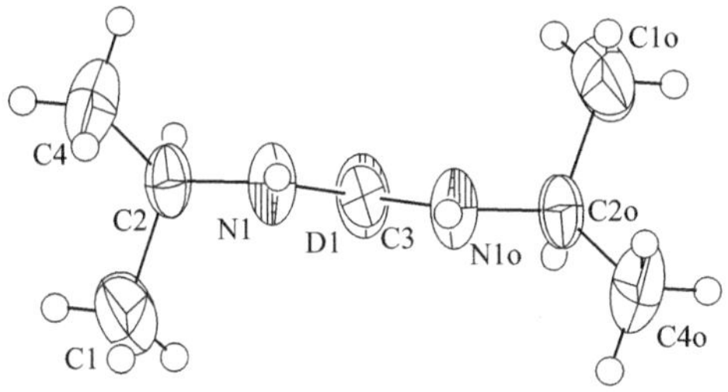

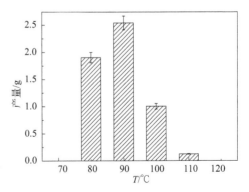

项目	计算	报告
晶胞体积	450.59(5)	450.59(5)
空间群	P 21 21 2	P2 (1) 2 (1) 2
霍尔群	P 2 2ab	
残基分子式	$C_7H_{16}N_2O$	$C_7H_{16}N_2O$
总分子式	$C_7H_{16}N_2O$	$C_7H_{16}N_2O$
分子量	144.22	144.22
晶体密度/(g/cm³)	1.063	1.063
晶胞内分子数	2	2
吸收校正系数/mm⁻¹	0.072	0.072
单胞中电子数	160.0	160.0
晶面指数(h,k,l)	11,13,5	11,13,5

图 7-5　N,N'-对称二异丙基脲的单晶结果

的途径[11]，但是此过程为气-液相接触反应。然而，在本研究中 Cs_2CO_3 应用脱水过程为固-固相接触反应，而且以各种形式的 CO_2 储集材料代替 CO_2 气体作为原料合成 PU 的途径还未见报道。根据 Jackson 等[28] 报道，在理论上类似于本研究中 CO_2SM 结构的物质能够同 EDC、DCC 和 DIC 等包含—N＝C＝N—结构的碳二亚胺类脱水剂反应得到氨（胺）基化合物，通过类似于氨解过程实现分子内脱水反应[29]。DIC 在室温下是一种无色或淡黄色液体，沸点为 148～150℃；DCC 在室温下为白色或淡黄色晶体，熔点为 34～35℃，沸点为 118～120℃；EDC 在室温下为白色结晶粉末，熔点为 110～115℃[30-32]。DCC 的沸点明显低于 DIC，在 90℃ 下，DCC 较高的挥发性不利于 CO_2SM 的脱水反应。EDC 的熔点较高，90℃ 下无法在固-固相反应中实现 CO_2SM 的分子内脱水反应。依据上述理论，DIC 是以 CO_2SM 为原料分子内脱水合成 PU 途径中最适宜的脱水剂。

（2）反应温度的影响

为了探究 EDA＋EG-CO_2SM 脱水制备 PU 的反应温度，研究以 10℃ 为梯度，产量随温度从 70℃ 到 120℃ 的变化趋势如图 7-6，PU 的产量见表 7-2。

由图 7-6 可知，PU 产量先随反应温度的升高而增加，90℃ 后产量随温度继续增加而下降。由表 7-2 可知，在反应温度为 70℃ 时，产物的红外吸收光谱未见 PU 特征官能团的吸收峰

图 7-6　不同反应温度对聚氨酯产量的影响

［见图 7-7(a)］，谱图分析结果与 CO_2SM 的特征吸收峰相似［见图 7-7(b)］。反应温度为 80～110℃时，含有聚氨酯特征官能团且反应产物的产量为(0.12～2.54) g/3.0g CO_2SM。PU 的产量先随反应温度的增加而增加，反应温度为 90℃时，产量达到最大值 2.54g/3.0g CO_2SM，随着反应温度继续升高，产量逐渐降低，直至反应温度达到 120℃时，产物中检测不到 PU 的特征官能团的存在(见图 7-8)。

表 7-2 不同反应温度对聚氨酯产量的影响

DIC 脱水剂/mL	温度/℃	时间/h	产量/(g/3.0g CO_2SM)
10.0	70	12	—
10.0	80	12	1.90
10.0	90	12	2.54
10.0	100	12	1.00
10.0	110	12	0.12
10.0	120	12	—

注："—"表示 PU 未合成。

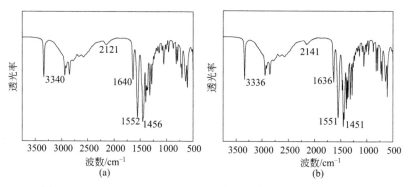

图 7-7　EDA＋EG-CO_2SM 和 DIC 在 70℃合成产物红外光谱(a)
和 EDA＋EG-CO_2SM 红外光谱(b)

在反应温度为 70℃时，CO_2SM 是固体状态，无法被 DIC 活化发生分子内脱水反应。在 80～110℃时，CO_2SM 转变为液态，脱水剂 DIC 能够与其充分接触发生分子内脱水反应。由第 3 章中的 TGA 图可见，CO_2SM 在 80℃左右开始出现失重分解现象，当温度达到 120℃时失重分解速率达到最大；此外，在合成反应过程中随着反应温度的升高，反应釜内压力开始升高，表明 CO_2SM 在反应釜中快速分解并释放出 CO_2，CO_2SM 结构被破坏，无法实现分子内脱水合成 PU。依据上述分析结果，CO_2SM 为原料分子内脱水制备 PU 途径的最佳反应温度为 90℃。

（3）反应时间的影响

为了探究 EDA＋EG-CO$_2$SM 脱水制备 PU 适宜的反应时间，实验考察了 3h、6h、12h 和 18h 等对产物产量的影响，产量随时间的变化趋势如图 7-9 所示。

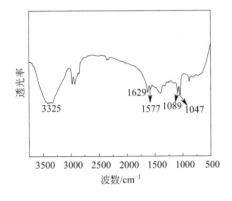

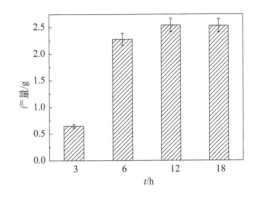

图 7-8　EDA＋EG-CO$_2$SM 和 DIC 在 120℃合成产物红外光谱

图 7-9　不同反应时间对聚氨酯产量的影响

由图 7-9 可知，PU 产量随反应时间的延长而增加，达到 12h 以后，PU 产量随时间的继续延长不再发生变化，见表 7-3。由表可知，反应时间为 3h 时，含有 PU 特征官能团反应产物的产量为 0.65g/3.0g CO$_2$SM；反应 6h 时，产量为 2.27g/3.0g CO$_2$SM；反应时间为 12h 时，产量为 2.54g/3.0g CO$_2$SM；反应时间延长至 18h 时，产量为 2.53g/3.0g CO$_2$SM，与反应时间为 12h 时的产量几乎一致，即随着反应时间的增加，产量保持不变。这主要归因于聚合反应随着时间的延长逐渐变缓，特别是在聚合反应后期，由于空间位阻作用，中间链基团的反应活性明显小于单体或寡聚体自由基的反应活性[33-36]。依据上述分析结果，CO$_2$SM 为原料分子内脱水制备 PU 途径的最佳反应时间为 12h。

表 7-3　不同反应时间对聚氨酯产量的影响

脱水剂	温度/℃	时间/h	产量/(g/3.0g CO$_2$SM)
DIC(10.0mL)	90	3	0.65
DIC(10.0mL)	90	6	2.27
DIC(10.0mL)	90	12	2.54
DIC(10.0mL)	90	18	2.53

（4）脱水剂用量的影响

为了探究（EDA＋EG)-CO$_2$SM 脱水制备 PU 适宜的脱水剂用量，实验考察了 5.0mL、7.5mL、10mL 和 12.5mL 四个脱水剂用量对产物产量的影响，变化趋势如图 7-10。

由图 7-10 可知，PU 产量随脱水剂用量的增加呈现先增加后减少的趋势，当脱水剂的用量为 10.0mL 时，PU 产量最大，产物的产量见表 7-4。由表可知，脱水剂的用量为 5.0mL 时，含有 PU 特征官能团反应产物的产量为 1.86g/3.0g CO_2SM；脱水剂的用量为 7.5mL 时，产量为 2.20g/3.0g CO_2SM；脱水剂用量为 10mL 时，产量为 2.54g/3.0g CO_2SM；脱水剂用量为 12.5mL 时，产量为 2.15g/3.0g

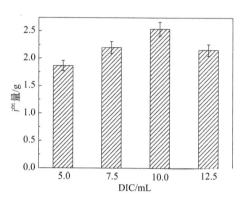

图 7-10　不同脱水剂用量对 PU 产量的影响

CO_2SM。随着脱水剂用量的增加，产量呈现先增加后降低的趋势，脱水剂用量为 10mL 时，产量最大。根据 Chattopadhyay[37] 的报道，催化剂浓度与动力学平衡之间为非线性关系。同时，Lipshitz[38] 和 Navarchian[39] 报道了催化剂含量相对较少的情况下有利于催化反应过程。在本研究的脱水反应过程中，过量的 DIC 可能会影响反应动力学平衡。根据上述分析结果，CO_2SM 为原料分子内脱水制备 PU 途径的最佳脱水剂用量为 10mL。

表 7-4　不同脱水剂用量对 PU 产量的影响

脱水剂	温度/℃	时间/h	产量/(g/3.0g CO_2SM)
DIC(5.0mL)	90	12	1.86
DIC(7.5mL)	90	12	2.20
DIC(10mL)	90	12	2.54
DIC(12.5mL)	90	12	2.15

根据上述结果，以 EDA＋EG-CO_2SM 为原料，DIC 通过分子内脱水制备 PU 过程的最适宜反应条件：温度 90℃，反应时间 12h，脱水剂用量 10mL，该条件下 PU 的产量为 2.54g/3.0g CO_2SM。

7.2.4　以 CO_2SM 为原料合成的聚氨酯的性质

利用系列醇-胺溶液制备的 CO_2SM，成功合成 11 种 PU。对所制备的 PU 进行了分子量、溶解性以及 TGA 的表征，获得了基础理化性质。各种 CO_2SM 与脱水剂 DIC 在反应温度 90℃，反应时间 12h 以及脱水剂用量 10mL 的最适宜反应条件下进行反应。

（1）红外、核磁共振、XPS 谱图解析

以 11 种不同 CO_2SM 为原料制备的 PU FTIR 谱和 ^{13}C NMR 谱如图 7-11 所示。其中，FTIR 谱官能团特征吸收峰的位置及归属列于表 7-5，^{13}C NMR 谱化学位移及归属列于表 7-6。

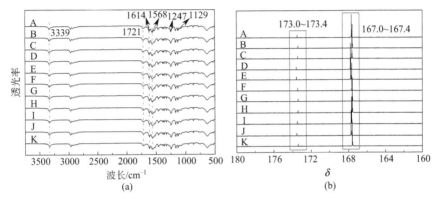

图 7-11　在适宜反应条件下制备聚氨酯的 FTIR（a）和 ^{13}C NMR 谱图
制备原料：A—（EDA+EG)-CO_2SM；B—（EDA+DEG)-CO_2SM；
C—（EDA+TEG)-CO_2SM；D—（EDA+T4EG)-CO_2SM；E—（EDA+PEG200)-CO_2SM；
F—（EDA+PEG300)-CO_2SM；G—（EDA+PEG400)-CO_2SM；H—（EDA+PPD)-CO_2SM；
I—（EDA+DPG)-CO_2SM；J—（1,3-DAP+EG)-CO_2SM；K—（1,6-DAH+EG)-CO_2SM

表 7-5　图 7-11 所示不同储集材料在适宜反应条件下制备聚氨酯的 FTIR 特征吸收峰位置

归属	A	B	C	D	E	F	G	H	I	J	K
N—H 伸缩振动	3339	3340	3338	3337	3340	3339	3338	3334	3330	3331	3332
N—H 弯曲振动	1568	1570	1571	1566	1568	1567	1564	1566	1563	1564	1565
—N(H)—C(=O)—O—	1721	1724	1720	1728	1726	1722	1721	1722	1720	1721	1724
—C(=O)—O—C—	1614	1615	1615	1617	1611	1612	1614	1617	1618	1616	1610
C—N	1245	1243	1244	1245	1243	1244	1249	1245	1245	1247	1246
—C—O—C—	1129	1130	1125	1121	1125	1123	1128	1130	1129	1120	1124

由图 7-11(a) 可知，FTIR 光谱结果中 $3332\sim3340cm^{-1}$ 范围内的特征峰归属于 N—H 键的伸缩振动峰[14-16]，$1563\sim1571cm^{-1}$ 范围内的特征峰归属于 N—H 键的弯曲振动峰[14,16,17]，$1720\sim1728cm^{-1}$ 范围内的特征峰归属于 —N(H)—C(=O)—O—结构，$1610\sim1618cm^{-1}$ 范围内的特征峰归属于 —C(=O)—O—

C—结构[18,19]，1243～1249cm^{-1} 范围内的特征峰归属于 C—N 结构[14,18,19]，1120～1130cm^{-1} 范围内的特征峰归属于—C—O—C—结构[15,19,20]。

如图 7-11(b) 所示，^{13}C-NMR 谱图中 167.0～167.4 范围内的化学位移归属于—C(=O)—O—C 官能团中—O—C 结构特征 C 的信号峰，173.0～173.4 范围内的化学位移归属于—NH—C(=O)—O—官能团中 C=O 结构特征 C 的信号峰[18,21]。

表 7-6　图 7-11 所示不同储集材料在适宜反应条件下制备聚氨酯的 ^{13}C-NMR 特征峰化学位移

归属	A	B	C	D	E	F	G	H	I	J	K
—O—C—	167.2	167.0	167.1	167.2	167.3	167.4	167.2	167.3	167.2	167.2	167.3
C=O	173.1	173.2	173.0	173.4	173.2	173.0	173.1	173.1	173.4	173.4	173.2

图 7-11 所示的以不同 CO_2SM 为原料制备的 PU 的 XPS 谱见图 7-12，官能团的归属列于表 7-7。如图 7-12 所示，XPS 的 C 1s 能谱在 284.5～284.8eV 范围内的结合能对应—C—C—结构中的 C 元素，285.4～285.9eV 范围内的结合能对应—C—N—结构中的 C 元素，286.4～286.8eV 范围内的结合能对应—C—O—结构中的 C 元素，287.5～287.8eV 范围内的结合能对应—C(=O)—结构中的 C 元素，288.3～288.7eV 范围内的结合能对应—(H)N—C(=O)—O—结构中的 C 元素[22-24]。O 1s 能谱结果在 531.3～531.5eV 范围内的结合能对应—C(=O)—结构中的 O 元素，532.6～532.9eV 范围内的结合能对应—C—O—结构中的 O 元素[25]。

表 7-7　图 7-11 所示的不同储集材料在适宜反应条件下制备聚氨酯的 XPS 特征峰位置

归属	A	B	C	D	E	F	G	H	I	J	K
C—C	284.7	284.6	284.7	284.6	284.7	284.7	284.5	284.8	284.5	284.5	284.5
C—N	285.7	285.7	285.9	285.4	285.7	285.7	285.6	285.7	285.7	285.6	285.6
C—O	286.8	286.7	286.6	286.5	286.8	286.6	286.8	286.4	286.8	286.8	286.8
C=O	287.8	287.7	287.6	287.6	287.6	287.5	287.7	287.6	287.6	287.6	287.7
—HN—C(=O)—O—	288.5	288.5	288.5	288.4	288.3	288.5	288.7	288.7	288.6	288.6	288.6
C—O 中的 O	532.9	532.8	532.7	532.7	532.8	532.8	532.9	532.8	532.8	532.7	532.6
C=O 中的 O	531.5	531.4	531.5	531.3	531.4	531.4	531.5	531.5	531.3	531.5	531.5
C—N 中的 N	399.1	399.0	399.1	399.2	399.0	399.0	399.1	399.2	399.1	399.3	399.3

（2）PU 产量及外观

图 7-11 所示的不同 CO_2SM 为原料制备的 PU 产量变化趋势如图 7-13 所示，

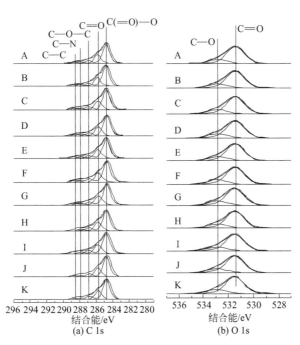

图 7-12　图 7-11 所示的不同储集材料在适宜反应条件下制备聚氨酯的 XPS 谱图

可以观察到两个现象：①当制备 CO_2SM 的二元胺为乙二胺时，PU 的产量随着二元醇分子量的增加而降低，而（EDA＋PEG400）-CO_2SM 制备的 PU 的产量较高，可能是因为 PEG400 的聚合度较高，不利于脱水反应进行，因而 CO_2SM 中有部分—$NH_3^+ \cdot {}^-O$—$C(=O)$—O—结构未能实现完全脱水反应；②当制备 CO_2SM 的二元醇为乙二醇，PU 的产量随二元胺分子量的增加而降低。PU 的产量见表 7-8，产量范围为 $(2.13 \sim 2.54)g/3.0g\ CO_2SM$，PU 产物照片见图 7-14。

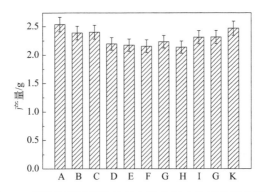

图 7-13　图 7-11 所示的不同储集材料在适宜反应条件下制备聚氨酯的产量

表 7-8 图 7-11 所示的不同储集材料在适宜反应条件下制备聚氨酯的产量

样品	反应底物	产量/(g/3.0g CO₂SM)
A	(EDA＋EG)-CO$_2$SM	2.54
B	(EDA＋DEG)-CO$_2$SM	2.31
C	(EDA＋TEG)-CO$_2$SM	2.40
D	(EDA＋T4EG)-CO$_2$SM	2.20
E	(EDA＋PEG200)-CO$_2$SM	2.17
F	(EDA＋PEG300)-CO$_2$SM	2.15
G	(EDA＋PEG400)-CO$_2$SM	2.24
H	(EDA＋PPD)-CO$_2$SM	2.34
I	(EDA＋DPG)-CO$_2$SM	2.31
J	(1,3-DAP＋EG)-CO$_2$SM	2.37
K	(1,6-DAH＋EG)-CO$_2$SM	2.47

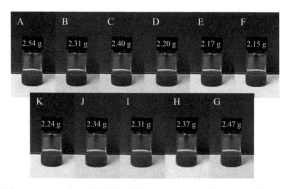

图 7-14 图 7-11 所示的不同储集材料在适宜反应条件下制备聚氨酯的照片

结果表明该方法对由醇-胺体系制得的 CO_2SM 合成 PU 具有普遍适用性。

（3）反应机理

Rebek 等[40-42] 对反应机理和动力学开展了广泛的研究。CO_2SM 为原料通过脱水剂 DIC 分子内脱水制备 PU 可能的反应机理如图 7-15 所示：

Ⅰ. 在常压室温下二元胺＋二元醇二元混合溶液体系通过吸收 CO_2，制得 CO_2SM，确定为一种含有—NH_3^+·¯O—C(＝O)O—结构的烷基碳酸铵盐。

Ⅱ. DIC（**3**）中 N（蓝色 N）上的孤对电子是强给电子基团，能够通过 H^+ 迁移的方式结合 **1** 中的一个质子（红色 H）形成中间体 **4**，同时 **1** 失去一个质子后形成中间体 **5**。

Ⅲ. 中间体 **4** 与 **2** 中的 C—O¯ 发生键合，导致中间体 **4** 中的 C＝N 双键被破坏，形成 O-酰基异脲(中间体 **6**)。

　　Ⅳ. 中间体 **5** 作为一种亲核试剂，其中的 N(蓝色 N)进攻 O—酰基异脲中的羰基碳(红色 C)，C=O 双键被破坏的同时，中间体 **5** 与羰基碳形成新的 C—N 转化为中间体 **7**[43,44]。

　　Ⅴ. 中间体 **7** 中的一个质子 H^+(蓝色 H)分子内转移到 N(蓝色 N)上，导致 C=N 双键破坏，形成对称二异丙基脲 **8** 中的 C=O 双键(蓝色)，此过程类似步骤Ⅱ；与此同时，中间体 **7** 中的 C—O(红色)破坏，通过 H^+ 的迁移形成新的 C=O 双键(红色)，即得到产物聚氨酯(**9**)，此过程类似于胺(氨)解反应[45,46]。

　　Ⅵ. 据文献报道[47-49]，对称二异丙基脲可以通过一定的反应得到 DIC，进而使 DIC 在该方法中得以重复使用，但该过程未能在本研究中实现。

　　CO_2SM 的结构单元为 $[^+H_3N—R—NH_3^+ \cdot {}^-O—C(=O)O—R'—O—C(=O)O^-]_n$，本示意图仅展示其中一个 $—NH_3^+ \cdot {}^-O—C(=O)—O—$ 结构的脱水过程，另一端该结构以相同的过程脱水，实现 PU 分子链的扩展。

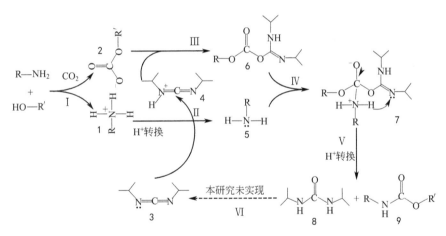

图 7-15　通过 CO_2SM 和 DIC 分子内脱水制备聚氨酯的反应

$R=CH_2NH_2$；$(CH_2)_3NH_2$；$(CH_2)_6NH_2$，

$R'=C_2H_4$；$C_2H_4OC_2H_4$；$(C_2H_4O)_2C_2H_4$；$(C_2H_4O)_3C_2H_4$；脱羟基聚乙二醇 200；

脱羟基聚乙二醇 300；脱羟基聚乙二醇 400；$CH(CH_3)CH_2$；$C_3H_6OC_3H_6$

　　(4) 聚氨酯的基本性质

　　① 热稳定性质　热性质是 PU 应用于保温材料领域的重要参数。图 7-11 所示的 PU 样品的 TGA 分析结果如图 7-16 所示，研究所制备的 PU 在 142℃ 以内均可以稳定存在。(1,6-DAH+EG)-CO_2SM 制备的 PU 完全分解温度为 409℃，

是所有 PU 中最高的；（EDA＋DEG）-CO$_2$SM 制备的 PU 完全分解温度为 359℃，是所有 PU 中最低的。不同的胺基和醇基对所制备 PU 的热分解性质没有十分明显的影响。利用本途径制备的 PU 具有较好的热稳定性，可能在弹性体产品和保温材料领域具有比较不错的应用前景[50]。

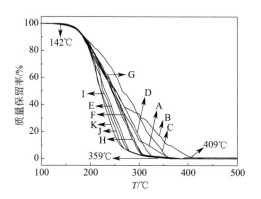

图 7-16　图 7-11 所示 PU 样品的 TGA 结果

② 分子量　PU 的数均分子量和重均分子量通过 GPC 测得。聚合物分散性指数（PDI），是重均分子量和数均分子量的比值，用以描述聚合物分子量分布，是聚合物基本性质评价的重要指标之一。

如图 7-17 和表 7-9 所示，PU 的数均分子量在 10400～12700 范围内，重均分子量在 18400～24100 范围内，PDI 值在 1.6～1.9 范围内，表明 PU 的分子量较为均匀。相较于其他 CO$_2$ 途径制备的 PU，本途径制得的 PU 分子量较大，这主要归因于在制备过程中，每摩尔的 DIC 仅能结合 1mol 的 H$_2$O，其他途径反应物的比例很难控制在 1:1[51-57]。此外，当制备 CO$_2$SM 的二元胺为乙二胺时，PU 的数均分子量和重均分子量随着二元醇分子量的增加而降低，（EDA＋

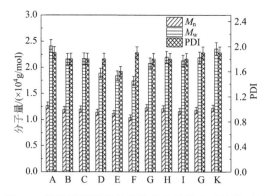

图 7-17　图 7-11 所示聚氨酯样品的数均分子量和重均分子量以及 PDI

PEG400)-CO$_2$SM 制备的 PU 分子量不符合此规律，可能是因为 PEG400 的聚合度较高，不利于脱水反应进行；当制备 CO$_2$SM 的二元醇为乙二醇，PU 的产量随二元胺分子量的增加而降低。

表 7-9　图 7-11 所示聚氨酯样品的数均分子量和重均分子量以及 PDI 值

样品	反应底物	$M_n/(\times10^4)$	$M_w/(\times10^4)$	PDI
A	EDA+EG-CO$_2$SM	1.27	2.41	1.9
B	EDA+DEG-CO$_2$SM	1.19	2.16	1.8
C	EDA+TEG-CO$_2$SM	1.20	2.17	1.8
D	EDA+T4EG-CO$_2$SM	1.14	1.89	1.8
E	EDA+PEG200-CO$_2$SM	1.12	1.84	1.6
F	EDA+PEG300-CO$_2$SM	1.04	1.74	1.7
G	EDA+PEG400-CO$_2$SM	1.23	2.08	1.7
H	EDA+PPD-CO$_2$SM	1.21	2.20	1.8
I	EDA+DPG-CO$_2$SM	1.16	2.13	1.8
J	1,3-DAP+EG-CO$_2$SM	1.18	2.19	1.9
K	1,6-DAH+EG-CO$_2$SM	1.22	2.36	1.9

③ 溶解性质　图 7-11 所示 PU 样品在不同溶剂中的溶解性能如表 7-10 所示。

表 7-10　图 7-11 所示 PU 样品在溶剂中的溶解性

样品	水	二甲基甲酰胺	二甲基乙酰胺	乙醇	丙酮	乙醚	甲苯	四氢呋喃
A	—			—	+	+	+	+
B	—	+	+	+	+	+	+	+
C	—	+	+	+	+	+	+	+
D	—	+	+	+	+	+	+	+
E	—	+	+	+	+	+	+	+
F	—	+	+	+	+	+	+	+
G	—	+	+	+	+	+	+	+
H	—					+	+	+
I	—	+	+	+	+	+	+	+
J	—				+	+	+	+
K	—			—	+	+	+	+

注："—"表示不溶于水；"+"表示溶于水。

由表 7-10 可知，所制备的 PU 产物均不能溶解于水，在常温下可以溶解于丙酮、乙醚、甲苯和四氢呋喃；在超声或振荡的条件下，除样品 A、H、J 和 K 外，其余的 PU 均能溶解于二甲基甲酰胺和二甲基乙酰胺；在加热的条件下，除样品 A、H、J、K 外，其余的 PU 均能溶解于乙醇。上述结果表明，制备 CO_2 SM 的二元醇中若含有醚键，将利于 PU 产物的溶解[58,59]。

参考文献

[1] Monassier A，Delia V，Cokoja M，et al. Synthesis of cyclic carbonates from epoxides and CO_2 under mild conditions using a simple, highly efficient niobium-based [J]. ChemCatChem，2013，5 (6)：1321 1324.

[2] Larachi F，Gravel J，Grandjean B，et al. Role of steam, hydrogen and pretreatment in chrysotile gas-solid carbonation：Opportunities for pre-combustion CO_2 capture [J]. International Journal of Greenhouse Gas Control，2012，6 (1)：69-76.

[3] 徐培林，张淑琴. 聚氨酯弹性手册（第二版）[M]. 北京：化学工业出版社，2011.

[4] Saini P，Romain C，Williams C. Dinuclear metal catalysts：improved performance of heterodinuclear mixed catalysts for CO_2-epoxide copolymerization [J]. Chemical Communications，2014，50 (32)：4164-4167.

[5] Vogt H，Balej J，Bennett J，et al. Ullmann's encyclopedia of industrial chemistry [M]. Hoboken：Wiley-VCH，2014.

[6] Appel A，Bercaw J，Bocarsly A，et al. Frontiers, opportunities, and challenges in biochemical and chemical catalysis of CO_2 fixation [J]. Chemical Reviews，2013，113 (8)：6621-6658.

[7] 尚建鹏，李作鹏，武美霞，等. 非光气合成 N-取代氨基甲酸酯的研究进展 [J]. 化工进展，2014，33 (4)：811-816.

[8] Caglayan B，Aksoylu A. CO_2 adsorption on chemically modified activated carbon [J]. Journal of Hazardous Materials，2013，252：19-28.

[9] Ma Y，Wang X，Jia Y，et al. Titanium dioxide-based nanomaterials for photocatalytic fuel generations [J]. Chemical Reviews，2014，114 (19)：9987-10043.

[10] Hussain F，Shah S，Zhou W，et al. Microalgae screening under CO_2 stress：growth and micro-nutrients removal efficiency [J]. Journal of Photochemistry and Photobiology B-Biology，2017，170：91-98.

[11] Ying Z，Wu C，Zhao Y. Synthesis of polyurethane-urea from double CO_2-route oligomers. Green Chemistry，2016，18：3614-3619.

[12] Gnanou Y.，Chen Z.，Feng H. Poly (urethane-carbonate)s from carbon dioxide. Macromolecules，2017，50：2320-2328.

[13] Prakash A，Ravindra G，Sung C H，et al. Carbon dioxide-based polyols as sustainable feedstock of thermoplastic polyurethane for corrosion-resistant metal coating [J]. ACS Sustainable Chemistry & Engineering，2017，5：3871-3881.

[14] Sultane P R，Bielawski C W. Burgess reagent facilitated alcohol oxidations in DMSO [J]. Journal of

Organic Chemistry，2017，82：1046-1052.

［15］ Aoki D，Ajiro H. Design of polyurethane composed of only hard main chain with oligo（ethylene glycol）units as side chain simultaneously achieved high biocompatible and mechanical properties ［J］. Macromolecules，2017，50：6529-6538.

［16］ Wang H B，Jessop P G，Liu G. Support-free porous polyamine particles for CO_2 capture ［J］. ACS Macro Letters，2012，1：944-948.

［17］ Espen E，Anders B B，Christoffer T，et al. Optimized carbonation of magnesium silicate mineral for CO_2 storage ［J］. ACS Applied Materials & Interfaces，2015，7：5258-5264.

［18］ Wang S W，Colby R H. Linear viscoelasticity and cation conduction in polyurethane sulfonate iono-mers with ions in the soft segment-single phase systems ［J］. Macromolecules，2018，51：2767-2776.

［19］ Zhao J，Li Y，Sheng J L，et al. Environmentally friendly and breathable fluorinated polyurethane fi-brous membranes exhibiting robust waterproof performance ［J］. ACS Applied Materials & Inter-faces，2017，9：29302-29310.

［20］ Xu W T，Ma C F，Ma J L，et al. Marine biofouling resistance of polyurethane with biodegradation and hydrolyzation ［J］. ACS Applied Materials & Interfaces，2014，6：4017-4024.

［21］ Pinto M L，Dias S，Pires J. Composite MOF foams：the example of UiO-66/polyurethane ［J］. ACS Applied Materials & Interfaces，2013，5：2360-2363.

［22］ Ederer J，Janoš P，Ecorchard P，et al. Determination of amino groups on functionalized graphene ox-ide for polyurethane nanomaterials：XPS quantitation vs. functional speciation ［J］. RSC Advances，2017，7：12464-12473.

［23］ Watkins L，Bismarck A，Lee A F，et al. An XPS study of pulsed plasma polymerised allyl alcohol film growth on polyurethane ［J］. Applied Surface Science，2006，252：8203-8211.

［24］ Varganici C D，Ursache O，Gaina C，et al. Synthesis and characterization of a new thermoreversible polyurethane network ［J］. Industrial & Engineering Chemistry Research，2013；52：5287-5295.

［25］ Zhao T X，Guo B，Li Q，et al. Highly efficient CO_2 capture to a new-style CO_2-storage material ［J］. Energy & Fuels，2016，30：6555-6560.

［26］ Xu H Y，Muto K，Yamaguchi J，et al. Key mechanistic features of ni-catalyzed C-H/C-O biaryl cou-pling of azoles and naphthalen-2-yl pivalates ［J］. Journal of the American Chemical Society，2014，136：14834-14844.

［27］ Peris G，Jakobsche C E，Miller S J. Aspartate-catalyzed asymmetric epoxidation reactions ［J］. Journal of the American Chemical Society，2007，129：8710-8711.

［28］ Jackson P，Robinson K，Puxty G，et al. In situ Fourier Transform-Infrared（FT-IR）analysis of car-bon dioxide absorption and desorption in amine solutions ［J］. Energy Procedia，2009，1：985-994.

［29］ Isobe T，Ishikawa T. 2-Chloro-1，3-dimethylimidazolinium chloride. 1. A powerful dehydrating equiv-alent to DCC ［J］. Journal of Organic Chemistry，1999，64：6984-6988.

［30］ Ion A，Doorslaer C V，Parvulescu V，et al. Green synthesis of carbamates from CO_2，amines and alcohols ［J］. Green Chemistry，2008，10：111-116.

［31］ Wu F P，Peng J B，Qi X X，et al. Palladium-catalyzed carbonylative transformation of organic halides with formic acid as the coupling partner and CO source：synthesis of carboxylic acids ［J］. Journal of Organic

Chemistry，2017，82：9710-9714.

[32] Chen Z，Hadjichristidis N，Feng X，et al. Cs$_2$CO$_3$-promoted polycondensation of CO$_2$ with diols and dihalides for the synthesis of miscellaneous polycarbonates [J] . Polymer Chemistry，2016，7：4944-4952.

[33] Piletsky S A，Mijangos I，Guerreiro A，et al. Polymer cookery：influence of polymerization time and different initiation conditions on performance of molecularly imprinted polymers [J] . Macromolecules，2005，38：1410-1414.

[34] Piletsky S A，Piletska E V，Karim K，et al. Polymer cookery：influence of polymerization conditions on the performance of molecularly imprinted polymers [J] . Macromolecules，2002，35：7499-7504.

[35] Shen X，Zhu L，Wang N，et al. Molecular imprinting for removing highly toxic organic pollutants [J] . Chemical Communications，2012，43：788-798.

[36] Bien T，Helen M W，Peter L，et al. Synthesis and CO$_2$ solubility studies of poly（ether carbonate）s and poly（ether ester）s produced by step growth polymerization [J] . Macromolecules，2005，38：1691-1698.

[37] Chattopadhyay D K，Raju K V S N. Structural engineering of polyurethane coatings for high performance applications [J] . Progress in Polymer Science，2007，32：352-418.

[38] Lipshitz S D，Macosko C W. Kinetics and energetics of a fast polyurethane cure [J] . Journal of Applied Polymer Science，2010，21：2029-2039.

[39] Navarchian A H，Picchioni F，Janssen L P. Rheokinetics and effect of shear rate on the kinetics of linear polyurethane formation [J] . Polymer Engineering and Science，2005，45：279-287.

[40] Volonterio A，Zanda M. Multicomponent，one-pot sequential synthesis of 1,3,5- and 1,3,5,5-substituted barbiturates [J] . Journal of Organic Chemistry，2008，73：7486-7497.

[41] Rebek J，Feitler D. An improved method for the study of reaction intermediates. the mechanism of peptide synthesis mediated by carbodiimides [J] . Journal of the American Chemical Society，1973，95：4052-4503.

[42] Rebek J，Feitler D. Mechanism of the carbodiimide reaction. Ⅱ. Peptide synthesis on the solid phase [J] . Journal of the American Chemical Society，1974，96：1606-1607.

[43] Lartia R，Constant J F. Synthetic access to the chemical diversity of DNA and RNA 5-aldehyde lesions [J] . Journal of Organic Chemistry，2015，80：705-710.

[44] Guo W，Zhao M M，Tan W L，et al. Visible light-promoted three-component tandem annulation for the synthesis of 2-iminothiazolidin-4-ones [J] . Journal of Organic Chemistry，2018，83：1402-1413.

[45] Zakaria Y A B，Wang K，Ghosh R K，et al. Two-dimensional gallium nitride realized via graphene encapsulation [J] . Nature Materials，2016，15：1166-1171.

[46] Bowler F R，Chan C K W，Duffy C D，et al. Prebiotically plausible oligoribonucleotide ligation facilitated by chemoselective acetylation [J] . Nature Chemistry，2013，5：383-389.

[47] Natarajan A，Guo Y H，Arthanari H，et al. Synthetic studies toward aryl-（4-aryl-4h- [1,2,4] triazole-3-yl）-amine from 1,3-diarylthiourea as urea mimetics [J] . Journal of Organic Chemistry，2005，70：6362-6368.

[48] Voight E A, Daanen J F, Kort M E. Synthesis of oxazolo [4,5-c] quinoline TRPV1 antagonists [J]. Journal of Organic Chemistry, 2010, 75: 8713-8715.

[49] Ginisty M, Roy M N, Charette A B. Tetraarylphosphonium-supported carbodiimide reagents: synthesis, structure optimization and applications [J]. Journal of Organic Chemistry, 2008, 73: 2542-2547.

[50] Bernd W, Kocjan A, German S A, et al. Thermally insulating and fire-retardant lightweight anisotropic foams based on nanocellulose and graphene oxide [J]. Nature Nanotechnology, 2015, 10: 277-283.

[51] Sagara Y, Karman M, Ester V S, et al. Rotaxanes as mechanochromic fluorescent force transducers in polymers [J]. Journal of the American Chemical Society, 2018, 140: 1584-1587.

[52] Yamazaki N, Higashi F, Iguchi T. Polyureas and polythioureas from carbon dioxide and disulfide with diamines under mild conditions [J]. Journal of Polymer Science Part C: Polymer Letters, 1974, 12: 517-521.

[53] Zhang Z P, Rong M Z, Zhang M Q. Mechanically robust, self-healable, and highly stretchable "living" crosslinked polyurethane based on a reversible C-C bond [J]. Advanced Functional Materials, 2018, 28: 1706050.

[54] Xue C F, Tu B, Zhao D Y. Evaporation-induced coating and self-assembly of ordered mesoporous carbon-silica composite monoliths with macroporous architecture on polyurethane foams [J]. Advanced Functional Materials, 2008, 18: 3914-3921.

[55] Alagi P, Ghorpade R, Ye J C, et al. Carbon dioxide-based polyols as sustainable feedstock of thermoplastic polyurethane for corrosion-resistant metal coating [J]. ACS Sustainable Chemistry & Engineering, 2017, 5: 3871-3881.

[56] Guan J, Song Y H, Lin Y, et al. Progress in study of non-isocyanate polyurethane [J]. Industrial & Engineering Chemistry Research, 2011, 50: 6517-6527.

[57] Kathalewar M, Sabnis A, Mello D. Isocyanate free polyurethanes from new CNSL based bis-cyclic carbonate and its application in coatings [J]. European Polymer Journal, 2014, 57: 99-108.

[58] Jiang T, Ma X, Zhou Y, et al. Solvent-free synthesis of substituted ureas from CO_2 and amines with a functional ionic liquid as the catalyst [J]. Green Chemistry, 2008, 10: 465-469.

[59] Wu C Y, Wang J Y, Chang P J, et al. Polyureas from diamines and carbon dioxide: synthesis, structures and properties [J]. Physical Chemistry Chemical Physics, 2012, 14: 464-468.

第 8 章

二氧化碳捕集与资源化利用技术展望

随工业化进程的加速，能源消耗量日益增加，CO_2 排放量亦与日俱增。面对日趋严峻的环境恶化和资源短缺等问题，人类探寻合理地利用资源、能源及其可持续发展的道路已是大势所趋。CO_2 作为主要的温室气体，同时亦是丰富无毒的可再生资源，从绿色化学和可持续发展的战略考虑，将 CO_2 捕集、储存以及高值化利用是绿色化学研究领域中的重大课题，也是最具挑战性的课题。无论从能源、碳资源，还是从减轻 CO_2 对环境污染等方面考虑，控制 CO_2 的排放及加强 CO_2 的开发利用都是一项具有重大战略意义的研究。尽管近年来 CO_2 捕集与利用的技术取得了一定的发展，但仍亟待开发高值化、绿色化、工业化的新技术。与此同时，CO_2 固有的化学惰性致使其转化受限于热力学，因此仍需要催化科学、材料科学、环境科学以及过程科学等领域学者进行大量的研究和开发。可以说，开展 CO_2 资源化利用的研究既是机遇，亦是挑战。这一领域的发展需要企业和科研机构的通力协作，政府相应的政策引导，从而促进发展与技术突破，这对于化工、能源行业的节能减排，对于环境、能源的可持续发展，对于我国的社会经济均具有重大社会意义和历史意义。

8.1 国家中长期科学与技术发展规划纲要指南

碳捕集、利用与封存（CCUS）技术是一项新兴的、具有大规模二氧化碳减排潜力的技术，有望实现化石能源的低碳利用，被广泛认为是应对全球气候变化、控制温室气体排放的重要技术之一。《国家中长期科学和技术发展规划纲要（2006～2020 年）》（以下简称《科技纲要》）将"主要行业二氧化碳、甲烷等温室气体的排放控制与处置利用技术"列入环境领域优先主题，并在先进能源技术方向提出"开发高效、清洁和二氧化碳近零排放的化石能源开发利用技术";《国家"十二五"科学和技术发展规划》提出"发展二氧化碳捕集利用与封存等技术"。《中国应对气候变化科技专项行动》《国家"十二五"应对气候变化科技发展专项规划》均将"二氧化碳捕集、利用与封存技术"列为重点支持、集中攻关和示范的重点技术领域。

当前，CCUS 技术仍存在高成本、高能耗、长期安全性和可靠性有待验证等突出问题，需通过持续的研发和集成示范提高技术的成熟度。我国 CCUS 技术链各环节都已具备一定的研发基础，但各环节技术发展不平衡，距离规模化、全流程示范应用仍存在较大差距。

8.1.1　CO_2 捕集技术

CO_2 捕集主要分为燃烧后捕集、燃烧前捕集以及富氧燃烧捕集三大类，捕集能耗和成本过高是面临的共性问题。

燃烧后捕集技术相对成熟，广泛应用的是化学吸收法。我国与发达国家技术差距不大，已在燃煤电厂开展了 10 万吨级的工业示范。当前，制约该技术商业化应用的主要因素是能耗和成本较高。

燃烧前捕集在降低能耗方面具有较大潜力，国外 5 万吨级中试装置已经运行，国内 6 万～10 万吨级中试系统试验已启动。当前，该技术主要瓶颈是系统复杂，富氢燃气发电等关键技术还未成熟。

富氧燃烧技术国外已完成主要设备的开发，建成了 20 万吨级工业示范项目，正在实施 100 万吨级的工业示范；我国已建成万吨级的中试系统，正在实施 10 万吨级的工业级示范项目建设。新型规模制氧技术和系统集成技术是降低能耗的关键，也是现阶段该技术发展的瓶颈。

8.1.2　CO_2 输送工程技术

CO_2 输运包括水路和陆路低温储罐输送与管道输送两类方式，其中管道输送最具规模应用优势。国外已有 40 年以上的商业化 CO_2 管道输送实践，美国正在运营的干线管网长度超过 5000 千米。目前，我国 CO_2 的输送以陆路低温储罐运输为主，尚无商业运营的 CO_2 输送管道。与国外相比，主要技术差距在 CO_2 源汇匹配的管网规划与优化设计技术、大排量压缩机等管道输送关键设备、安全控制与监测技术等方面。

8.1.3　CO_2 利用技术

CO_2 利用涉及石油开采、煤层气开采、化工和生物利用等工程技术领域。

在利用 CO_2 开采石油方面，国外已有 60 年以上的研究与商业应用经验，技术接近成熟。我国利用 CO_2 开采石油技术处于工业扩大试验阶段。与国外相比，主要技术差距在油藏工程设计、技术配套、关键装备等方面。

在利用 CO_2 开采煤层气方面，国外已开展多个现场试验，我国正在进行先导试验。适合我国的低渗透软煤层的成井、增注及过程监控技术是研究重点。

在 CO_2 化工和生物利用方面，日本、美国等在 CO_2 制备高分子材料等方面已有产业化应用。我国在 CO_2 合成能源化学品、共聚塑料、碳酸酯等方面已进入工业示范阶段。规模化、低成本转化利用是 CO_2 化工和生物利用技术的研究重点。

在 CO_2 矿化固定方面，欧盟、美国等正在研发利用含镁天然矿石矿化固定 CO_2 技术，处于工业示范阶段。我国在利用冶金废渣矿化固定 CO_2 关键技术方面已进入中试阶段。过程强化与产品高值利用、过程集成以及设备大型化是 CO_2 矿化固定技术的研究重点。

8.1.4　CO_2 地质封存技术

CO_2 地质封存主要包括陆上咸水层封存、海底咸水层封存、枯竭油气田封存等方式。国外对陆上、海底咸水层封存项目进行了长达十多年的连续运行和安全监测，年埋存量达到百万吨。我国仅有 10 万吨级陆上咸水层封存的工程示范，需重点发展适合我国陆相沉积地层特点的 CO_2 长期封存基础理论、评价方法、监测预警与补救对策技术，研发长寿命井下设备与工程材料等。

8.1.5　大规模集成示范

国外正在运行的大型全流程 CCUS 示范项目有加拿大 Weyburn 油田 CO_2 强化驱油项目、挪威 Sleipner 气田 CO_2 盐水层封存项目等，这两个项目的 CO_2 都来自工业过程，累计封存 CO_2 都已超过千万吨。我国现有的全流程示范项目包括中石油吉林油田的 CO_2 工业分离与驱油项目、神华的鄂尔多斯煤制油 CO_2 工业分离与陆上咸水层封存项目、中石化胜利油田的燃烧后 CO_2 捕集与驱油项目。总体上，我国全流程示范项目起步晚、规模小，需要通过大规模、跨行业的集成示范，完善要素技术之间的匹配性与相容性，提升全流程系统的经济性和可靠性。

8.2　二氧化碳捕集与资源化利用研究展望

基于《科技纲要》以及研究组前期工作积累，今后将致力于 CO_2 捕集，高值化 CO_2 化工、生物利用和矿化固定，开发热、光、电化学新反应途径转化 CO_2 等研究工作。

8.2.1　CO_2 的捕集

① 针对化学吸收法中胺挥发的问题，研究在乙二胺类水溶液的主体系中加入性能稳定的乙二醇类多元醇以固胺，利用乙二醇类多元醇与乙二胺类分子间的离子化作用，减少乙二胺类挥发，高效地从烟气中捕集 CO_2；同时，结合实验技术、现代光谱及量化计算研究整个过程的捕集机理，以及过程中分子间的作用机制，设计、开发系统化装置，形成具有自主知识产权的工艺示范技术，为燃煤发电行业烟气捕集 CO_2 和综合利用、丰富和发展气液相反应理论提供重要依据。

② 针对煤炭使用后残留的煤矸石、燃煤炉渣，研究此类固体废弃物的分布规律与资源特性，通过非晶态 SiO_2 和 Al_2O_3 提取转化，制备结构可控的介孔 SiO_2 和多孔 Al_2O_3 材料，并完成公斤级吸附剂制备的工艺示范。基于材料特殊的理化性质和表面特性，以有机胺类化合物为改性剂，以嫁接法和浸渍法对材料表面进行修饰，提升 CO_2 的吸附性能和选择性，进而实现 CO_2 的高效捕集；测定多孔硅材料改性前后吸附-脱附 CO_2 的基础数据，建立动力学关系；结合宏观吸附-脱附动力学数据，考察吸附可逆性对吸附-脱附等温线的影响，确定循环吸附参数；采用现代波谱及表面分析技术，研究吸附-脱附机制，明确固碳机理及规律，力求建立吸附性能与分子结构间的内在联系，为发展煤矸石基多孔硅、铝材料的高效 CO_2 吸附剂提供基础数据和理论依据。

8.2.2　CO_2 的资源化

鉴于生态环境急剧恶化及资源短缺日趋严重，有效利用资源和能源、保护环境，发展可持续绿色化学不容置疑。CO_2 是主要的温室气体，同时也是丰富的可再生 C1 资源。温和条件下实现 CO_2 的高效转化与利用必将是绿色化学与可持续发展的重中之重。为此，力求突破低成本 CO_2 化学转化、生物转化与矿化利用等关键技术，建成 CO_2 转化利用工艺示范技术。

（1） CO_2 化工和生物利用

① CO_2 转化为高附加值化学品 以 CO_2 为原料，催化活化 CO_2 以制备高附加值化学品，开发新型催化剂以及新技术；采用现代光谱技术及量化计算深入探讨反应机理，为 CO_2 化学转化开辟新途径，为合成高附加值化学品提供新方法。

② CO_2 激活植物生长 前期工作初步表明 CO_2 可促进作物生长发育，重点研究 CO_2 与根系生发、作物生长发育之间关系与影响，以及预测和计算补偿到达浓度值和保持时间的应用基础研究方面。

③ CO_2 食品保鲜 力求通过调变贮藏环境中的氧气和 CO_2 浓度比例，抑制果蔬等鲜活食品的呼吸作用，延长食品贮藏期，抑制微生物特别是真菌病害滋生和扩展。同时开发新型实用气体调节剂以自主调节食品包装容器内 CO_2 浓度。

（2） CO_2 的矿化固定

设计开发新方法，实现特定产品特定应用。CO_2 矿化使得 CO_2 以固体形式永久存储，并且实现不同形式的特定应用，尤其是 CO_2 间接矿化制备纳米尺度粉体材料。然而，CO_2 矿化系统及其热力学和动力学的多相行为尚未得到充分理解，只有多尺度深入了解矿化系统及其内部发生的反应，才能实现针对不同类型的原料定制不同的矿化过程，最终实现特定的产品以及应用。

纳米碳酸钙具有量子尺寸效应、小尺寸效应、表面效应和宏观量子隧道效应，在增韧性、补强性、透明性、触变性和消毒等方面表现出特殊性能，可用于药物载体、塑料填充、橡胶补强、胶黏剂、涂料添加、卷烟、油墨等工业领域。正是如此，预计在未来几年纳米 $CaCO_3$ 的需求年均增长量将达到 $15\%\sim20\%$，成为 21 世纪可持续发展的"朝阳产业"，这极大地激发了国内外科技人员的研究兴趣。在此过程中，过程强化、过程集成以及形貌、尺寸可控工艺示范技术是项目开展 CO_2 矿化固定技术的开发重点。

基于乙二醇类-乙二胺类体系中胺基、羟基以及 CO_2 的特殊理化性质及化学作用，创建功能化的固态 CO_2 储集材料。以 CO_2SM 特有的烷基碳酸根为碳源，利用 CO_2SM 释放的乙二醇类、乙二胺为导向剂，调控电石渣循环制备纳米 $CaCO_3$。评价乙二醇类-乙二胺类体系固定 CO_2 和制备 CO_2SM 的性能，理论研究 CO_2SM 创建-结构-性质，揭示 CO_2SM 宏观性质与微观结构的定量关系。建立内蒙古地区电石渣的基础理化性质数据库，优化电石渣制备纳米 $CaCO_3$ 的条件、调控 $CaCO_3$ 的晶型、尺寸和形貌，确定循环制备工艺参数；采用现代波谱及表面分析技术，探究 $CaCO_3$ 成核、晶化、组装、形貌及分子间作用的内在联系，

揭示 $CaCO_3$ 微观结构的形成机理与控制规律，力求探明 CO_2 SM 的性能-工艺条件-纳米 $CaCO_3$ 晶型、尺寸及形貌的内在联系，建立日产公斤级纳米 $CaCO_3$（纯度 99% 以上）的工艺示范，为 CO_2 和电石渣资源化利用技术的发展提供基础数据和理论依据。

（3）CO_2 的光催化甲烷化

大力开发热、光、电化学新反应途径。就 CO_2 使用量以及潜在的经济效益而言，利用热化学将其转化和氢化为燃料、化学品、材料仍是主要利用途径。但是，CO_2 分子的低能致使其转化为任何产品都需汲取外界能量。光化学转化 CO_2 则可借助于太阳而大规模捕获能量，进而将 CO_2 甲烷化。在高值化 CO_2 转化过程中，创新性发展新颖、高效、高选择性的工艺是 CCUS 战略的关键组成部分。这需要我们打破常规的思想限制，利用催化过程、新能源或联合工艺来激活 CO_2，进而寻找新型的化学品、材料，甚至是新产物的商业化路径。

甲烷化是 CO_2 资源化的重点之一，关键在于高活性、高选择性、高稳定性催化剂的设计与开发。为此，基于多元醇-多元胺类离子液体中羟基、胺基与含硫气体（SO_2、H_2S、COS、CS_2 等）间特有的化学作用，室温下构筑一类含硫功能材料；与镉、锌、钛等离子反应，辅以耦合改性、活性分散，基于硫元素特有的存在形式及类离子液体特殊的调控作用，可控制备纳米金属硫化物(n-MS)，高效地光催化 CO_2 甲烷化。建立含硫功能材料构筑方法，通过对材料构筑-结构-n-MS 调控制备的理论研究，揭示 n-MS 微观结构的形成机理与调控规律；优化 n-MS 制备的工艺条件，实现 n-MS 耦合改性、负载分散、缺陷控制与界面及结构的调控，改善催化活性中心微环境；测定催化动力学和热力学数据，评价甲烷化性能，探究 CO_2 扩散传质与甲烷化耦合机制；探明 n-MS 制备和改性工艺-晶型、界面及孔道-CO_2 甲烷化性能的内在联系，揭示 n-MS 微观结构及分子催化机理与宏观催化性能的定量关系，为 n-MS 的制备和负载化学及 CO_2 减量化、高值化技术的发展提供重要依据。